한국지오지브라연구소

지지 **최경식**

GeoGebra 3D Bible

지오지브라 3D바이블

3D 프린팅, AR(증강현실), 3D 안경, 커팅프린터

3차원 기하 그림 그리기

창의적 수학교실, 3차원 기하 사고력의 향상

지오아카데미

저자 **최 경 식**

kyeong@geogebra.or.kr

- 서울대학교 수학교육과 졸업
- 지오지브라 사용자 인터페이스 및 공식문서 한글화
- 한국지오지브라연구소(연구소장)
- 한국수학교육학회(교사 연수 위원)
- Microsoft Innovative Educator Trainer
- 2013년 올해의 과학교사상(미래창조과학부장관상) 수상

저 서

- 따라하며 배우는 지오지브라 1(수학교육연구소)
- 따라하며 배우는 지오지브라 2(수학교육연구소)
- 스마트폰으로 수학을 즐겨봐(이모션미디어)
- 실버만 복소해석학(신한출판미디어)
- 지오지브라 고급예제 모델링 1(한국지오지브라연구소)
- 지오지브라 고급예제 모델링 2(한국지오지브라연구소)
- 지오지브라 명령어사전(지오북스)
- 지오지브라 바이블 제2판(지오북스)
- 지오지브라 수학을 말하다(지오북스)
- 지오지브라 코딩바이블(지오아카데미)
- 지오지브라를 활용한 모델 중심 학습(교우사)
- 지오지브라와 3차원 기하 제2판(지오북스)
- 지오지브라와 함께하는 기초미적분학 제2판(지오북스)
- 지오지브라와 함께하는 스마트 수학 제2판(지오북스)
- 한 눈에 보이는 피타고라스 정리(한국지오지브라연구소)

지오지브라
3D 바이블

초판인쇄 2018년 12월 31일
초판발행 2018년 12월 31일

지 은 이 최경식

펴 낸 곳 지오아카데미
주　 소 서울시 중구 퇴계로41길 39, 3층 302호(정암프라자)
등　 록 2016년 3월 7일 제395-2016-000014호
전　 화 010)2204-4518 | **팩스** 02)371-0706
이 메 일 emotion-books@naver.com
홈페이지 www.geobooks.co.kr

ISBN 979-11-87541-40-0
값 32,000원

이 도서의 국립중앙도서관 출판예정도서목록(CIP)은 서지정보유통지원시스템 홈페이지(http://seoji.nl.go.kr)와
국가자료공동목록시스템(http://www.nl.go.kr/kolisnet)에서 이용하실 수 있습니다.
(CIP제어번호 : CIP2018038155)

머리말

2001년에 마르쿠스 호헨바터 교수[1]에 의해 지오지브라가 개발되고 유럽과 미국을 중심으로 지오지브라의 사용자가 늘어나게 되었으나 2008년까지 지오지브라는 우리말로 번역되지 않은 채 남아 있었다. 2008년에 지오지브라가 우리말로 번역된 이후 지오지브라는 수학 교육에서 활발하게 사용되기 시작하였고 점차 과학, 정보, 융합(STEAM) 교육에서 활용하려는 시도가 나타났다.

지오지브라의 가장 큰 특징을 한 단어로 말하면 Free라고 할 수 있다. 영어로 Free는 자유로운이라는 뜻과 무료의라는 뜻을 갖고 있는데 이 단어의 뜻과 같이 지오지브라는 수학과 과학을 탐구하기 위해 누구나 자유롭게 사용할 수 있으며 이를 위해 무료로 제공된다. 그러한 의미에서 마르쿠스 호헨바터 교수는 지오지브라의 라이선스를 오픈소스 자유 소프트웨어로 하였다.[2]

지오지브라의 또 하나의 특징으로 Easy-to-use를 들 수 있다. 지오지브라는 인터페이스가 간결하고 수학에서의 수식을 그대로 입력할 수 있으며 모든 명령어가 우리말로 되어 있어[3] 지오지브라를 처음 접한 사용자라도 사용법을 쉽게 배울 수 있다. 또한 지오지브라에는 다양한 수학 영역[4]을 탐구할 수 있는 기능[5]이 내장되어 있어 이 소프트웨어를 익히면 다양한 수학 및 과학 과제를 탐구할 수 있다.

이 책은 지오지브라와 3D 관련 내용을 최대한 연결지으려고 노력한 실험적 요소를 담고 있는 책이라고 볼 수 있다. 이 책의 본 바탕은 '지오지브라와 3차원 기하(지오북스)'로 그 내용과 함께 최근 이슈가 되고 있는 3D 프린팅, AR(증강현실), 커팅 프린터를 활용한 입체 조형물 제작 등의 내용을 최대한 다루고자 하였다.

사실 이 책에서 다루지 못한 내용이 매우 많음을 고백하지 않을 수 없다. 그러나 저자의 역량이 허락하는 한 지오지브라와 관련된 다양한 3D 내용을 담고자 최대한 노력하였다.

[1]당시 대학원생이었던 마르쿠스 호헨바터 교수는 석사 논문을 위해 지오지브라를 개발하였다.

[2]지오지브라를 비영리 목적에 이용하는 것은 자유이지만 영리와 연관이 된 경우에는 국제 지오지브라 연구소의 인가를 얻어야 한다.

[3]지오지브라의 한글화를 시작할 때 지오지브라의 명령어를 한글화할 것인가에 대해 많은 시간을 두고 고민하였다. 이때 지오지브라의 핵심 정신인 Easy-to-use를 따라 모든 명령어를 한글화해야 한다고 생각하게 되었다. 지오지브라 4.2부터는 영어 명령어도 우리말 명령어와 함께 사용할 수 있게 되어 영어 명령어를 선호하는 사용자를 배려하였다.

[4]기하, 대수, 미적분, 통계, 이산수학, 3차원 기하 등

[5]동적 기하 소프트웨어, 컴퓨터 대수 시스템, 자료 분석 소프트웨어, 이산수학 명령, 스크립트, 거북기하(Turtle Geometry)

독자 여러분에게 지오지브라와 이 책이 지오지브라, 지오지브라 앱을 통해 수학과 현실을 서로 연결하는 새로운 혜안을 얻는데 도움이 되기를 바란다.

2018년 11월 26일
한국지오지브라연구소 연구소장
최 경 식

일러두기

이 책은 지오시브라를 활용하여 3차원 공간에서의 대상을 탐구하는 다양한 내용을 다루고 있다. 따라서 이 책을 충분히 활용하기 위해서는 지오지브라에 대한 사전 지식이 필요할 수 있다. 최대한 다른 책을 참고하지 않고도 이해할 수 있도록 쉽게 설명하려 하였으나 참고 서적이 필요하다면 아래의 서적 가운데 일부를 참고하는 것을 권장한다.

- 최경식(2017). 지오지브라 바이블(제2판). 서울: 지오북스.
- ______(2017). 지오지브라 명령어 사전. 서울: 지오북스.
- 최경식, 백성혜(2018). 지오지브라 코딩 바이블. 서울: 지오아카데미.

차 례

그림 차례

표 차례

지오지브라 3D 바이블

제 1 편

지오지브라 소개와 설치

CHAPTER 1

지오지브라

지오지브라는 단지 소프트웨어가 아니라
수학을 사랑하는 사람들의
전 세계를 아우르는 커뮤니티입니다.

– **마르쿠스 호헨바터**(지오지브라 창시자)

1.1 지오지브라

지오지브라(GeoGebra)는 기하, 대수, 미적분, 통계, 이산수학, **3차원 기하**를 다룰 수 있으며 비영리적인 목적[1]을 위해 무료로 사용할 수 있는 오픈소스 자유 소프트웨어이다.

지오지브라의 이름은 지오(Geometry; 기하)와 지브라(Algebra; 대수)의 합성어로 **동적 기하 소프트웨어**(DGS; Dynamic Geometry Software)와 **컴퓨터 대수 시스템**(CAS; Computer Algebra System)을 결합한 소프트웨어라는 의미를 담고 있다. 따라서 지오지브라는 다양한 수학 영역의 대상을 다룰 수 있는 **동적 수학 소프트웨어**(DMS; Dynamic Mathematics Software)라고 볼 수 있다.

그림 1.1: 전 세계의 지오지브라 연구소

[1] 지오지브라와 연관되어 영리가 발생하는 경우에는 **국제지오지브라연구소** (IGI; International GeoGebra Institute) 의 허가가 필요하다. [office@geogebra.org(영어), kyeong@geogebra.or.kr(한국어)]

1.2 지오지브라의 역사

지오지브라는 오스트리아의 마르쿠스 호헨바터(Markus Hohenwarter)가 대학원생이었던 2001년도에 개발되었다. 마르쿠스 호헨바터는 수학교육과 컴퓨터 공학을 전공하였으며 **동적 기하 소프트웨어**와 **컴퓨터 대수 시스템**을 결합한 소프트웨어를 개발하고자 하였다. 이러한 작업의 결실로 2002년에 지오지브라는 인터넷을 통하여 소프트웨어의 초기 버전이 공개되었고 오스트리아와 독일의 교사들에게 폭발적인 인기를 얻게 되었다. 같은 해 마르쿠스 호헨바터는 지오지브라의 개발로 EASA(European Academic Software Award) 상을 수상하였으며 현재는 오스트리아를 중심으로 전 세계의 프로그래머들과 지오지브라를 개발하고 있다.[2]

그림 1.2: 지오지브라 개발자인 마르쿠스 호헨바터 교수

[2]2008년에 최경식(kyeong@geogebra.or.kr)은 지오지브라의 인터페이스 및 관련 문서를 한글화하였으며 **한국지오지브라연구소**(http://www.geogebra.or.kr)를 통해 지오지브라의 보급, 출판, 연수, 관련 연구 프로젝트를 담당하고 있다. 이에 대한 자세한 내용은 17장을 참고하시오.

1.3 지오지브라의 설치

지오지브라는 다양한 방법으로 사용할 수 있다. 인터넷에 접속하여 지오지브라를 사용할 수도 있고 설치 프로그램을 다운로드 받아 설치할 수도 있다. 태블릿이나 스마트폰에 앱을 다운로드 받을 수도 있다.

이 책에서는 필요에 따라서 **지오지브라 클래식 5**, **지오지브라 클래식 6**, **지오지브라 웹**, **지오지브라 앱**을 사용할 것이다. **지오지브라 클래식 5**는 다양한 지오지브라의 기능 가운데 가장 풍부한 기능을 포함하고 있으며, **지오지브라 클래식 6**과 **지오지브라 앱**은 데스크톱, 웹, 모바일에서 동일한 실행환경을 제공하도록 설계되어 있다.

1.3.1 설치파일 다운로드

① '오프라인 앱 - 앱 다운로드'를 클릭한다.

② 지오지브라 클래식 5(GeoGebra Classic 5)를 클릭하면 설치파일을 다운로드 받을 수 있다.[3]

[3] 지오지브라 클래식 6과 지오지브라 앱도 동일한 방식으로 다운로드 받을 수 있다.

1.3.2 윈도우즈 앱 설치

① Windows 10에서 스토어를 클릭한 후 검색창에 지오지브라(geogebra)를 입력한다.

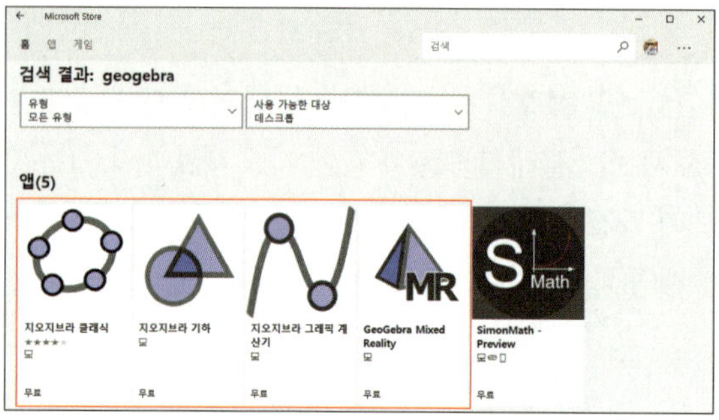

② 검색 결과에서 GeoGebra를 클릭하면 지오지브라 앱에 대한 소개자료가 나타난다. 설치 를 클릭한다.[4]

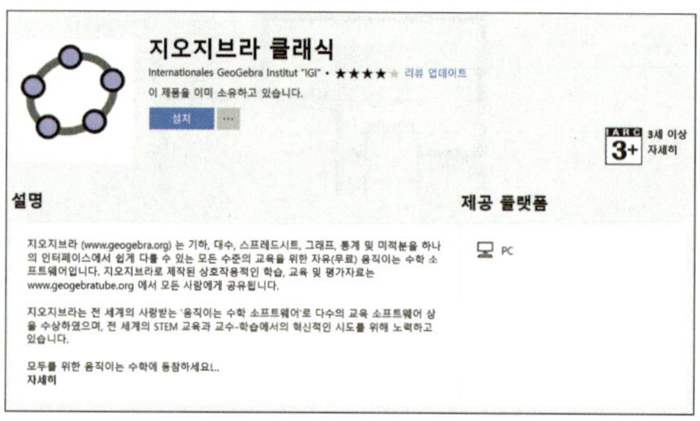

③ 온라인 지오지브라와 동일한 인터페이스의 지오지브라 앱이 나타난다.

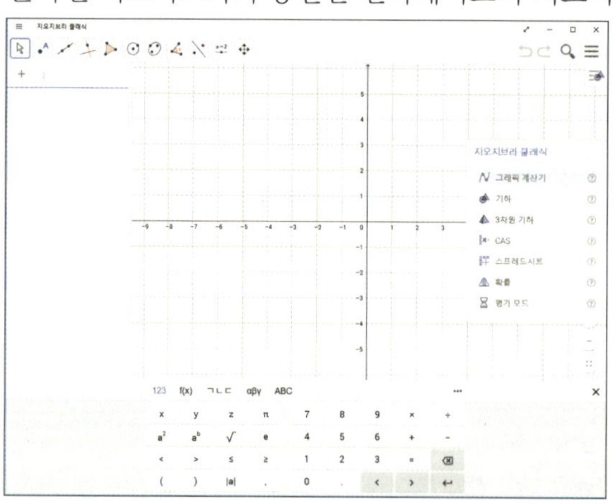

[4] 지오지브라의 윈도우즈 앱 버전은 지오지브라 클래식 6와 동일하다.

1.3.3 안드로이드 앱 설치

① 안드로이드 기기의 Play 스토어에서 지오지브라(geogebra)를 검색하면 지오지브라 앱을 찾을 수 있다.

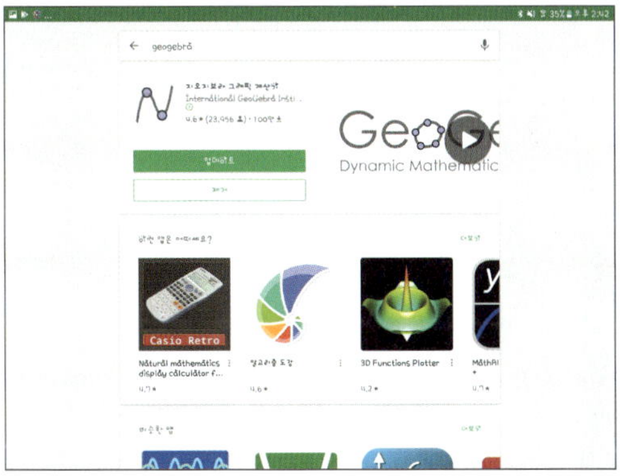

② 지오지브라 안드로이드 앱은 지오지브라 그래픽 계산기, 지오지브라 3차원 계산기, 지오지브라 기하 계산기로 되어 있으며 서로 연동된다.

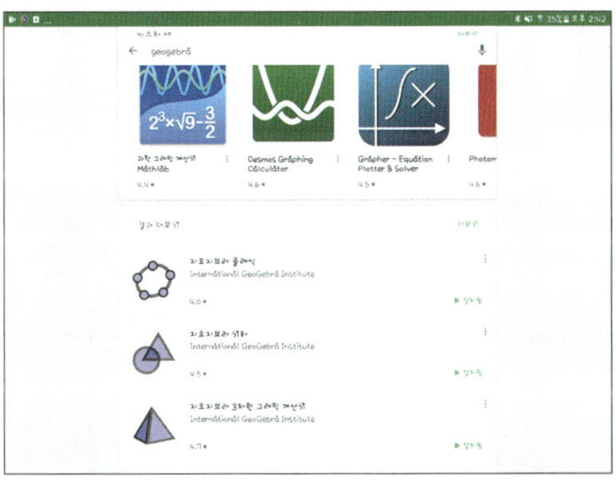

③ 설치가 완료되면 그림과 같은 화면이 나타나 지오지브라의 기능을 사용할 수 있다.

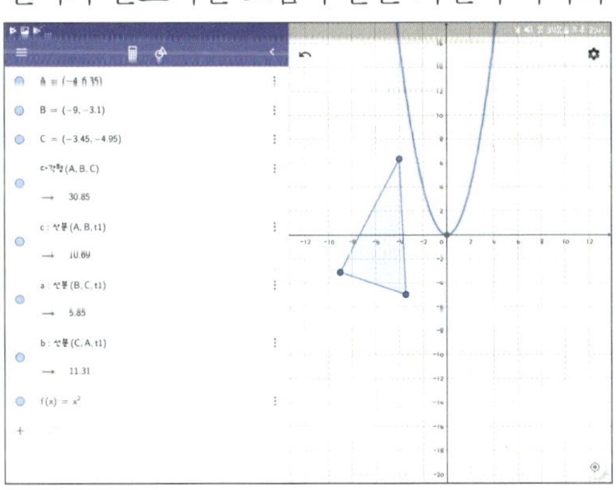

1.3.4 설치오류 해결방법

지오지브라 설치파일을 다운로드 받은 후 실행하였으나 설치가 되지 않는 경우가 있다. 이런 경우에는 다음 과정을 따라 실행한 다음 설치파일을 실행하면 지오지브라를 설치할 수 있다.[5]

① 제어판을 클릭한다.

② 시계, 언어 및 국가별 옵션 - 키보드 또는 기타 입력 방법 변경을 클릭한다.

[5] Windows 7에서의 설치과정에서 이와 같은 오류가 보고되었다.

③ 키보드 변경(C)... 을 클릭한다.

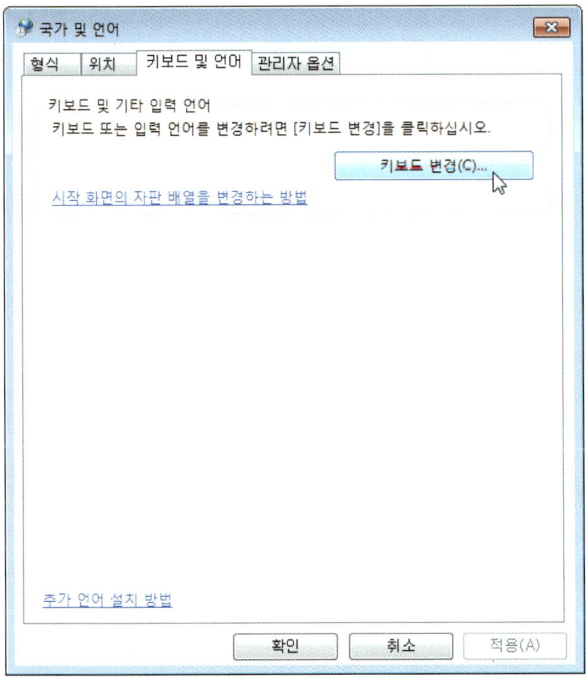

④ 추가(D)... 를 클릭한다.

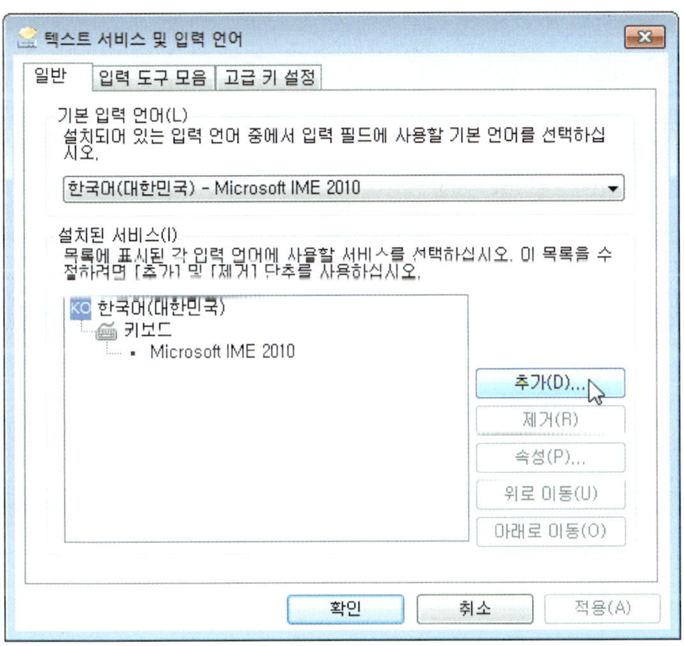

⑤ 한국어(대한민국) 아래의 Microsoft 입력기를 클릭한 후 확인 을 클릭한다.

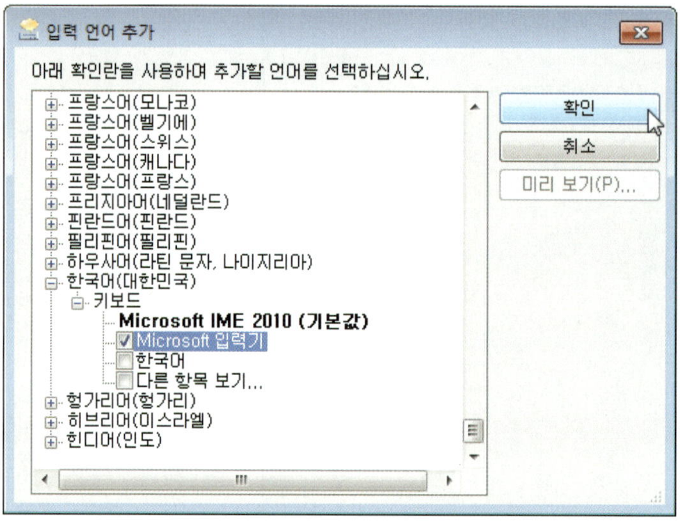

⑥ 콤보상자에서 한국어(대한민국) - Microsoft 입력기를 선택한 후 확인 을 클릭한다.

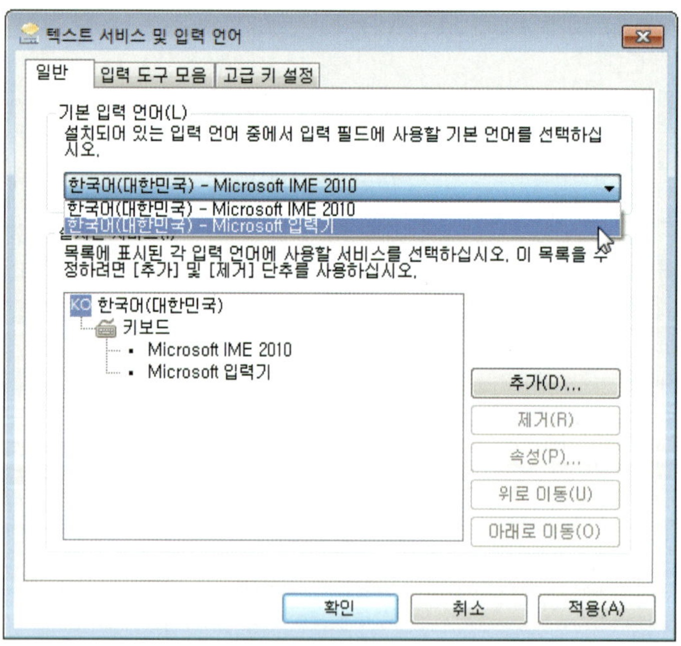

1.4 지오지브라의 실행화면

1.4.1 실행화면 설계의 기본 원리

대수창에서는 기하창에 나타나는 수학적 대상들의 정보를 보여준다. 예를 들어 기하창의 점, 직선, 함수 그래프 등의 대수적 표현(수식)은 대수창에 나타나게 된다. 또한 지오지브라는 대수적 표현과 기하적 대상을 서로 연결하여 보여준다. 예를 들어 기하창에서 마우스로 점을 움직이면 대수창에서 점의 좌표가 동시에 변화하며 대수창에서 점의 좌표를 수정하면 기하창에서 점이 이동한다.

지오지브라 클래식 5, 지오지브라 클래식 6, 지오지브라 앱(기하, CAS, 3D 등)의 기능과 실행화면은 약간씩 달라질 수 있지만 위와 같은 원리에 따라 사용자가 다양한 조작을 하는 것이 가능하다. 이는 하나의 (수학적) 대상에 대하여 다양한 관점으로 표현하는 것을 경험할 수 있어야 한다고 주장한 여러 연구자의 의견이 잘 반영된 것이라고 볼 수 있다.[6]

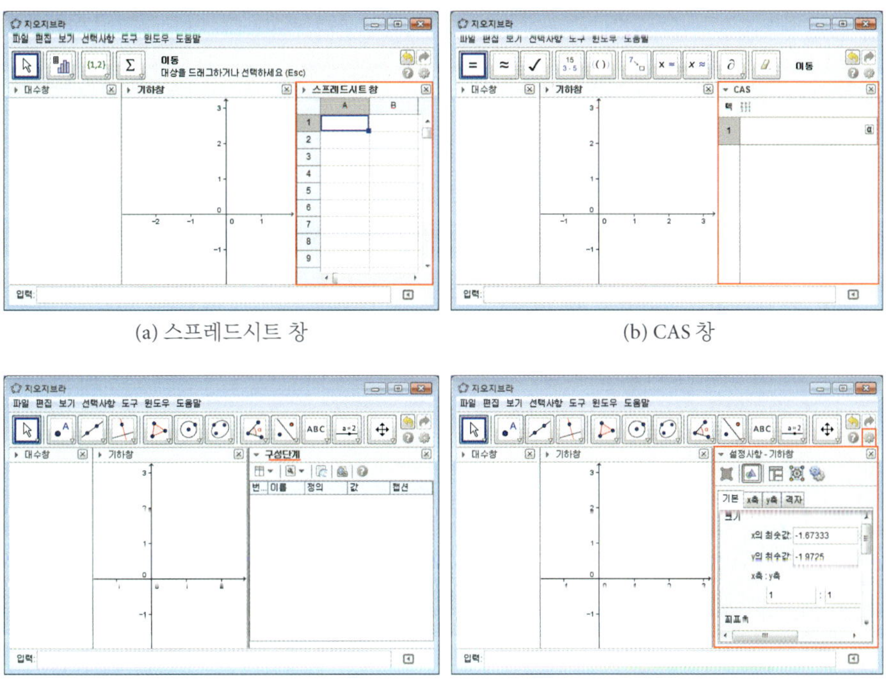

(a) 스프레드시트 창

(b) CAS 창

(c) 구성단계

(d) 설정사항

그림 1.3: 지오지브라의 실행화면

[6]브루너의 EIS에 따른 지식의 3가지 표현, 즉 활동적, 영상적, 기호적 표현이나 딘즈의 학습 원리인 역동적 원리, 구성의 원리, 수학적 다양성의 원리, 지각적 다양성의 원리 등은 이와 같은 의견을 제시한 대표적인 사례이다.

1.4.2 지오지브라 클래식 5의 실행화면

화면 구성

① 지오지브라의 실행화면은 기본적으로 대수창, 기하창, 입력창으로 구성되어 있다.

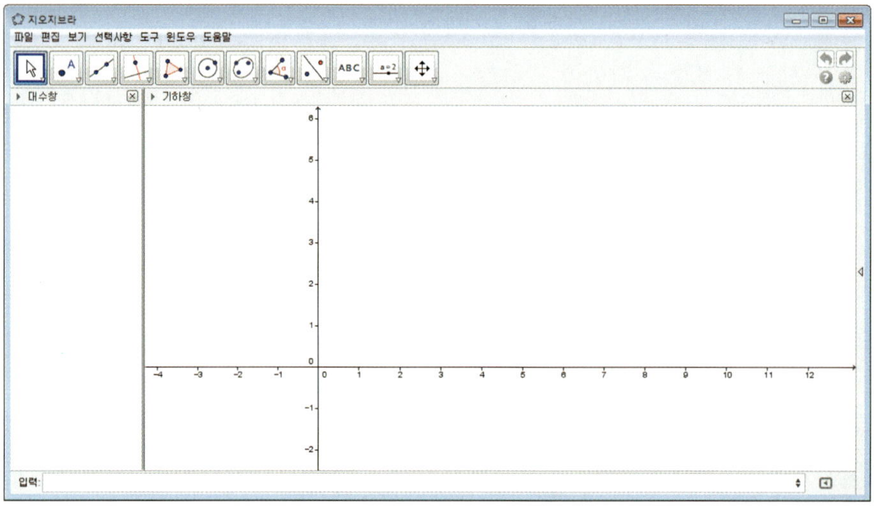

② 메뉴의 보기 - 3차원 기하창 을 클릭 하면 3차원 기하창이 나타난다.

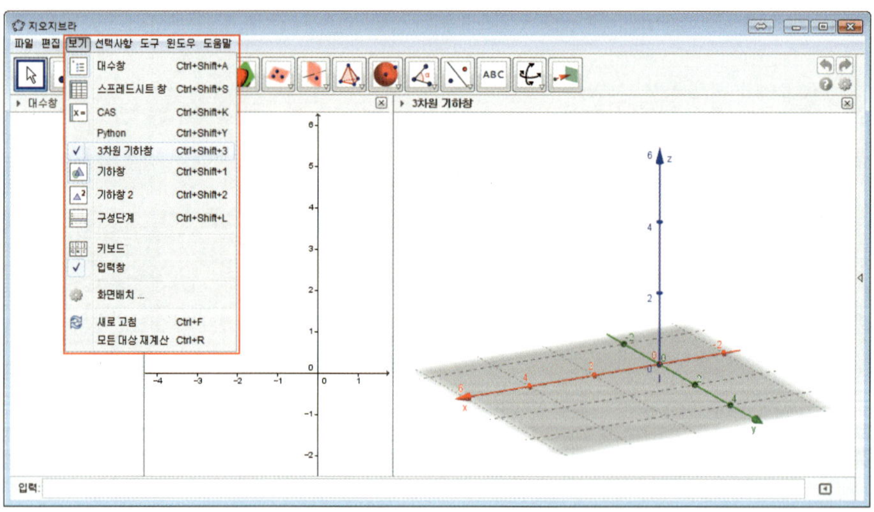

③ 지오지브라의 기하창과 대수창은 서로 연결되어 있다. 예를 들어, 기하창에서 원점을 중심으로 반지름이 2인 원을 그리면, 대수창에는 원의 중심점 좌표인 (0 , 0) 과 그 원의 방정식인 $x^2 + y^2 = 4$가 나타난다.

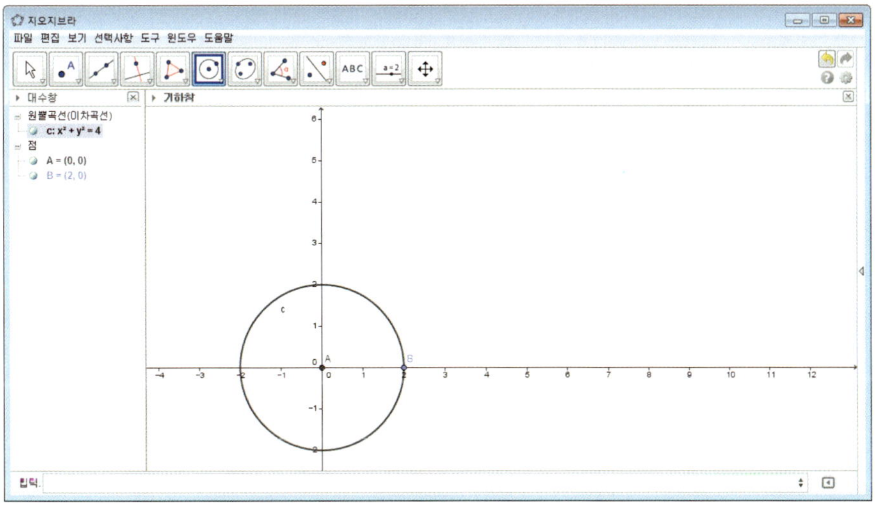

④ 지오지브라의 기하창과 **3차원 기하창**도 연결되어 있다. 예를 들어, 기하창에 원을 그리면 3차원 기하창의 xy 평면에도 원이 나타난다.

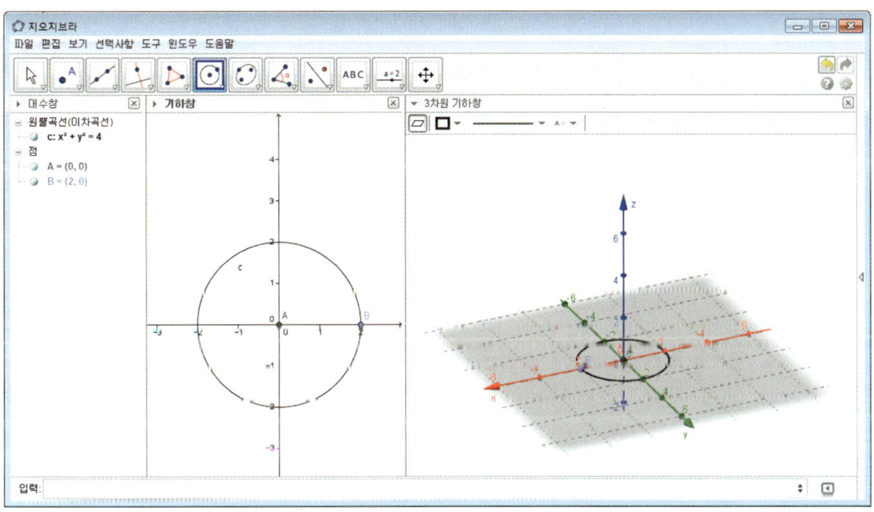

도구상자

① 마우스를 **도구상자** 아래에 있는 역삼각형(▼)에 올려놓으면 빨간색으로 바뀌고 도구의 이름과 사용법이 나타난다.[7]

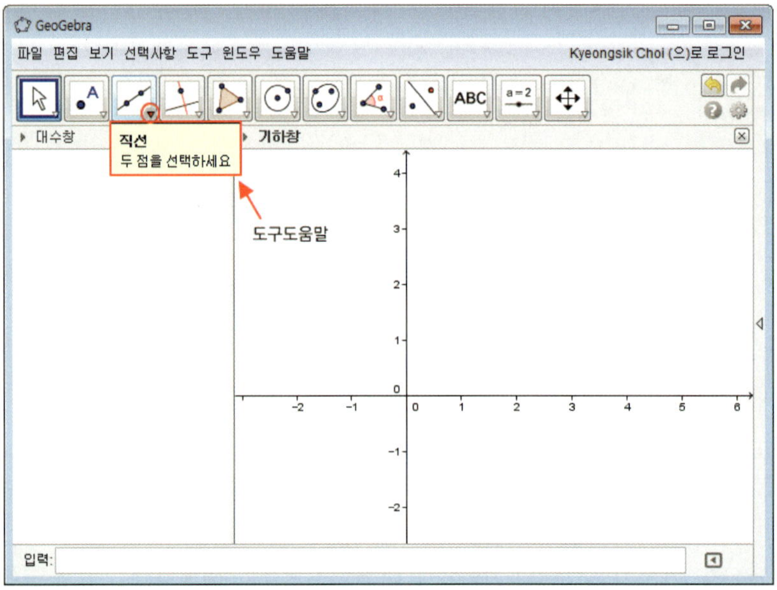

② 마우스로 역삼각형(▼)을 클릭하면 도구상자가 열린다. 도구상자에는 비슷한 종류의 도구들이 모여있다.

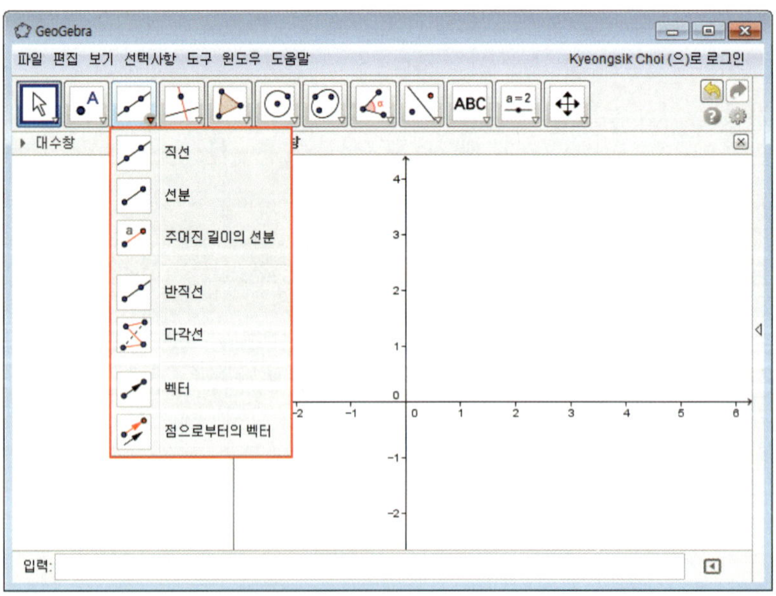

[7] 도구 도움말은 도구의 사용순서를 반영하고 있다.

입력창과 입력 도움말

1 입력창 오른편의 입력 도움말 ▶ 을 클릭하면 지오지브라의 내장 명령어를 볼 수 있다.

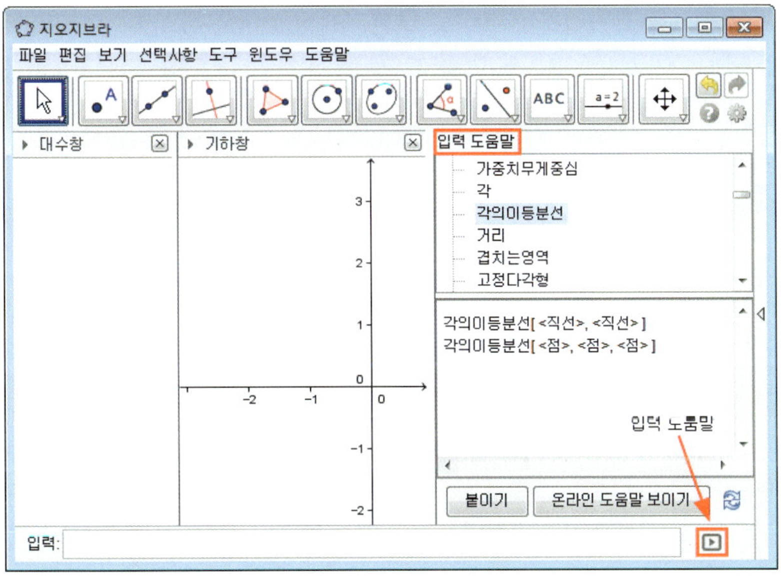

2 사용할 명령어를 클릭한 후 붙이기 를 클릭하면 해당 명령어가 입력창에 입력된다.

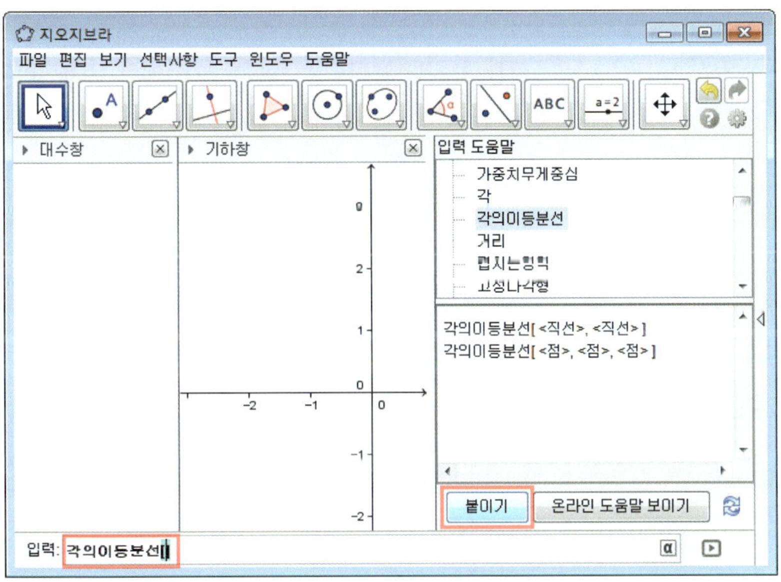

구성단계 창

지오지브라에서는 도구 사용 내역이나, 명령 수행 기록을 순서대로 볼 수 있으며 그 기록을 **구성단계**라고 한다. 구성단계를 보여주는 구성단계 창을 열려면 메뉴에서 보기 - 구성단계 를 선택하거나 키보드 단축키로 Ctrl + Shift + L 을 누른다.

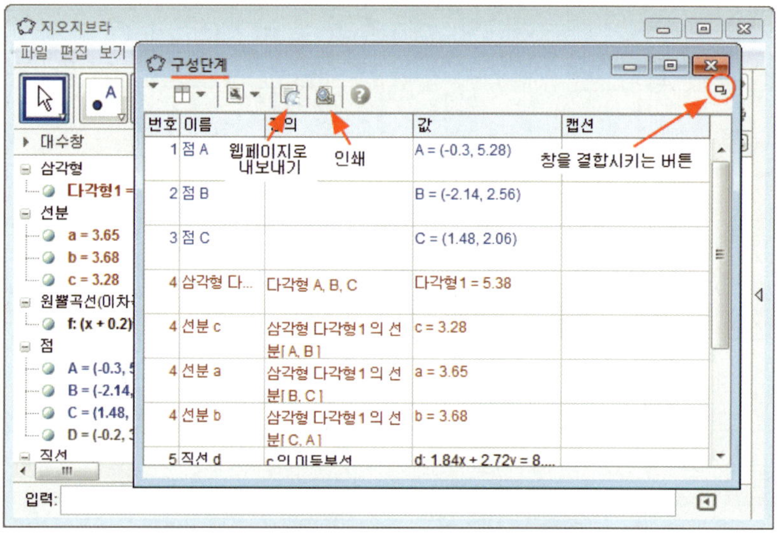

그림 1.4: 구성단계 창이 실행된 모습

구성단계 내비게이션 바

구성단계 내비게이션 바에는 구성 과정을 차례로 볼 수 있도록 하는 버튼이 모여있다. 기하 창에서 마우스 오른쪽 버튼을 클릭한 후 구성단계 내비게이션 바를 선택하면 구성단계 내비게이션 바를 볼 수 있다(그림 1.5, 1.6).

구성단계 내비게이션 바의 기능은 다음과 같다(그림 1.6).

1 |◁◁ 맨 처음 단계로 이동

2 ◁◁ 이전 단계로 이동

3 ▷▷ 다음 단계로 이동

4 ▷▷| 맨 마지막 단계로 이동

5 ▷ 실행 각 구성단계를 일정한 시간 간격으로 실행[8]

[8] 실행 옆의 텍스트필드에서 시간 간격을 초단위로 입력할 수 있다.

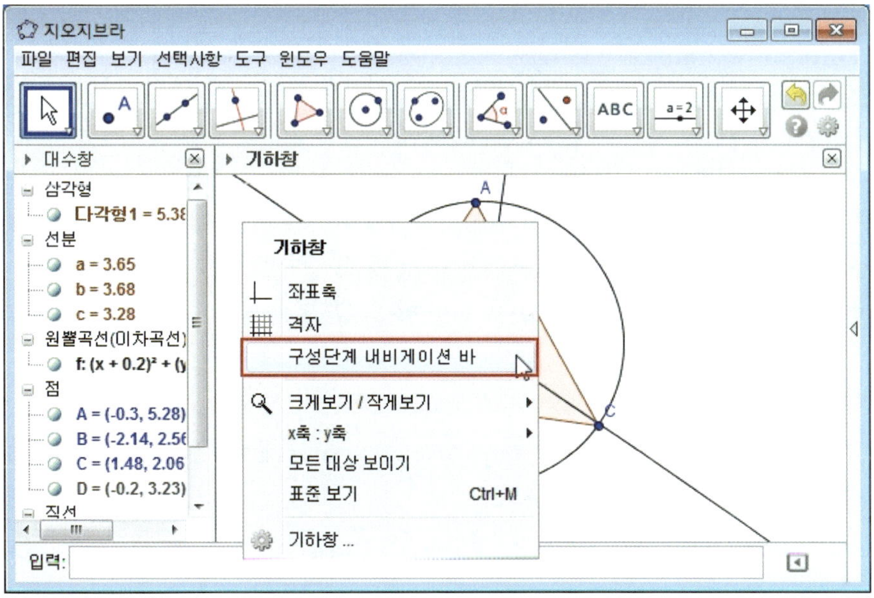

그림 1.5: 구성단계 내비게이션 바 를 선택하는 모습

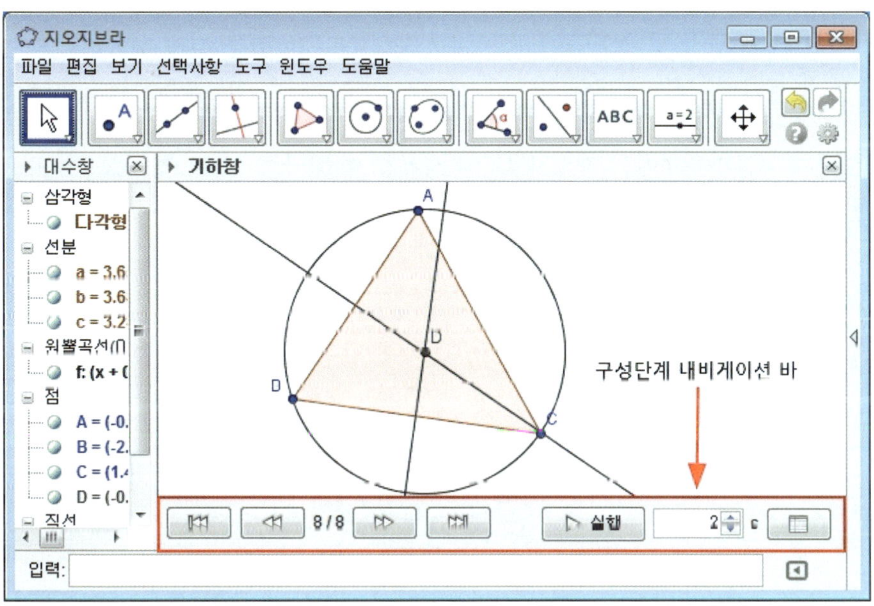

그림 1.6: 기하창에 나타난 구성단계 내비게이션 바

1.5 지오지브라 웹

지오지브라는 이 세상의 모든 사람들이 수학을 쉽게 이해하고 재미를 느낄 수 있도록 돕는 것을 모토[9]로 하고 있다. 그래서 최근의 지오지브라 앱에는 **지오지브라**의 이름보다는 기존의 학생들이나 일반인에게 익숙한 **그래픽 계산기**라는 용어를 빈번하게 사용하고 있다. 이는 사용자가 지오지브라를 어떻게 활용하면 되는지 이해할 수 있도록 하기 위해서이다. 실제로 지오지브라의 웹, 앱은 그래픽 계산기의 모습과 상당히 유사하게 설계되어 있다.

지오지브라 공식 웹사이트 www.geogebra.org 에 접속하면 [그래픽 계산기 시작] 과 [교실 학습 자료] 의 버튼 2개를 볼 수 있다. 하나씩 살펴보면 다음과 같다.

1.5.1 그래픽 계산기 시작

1 지오지브라의 공식 홈페이지인 http://www.geogebra.org 에 접속하여 [그래픽 계산기 시작] 을 클릭한다.

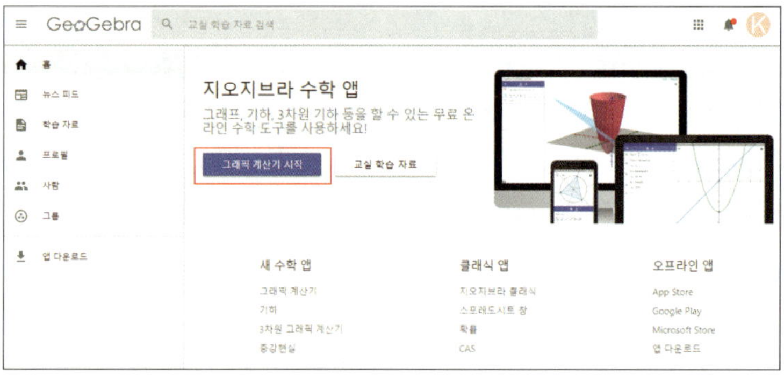

2 인터넷 웹브라우저에서 지오지브라를 사용할 수 있다.

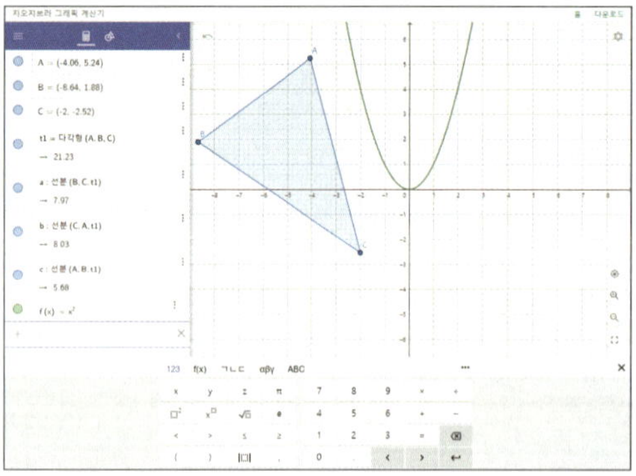

9 모두를 위한 동적 수학

1.5.2 교실 학습 자료

교실 학습 자료는 지오지브라 자료를 저장하고 공유할 수 있는 인터넷 공간이다. 지오지브라 공식 웹사이트에 가입하면 용량이 무제한인 자료 저장 클라우드를 제공받으며 전 세계의 지오지브라 자료를 검색하여 활용할 수 있다.

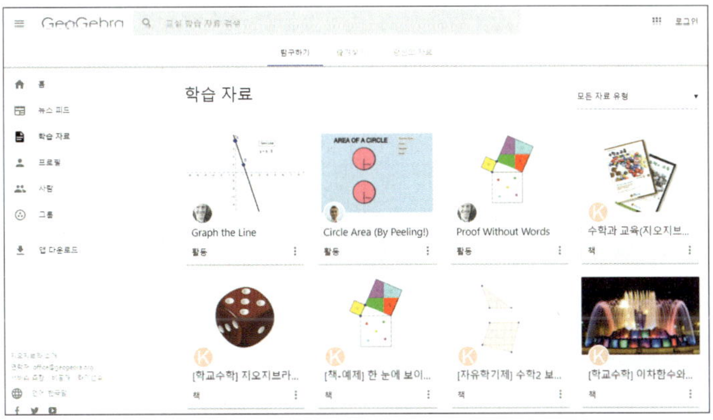

그림 1.7: 지오지브라 공식 웹사이트의 '교실 학습 자료'

로그인

- 지오지브라 공식 웹사이트 우측 상단의 로그인 을 클릭하여 로그인한다.

그림 1.8: 지오지브라 공식 웹사이트의 로그인 화면

새로 만들기

'당신의 자료' 탭을 클릭한 후 화면 우측 상단의 '⊕ 새 워크시트'나 '⊕ 새 책'을 클릭하면 온라인에 지오지브라 자료를 만들 수 있다.

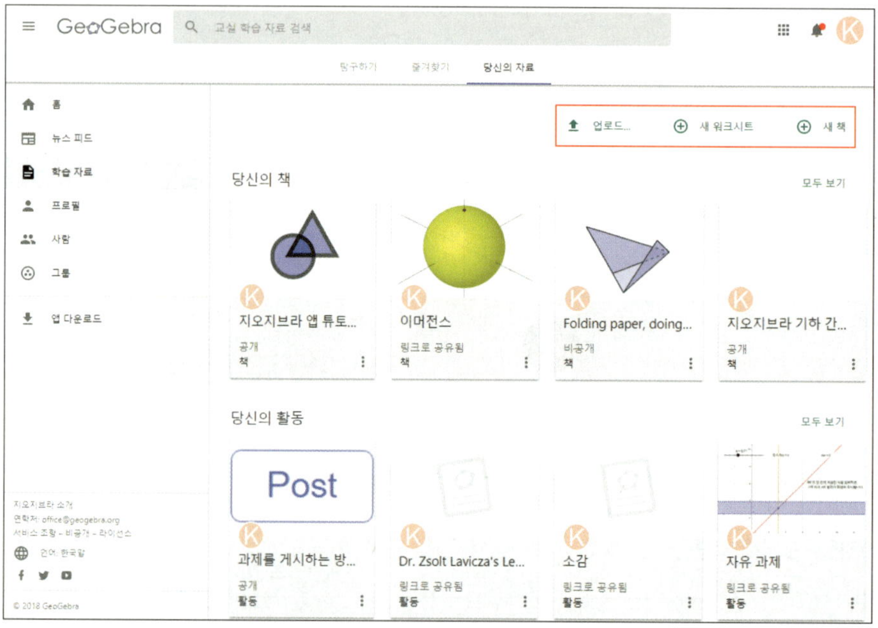

그림 1.9: 당신의 자료 탭 화면

워크시트 만들기

워크시트는 학교에서 사용하는 수학, 과학 학습지라고 생각하면 된다. 학생들이 다양하게 생각할 수 있는 문제를 지오지브라 환경과 함께 제시하는 것이다. **워크시트** 안에는 텍스트, 비디오, 지오지브라, 웹, pdf 자료 등 다양한 자료를 포함할 수 있도록 되어 있다(그림 1.10).

책 만들기

교사의 학습지를 묶어 정리하면 책으로 만들 수 있다. 지오지브라에서는 이와 같은 경험을 온라인 환경에 적용하였다. 교사 자신이 직접 만든 자료나 다른 사람이 만든 자료를 묶어 하나의 책으로 만드는 것이다(그림 1.11).

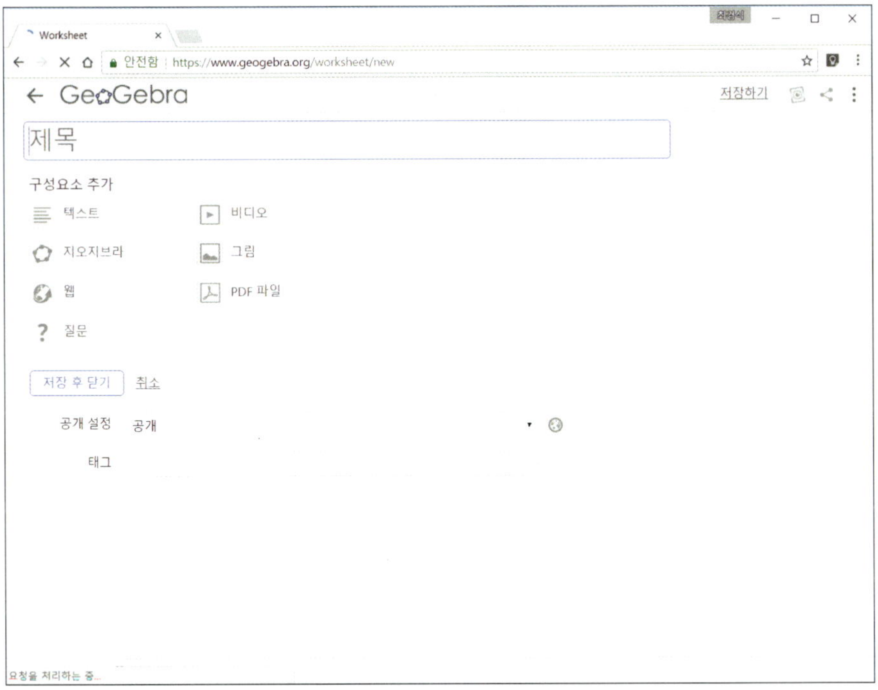

그림 1.10: 워크시트 만들기 환경

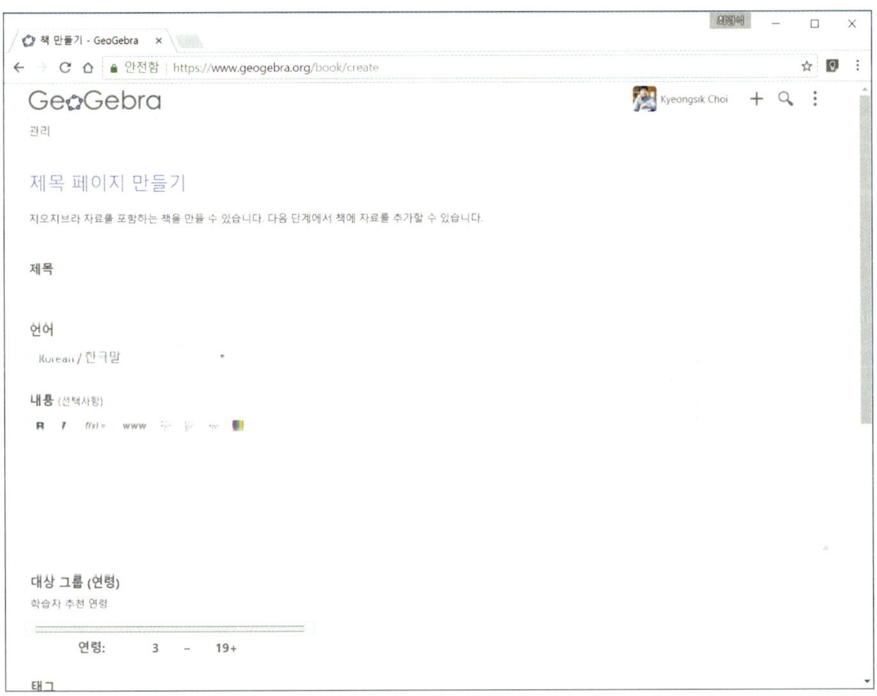

그림 1.11: 책 만들기 환경

그룹 만들기

자료 저장의 공간을 무제한으로 제공하는 지오지브라 클라우드와 함께 '그룹'이라는 서비스를 눈여겨 보아야 한다. **그룹**은 과목 담당 선생님과 학생이 함께 소통할 수 있는 온라인 공간이다. 교사가 **그룹**을 만들고 코드를 공유하면 학생은 그 코드를 입력하고 해당 그룹에 가입할 수 있다(그림 1.12, 1.13). 이 공간에서 학습 내용 공유 및 학생에 대한 피드백, 평가까지도 수행할 수 있다.

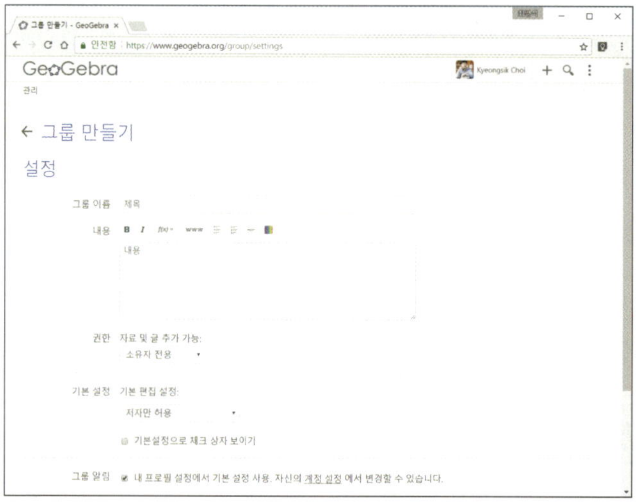

그림 1.12: 그룹 만들기 환경

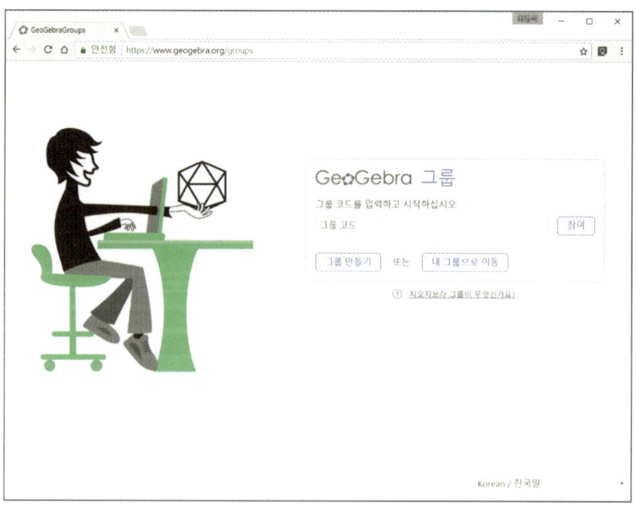

그림 1.13: 그룹 가입하기

자료 공유

지오지브라 자료를 검색하다가 정말 좋은 자료를 만날 때가 있다. 이 자료를 나만 알 수 있도록 숨겨야 할까? 필자는 내 것을 다른 사람에게 나누어주면 더 큰 보답을 받게 된다는 것을 배웠다. 특히 교육에 있어서 이는 진리라고 할 수 있다.

좋은 자료가 있다면 '공유' 버튼을 누르고 자료를 공유하자.

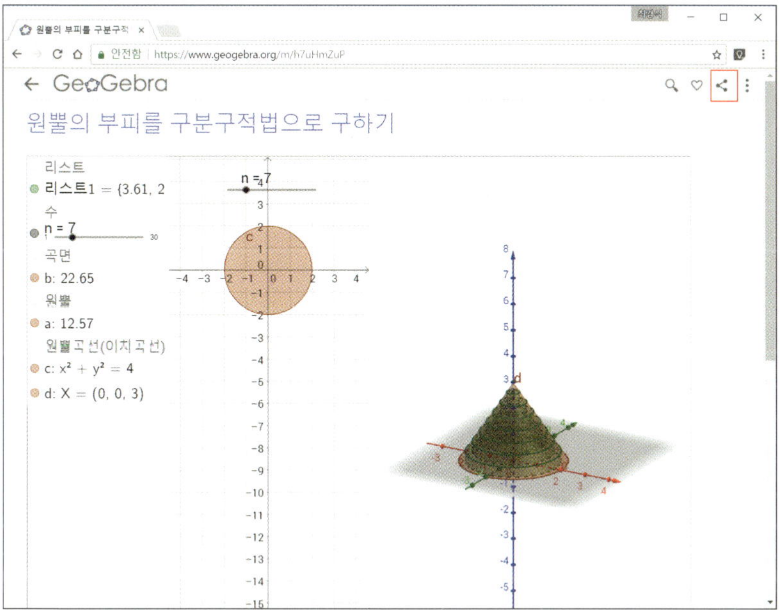

그림 1.14: 공유 버튼 누르기

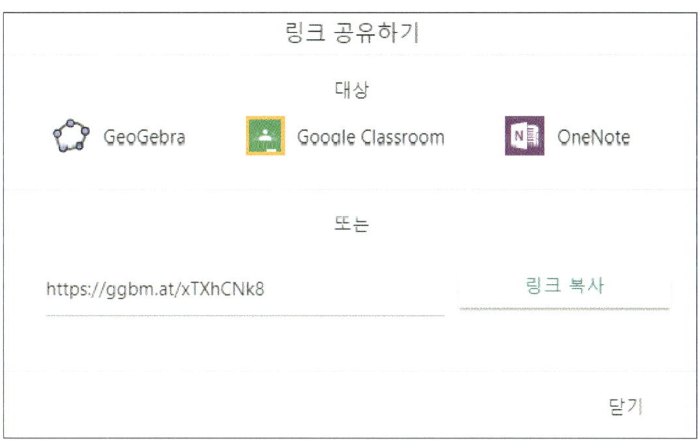

그림 1.15: 공유 관련 메뉴

지오지브라 3D 바이블

제2편

3차원 기하창, 도구, 명령어

CHAPTER 2

3차원 기하창과 도구

요 약

지오지브라는 그래픽 인터페이스를 활용한 직관적인 방식으로 사용할 수도 있고 명령어나 스크립트를 입력하는 방식으로 사용할 수도 있다. 이 장에서는 지오지브라 3차원 실행환경의 각 부분에 대한 설명과 직관적인 사용 방법에 도움이 되는 마우스 조작 방법, 다양한 3차원 도구의 기능에 대하여 제시한다.

2.1 3차원 기하창

지오지브라를 이용하면 3차원 공간의 수학적 대상을 다룰 수 있다. 지오지브라의 메뉴에서 보기 - 3차원 기하창을 선택하거나 키보드 단축키로 Ctrl + Shift + 3 을 누르면 3차원 기하창을 열 수 있다(그림 2.1).

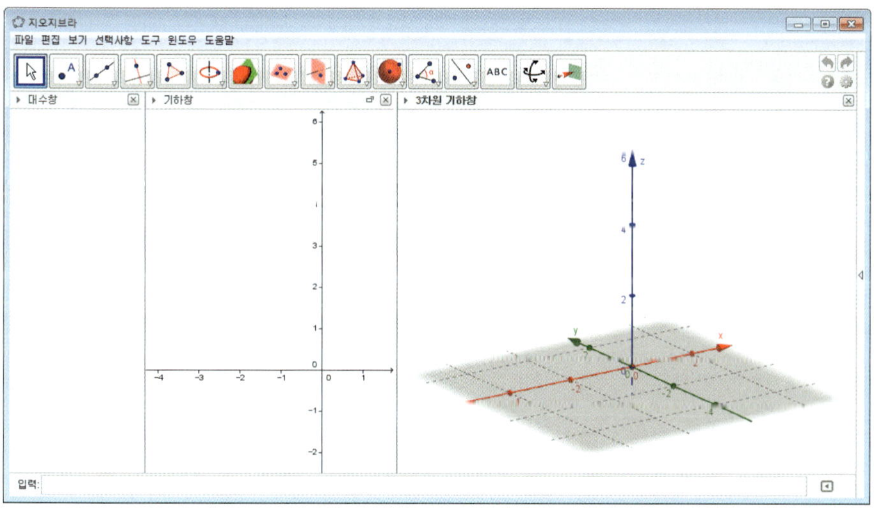

그림 2.1: 2차원 기하창과 3차원 기하창

2.1.1 3차원 기하창 스타일바

3차원 기하창 상단 ▶ **3차원 기하창**의 ▶ 을 클릭하면 ▼ 로 모양이 바뀌면서 **스타일바**가 나타난다. 스타일바를 활용하면 3차원 기하창의 모습을 원하는대로 변경할 수 있다.

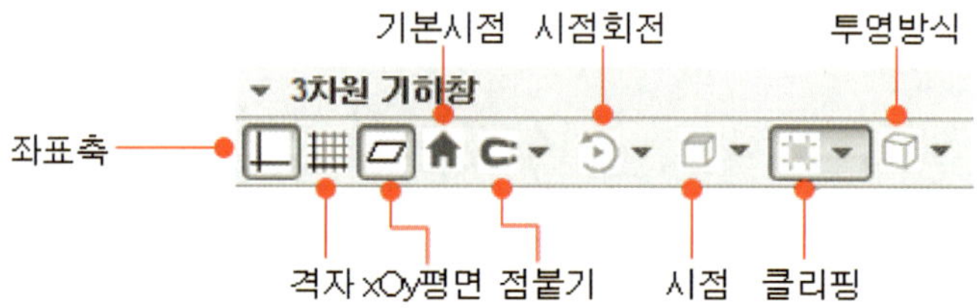

그림 2.2: 3차원 기하창 스타일바

다음은 스타일바 각 부분의 기능이다(그림 2.2).

1. **좌표축** : 3차원 기하창의 좌표축이 보이거나 보이지 않도록 한다.
2. **격자** : 3차원 기하창의 xy 평면에서 격자가 보이거나 보이지 않도록 한다.
3. **xOy평면** : 3차원 기하창의 xy 평면이 보이거나 보이지 않도록 한다.
4. **시점회전** : 3차원 기하창의 시점이 자동으로 회전한다.
5. **기본시점** : 3차원 기하창의 기본시점으로 이동한다.
6. **시점** : 3차원 기하창의 시점을 설정한다.
7. **클리핑** : 3차원 기하창 도형이 표현되는 범위를 조절한다.
8. **투영방식** : 3차원 기하창의 투영방식을 결정한다.[1]

그림 2.3: 안경모드 투영을 위한 Red/Cyan 안경

[1]투영방식 가운데 **안경모드 투영**을 선택하면 Red/Cyan 안경을 이용하여 입체 영상을 볼 수 있다.

2.1.2 3차원 공간에 점 만들기

3차원 기하창에서 마우스를 이용하여 3차원 공간에 점을 만들 수 있다.

① 점 도구를 선택한 후 3차원 기하창을 클릭하면 xy 평면에 점이 만들어진다. 이 때, 마우스를 점에 가까이 하면 점 주변에 사방으로 화살표가 나타난다. **이는 점의 이동이 xy 평면에 평행하게 이루어진다는 것을 나타낸다.**

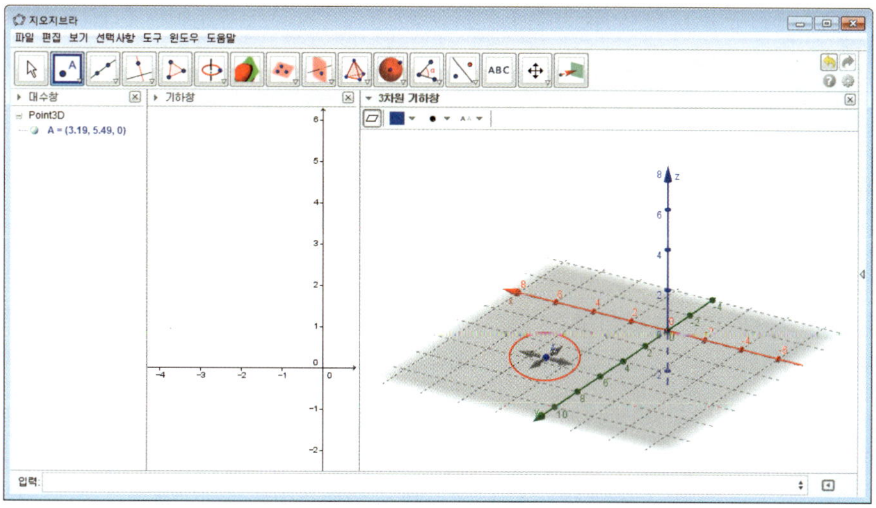

② 마우스로 점을 다시 클릭하면 화살표가 위, 아래 방향으로 나타난다. **이는 점의 이동이 z축에 평행하게 이루어진다는 것을 나타낸다.**

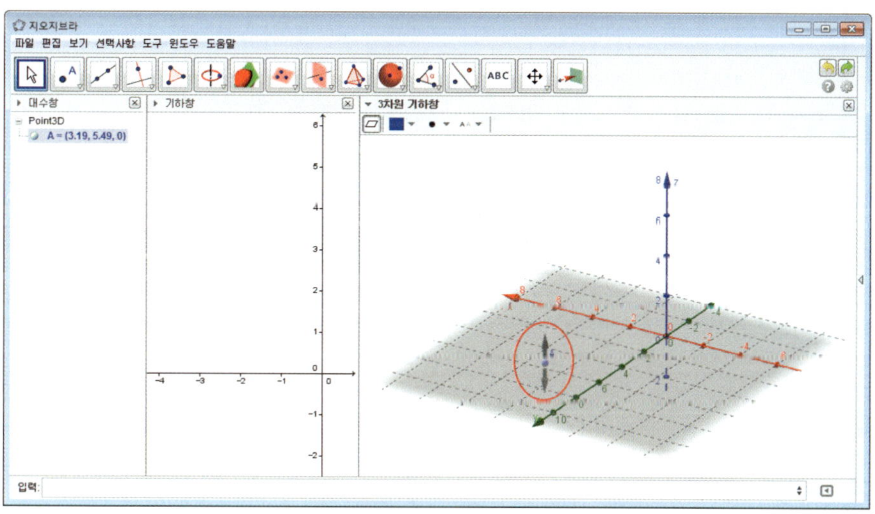

③ 화살표가 위, 아래로 나타난 상태에서 마우스로 드래그하면 점이 3차원 공간에서 z 축 방향에 평행하게 이동한다.

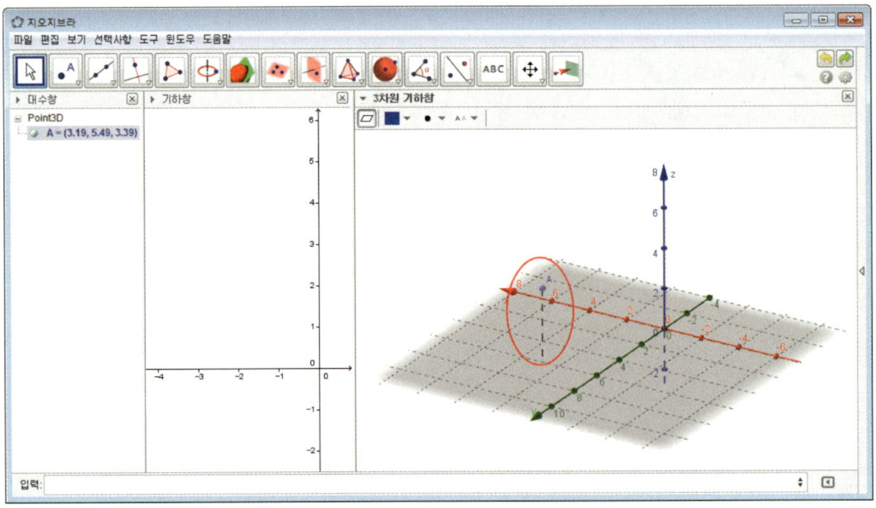

④ 점 위에서 마우스로 클릭 하면 화살표가 사방으로 나타난다. 이는 점의 이동이 xy 평면에 평행하게 이루어진다는 것을 나타낸다.

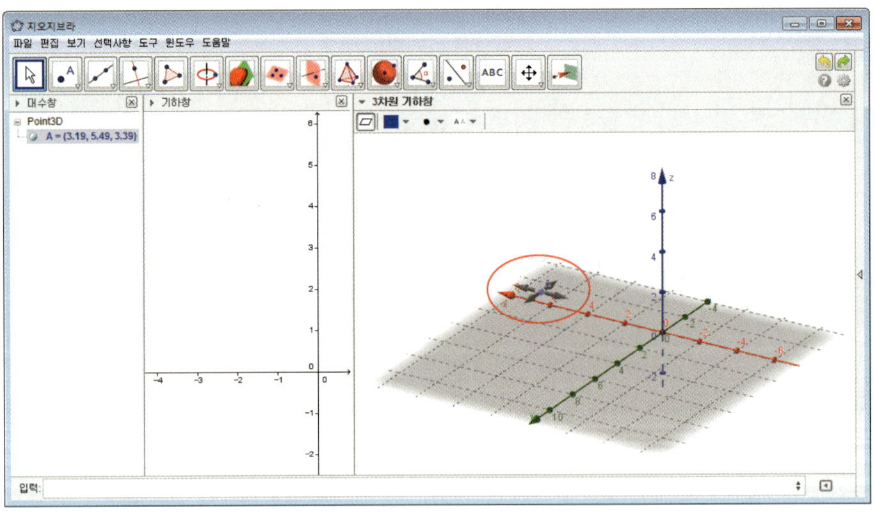

2.1.3 곡면에 점 만들기

3차원 기하창에서 마우스를 이용하여 곡면에 점을 만들 수 있다. 기하창에 구가 그려져 있다고 가정하자.

① 점 도구를 선택한 후 구면 위에 마우스를 가까이 하면 굽어진 십자 모양이 나타난다.

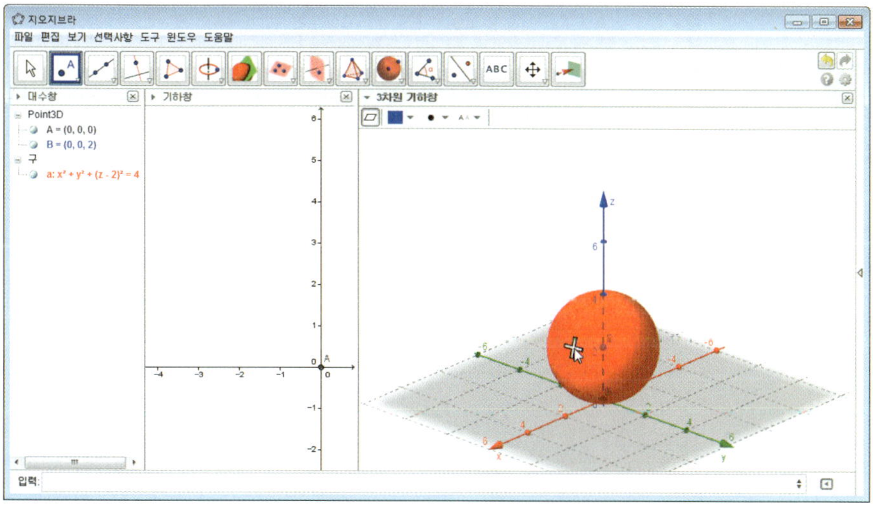

② 마우스로 구면을 클릭하면 구면 위에 점이 나타난다.

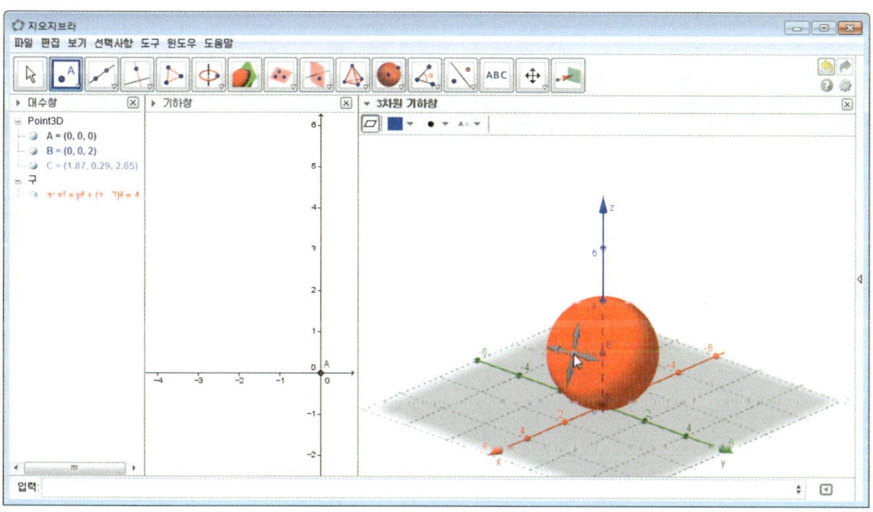

2.1.4 기하창 이동

3차원 기하창에서 마우스를 이용하여 xy 평면의 위치를 바꿀 수 있다.

① 기하창 이동 도구를 선택한 후 마우스를 기하창에 가까이 하면 화살표가 사방으로 나타난다. 이 때, 마우스로 드래그하면 기하창이 xy 평면에 평행하게 이동한다.

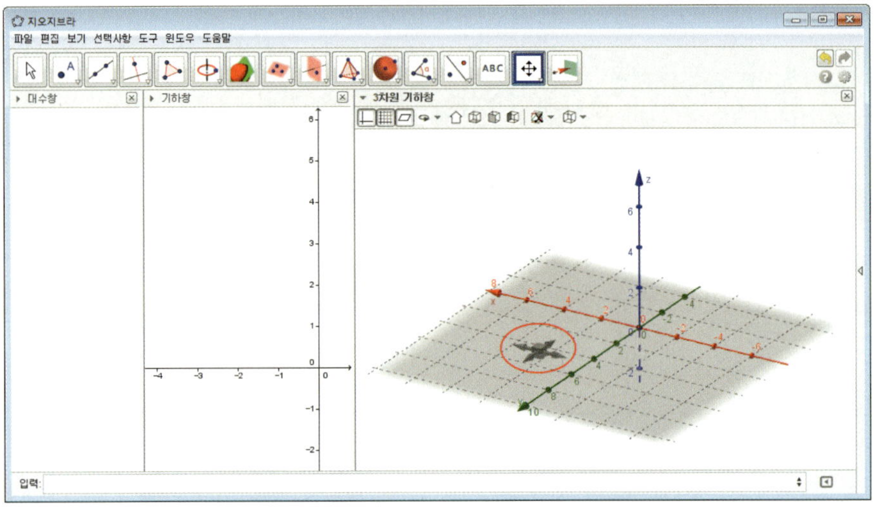

② 마우스로 기하창을 다시 클릭하면 화살표가 위, 아래 방향으로 나타난다. 이 때, 마우스로 드래그하면 기하창이 z축 방향으로 이동한다.

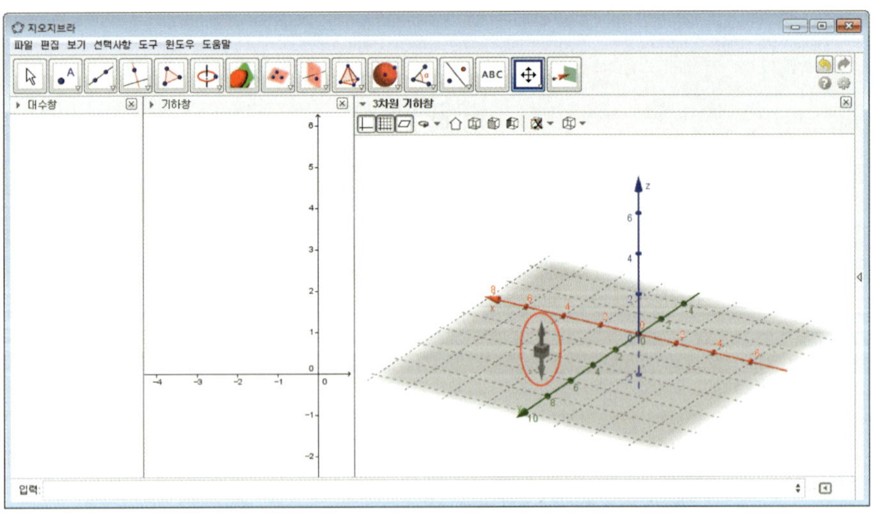

2.1.5 마우스 오른쪽 클릭

마우스 오른쪽 버튼을 클릭한 채 3차원 기하창 위에서 드래그하면 기하창의 시점이 이동한다.

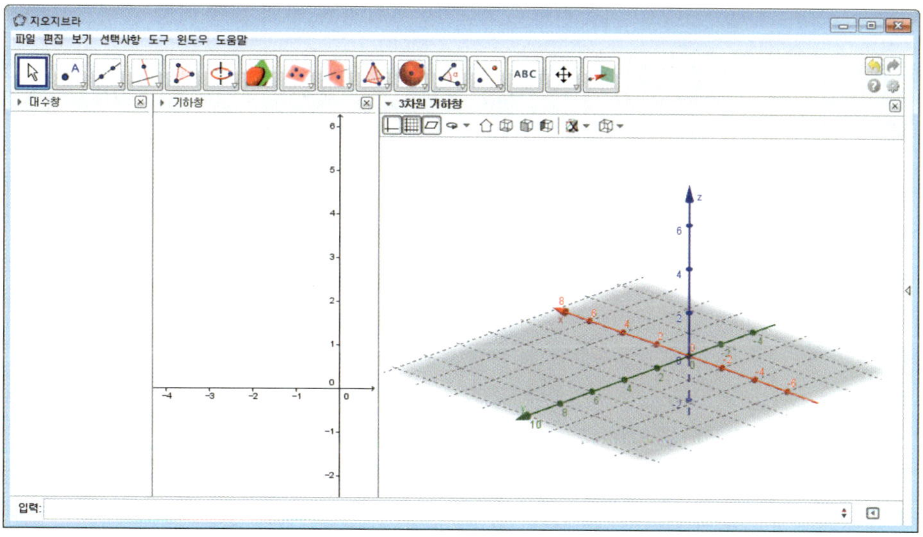

그림 2.4: 마우스 오른쪽 버튼을 클릭하고 드래그하기 전

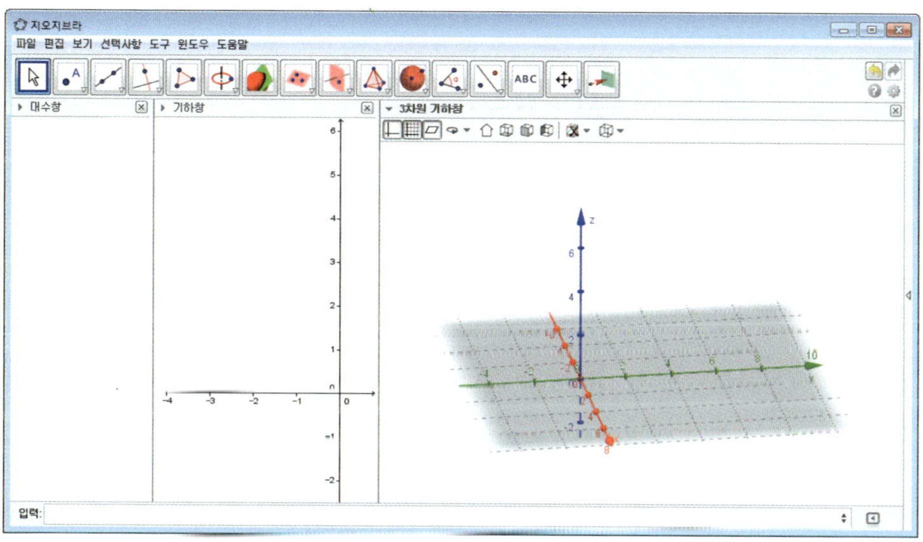

그림 2.5: 마우스 오른쪽 버튼을 클릭하고 드래그한 후

2.2 도구상자

지오지브라는 3차원 대상을 다룰 수 있는 새로운 **도구상자**를 제공한다. 이 도구상자는 3차원 기하창을 클릭했을 때 나타나는 데 3차원 대상을 조작하기 위한 새로운 도구가 들어있다. 이 절에서는 3차원 기하창에서 새롭게 제시된 도구의 사용법을 살펴볼 것이다.

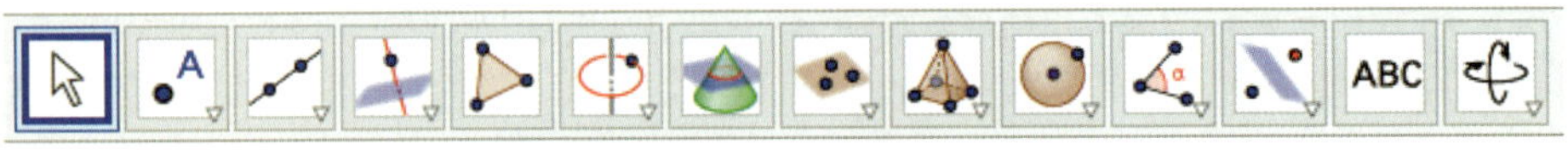

그림 2.6: 3차원 기하창 도구상자

2.2.1 원 도구상자

3차원 기하창의 원 도구상자는 3차원에서 원을 그리기 위한 도구를 제공한다.

1		점을 지나고 축이 있는 원
2		중심, 반지름, 방향이 있는 원

원 도구상자 예제 1

점 A 와 직선 a 가 주어졌을 때, 직선 a 를 축으로 하고 점 A 를 지나는 원을 만드시오.

- 점을 지나고 축이 있는 원 도구를 선택한 후, 직선 a , 점 A 를 차례로 클릭하면 원이 나타난다.

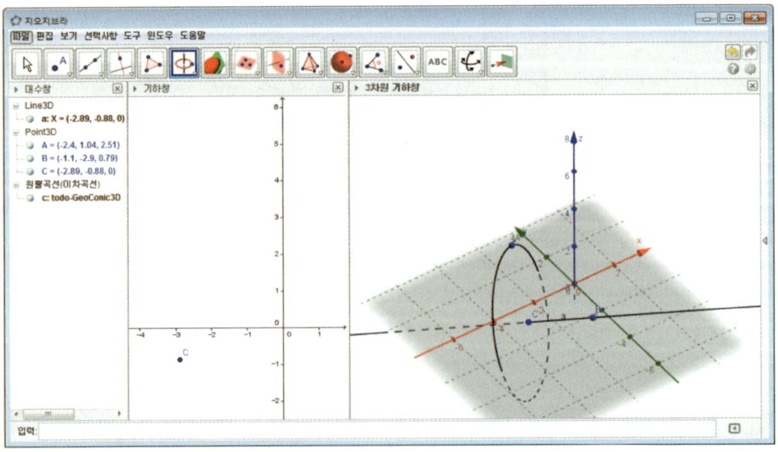

원 도구상자 예제 2

점 A 와 벡터 u 가 주어졌을 때, 점 A 를 중심으로 하고 벡터 u 에 수직이면서 반지름이 3인 원을 만드시오.

1. 중심, 반지름, 방향이 있는 원 도구를 선택한 후, 점 A , 벡터 u 를 차례로 클릭 하면 반지름을 묻는 대화상자가 나타난다.
2. 대화상자에 3을 입력하고 확인 을 클릭 하면, 점 A 를 중심으로 하고 벡터 u 에 수직이면서 반지름이 3인 원이 나타난다.

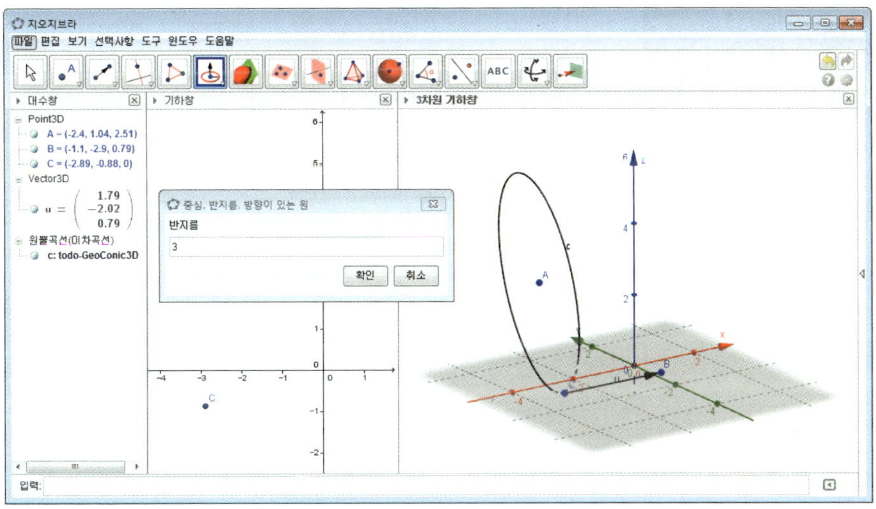

2.2.2 평면 도구상자

3차원 기하창의 **평면 도구상자**는 3차원에서 평면을 그리기 위한 도구를 제공한다.

1		세 점을 지나는 평면
2		평면
3		수직평면
4		평행한 평면

평면 도구상자 예제 1

점 A , B , C 가 주어졌을 때, 세 점을 지나는 평면을 만드시오.

- 세 점을 지나는 평면 도구를 선택한 후, 점 A , B , C 를 차례로 클릭하면 평면이 나타난다.

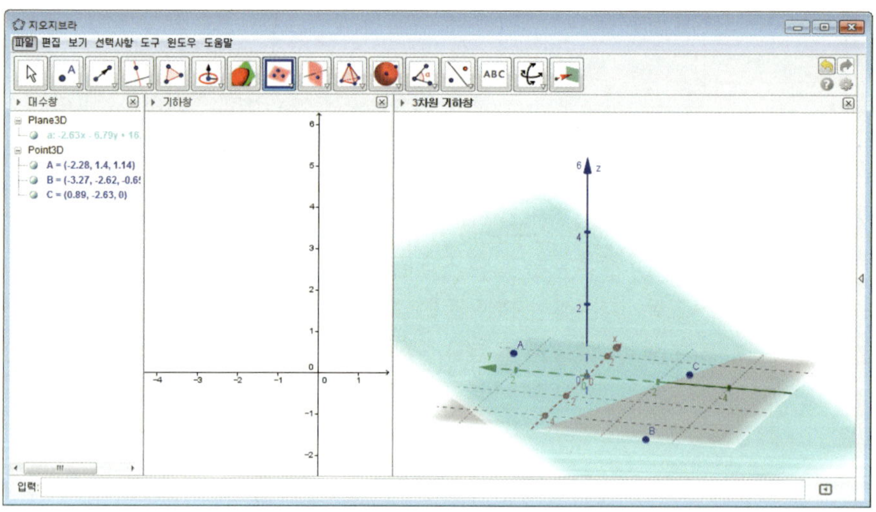

평면 도구상자 예제 2

직선 a , b 가 주어졌을 때, 두 직선을 포함하는 평면을 만드시오.

- 평면 도구를 선택한 후, 직선 a , b 를 차례로 클릭하면 평면이 나타난다.[2]

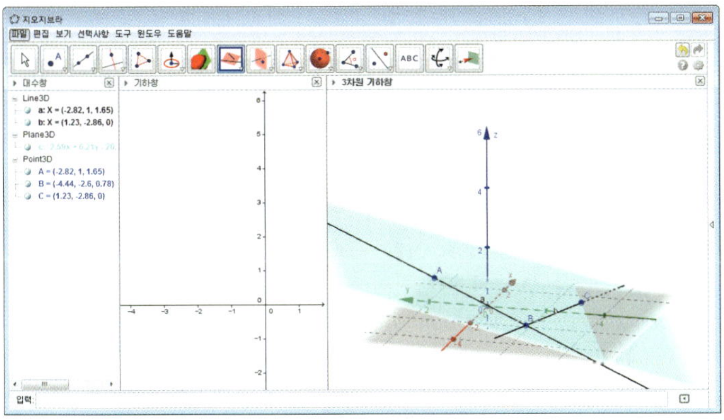

평면 도구상자 예제 3

점 A 와 직선 a 가 주어졌을 때, 점 A 를 포함하고 직선 a 에 수직인 평면을 만드시오.

- 수직평면 도구를 선택한 후, 점 A , 직선 a 를 차례로 클릭하면 점 A 를 지나면서 직선 a 에 수직인 평면이 나타난다.

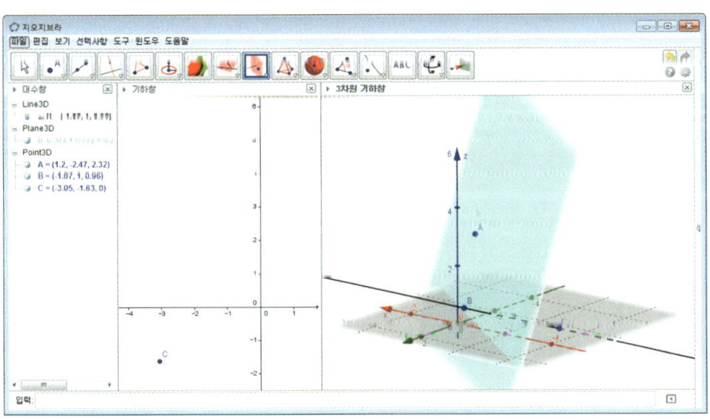

[2]두 직선이 꼬인위치인 경우, 평면이 존재할 수 없으므로 정의되지 않는다.

평면 도구상자 예제 4

점 A 와 평면 a 가 주어졌을 때, 점 A 를 포함하고 평면 a 에 평행한 평면을 만드시오.

- 평행한 평면 도구를 선택한 후, 점 A , 평면 a 를 차례로 클릭하면 점 A 를 포함하고 평면 a 에 평행한 평면이 나타난다.

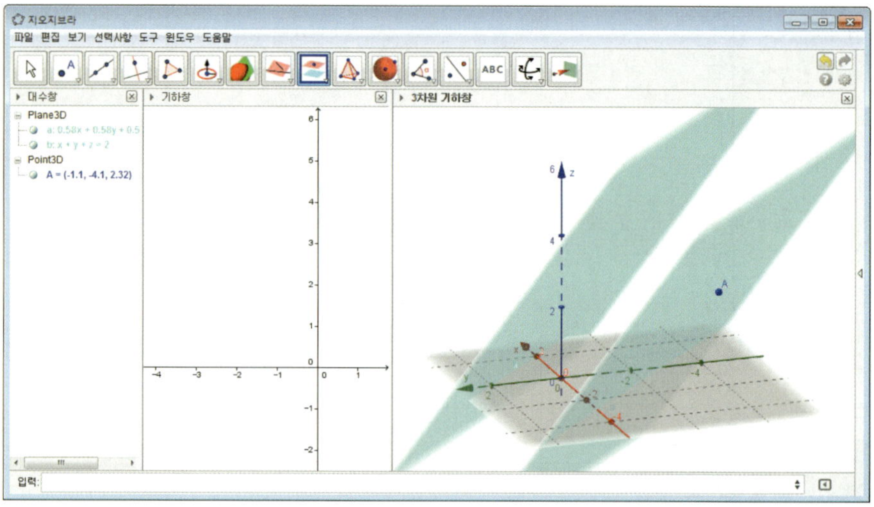

2.2.3 기둥과 뿔 도구상자

3차원 기하창의 기둥과 뿔 도구상자는 3차원에서 각뿔, 각기둥, 원뿔, 원기둥을 그리기 위한 도구를 제공한다.

1		각뿔
2		각기둥
3		각뿔이나 원뿔로 끌어내기
4		각기둥이나 원기둥으로 끌어내기

기둥과 뿔 도구상자 예제 1

삼각형 다각형1 , 점 D 가 주어졌을 때, 삼각형을 밑면으로 하고 점 D 를 꼭짓점으로 하는 각뿔을 만드시오.

- 각뿔 도구를 선택한 후, 점 D , 삼각형 다각형1 을 차례로 클릭하면 삼각형을 밑면으로 하고 점 D 를 꼭짓점으로 하는 각뿔이 나타난다.

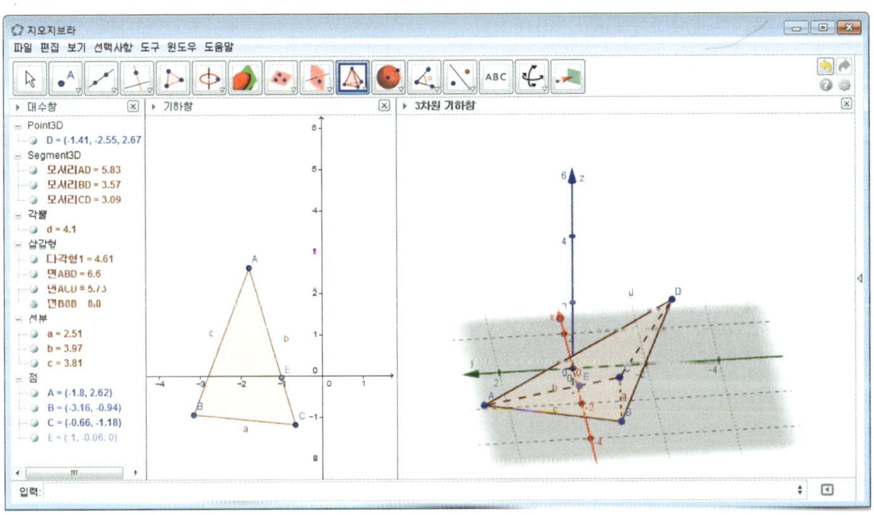

기둥과 뿔 도구상자 예제 2

삼각형 다각형1 , 점 D 가 주어졌을 때, 삼각형을 밑면으로 하고 윗면의 한 꼭짓점이 점 D 인 각기둥을 만드시오.

- 각기둥 도구를 선택한 후, 삼각형 다각형1 , 점 D 를 차례로 클릭 하면 삼각형을 밑면으로 하고 윗면의 한 꼭짓점이 점 D 인 각기둥이 나타난다.

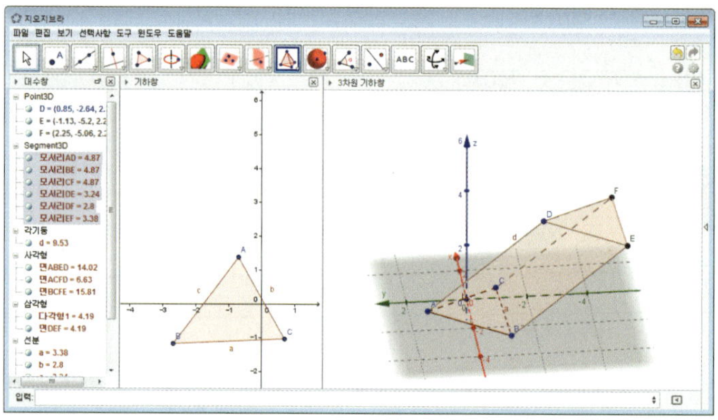

기둥과 뿔 도구상자 예제 3

삼각형 다각형1 이 주어졌을 때, 삼각형을 밑면으로 하는 각뿔을 만드시오.

- 각뿔이나 원뿔로 끌어내기 도구를 선택한 후, 삼각형 다각형1 을 클릭 후 드래그하면 삼각형을 밑면으로 하는 각뿔이 나타난다.

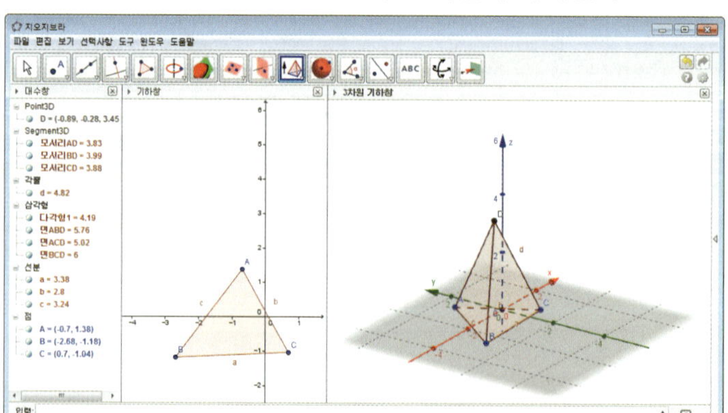

기둥과 뿔 도구상자 예제 4

원 c 가 주어졌을 때, 원 c 를 밑면으로 하는 원기둥을 만드시오.

- 각기둥이나 원기둥으로 끌어내기 도구를 선택한 후, 원 c 를 클릭 후 드래그 하면 원 c 를 밑면으로 하는 원기둥이 나타난다.

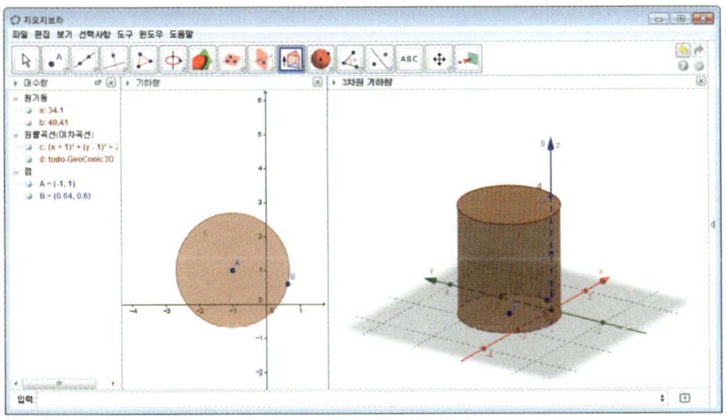

기둥과 뿔 도구상자 예제 5

정 20면체 a가 주어졌을 때 a의 전개도를 만드시오.

- 전개도 도구를 선택한 후, 정 20면체 a 를 클릭 하면 전개도가 나타난다.[3]

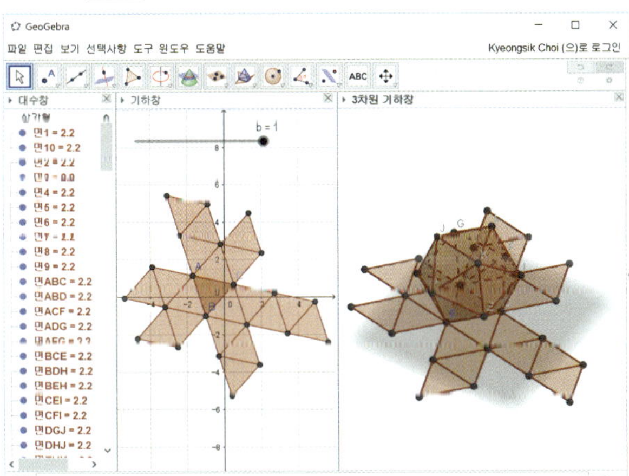

[3]슬라이더를 드래그하면 전개도가 펼쳐지는 정도를 조절할 수 있다.

2.2.4 구 도구상자

3차원 기하창의 **구** 도구상자는 3차원에서 **구**를 그리기 위한 도구를 제공한다.

1	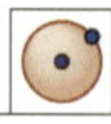	중심이 있고, 한 점을 지나는 구
2		중심과 반지름이 있는 구

구 도구상자 예제 1

점 A , B 가 주어졌을 때, 점 A 를 중심으로 하고 점 B 를 지나는 구를 만드시오.

- 중심이 있고, 한점을 지나는 구 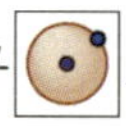 도구를 선택한 후, 점 A , B 를 차례로 클릭  하면 점 A 를 중심으로 하고 점 B 를 지나는 구가 나타난다.

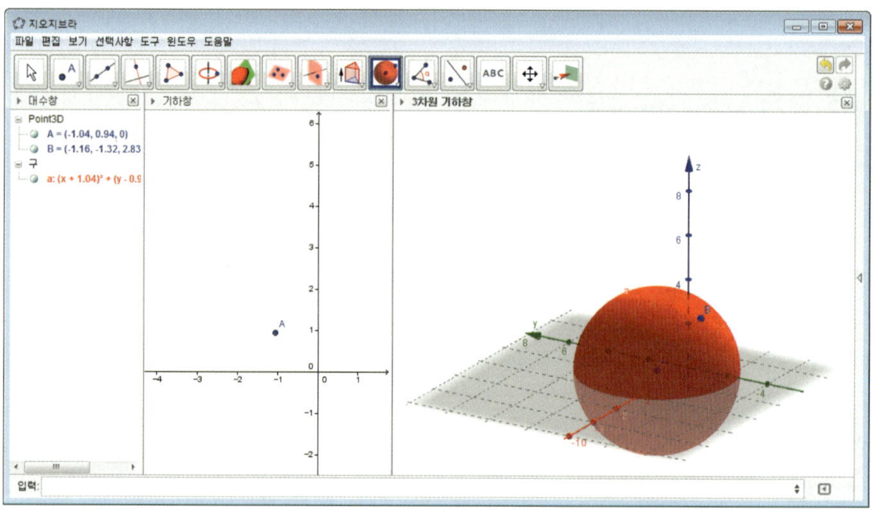

구 도구상자 예제 2

점 A 가 주어졌을 때, 점 A 를 중심으로 하고 반지름이 3인 구를 만드시오.

① 중심과 반지름이 있는 구 도구를 선택한 후, 점 A 를 클릭하면 반지름을 묻는 대화상자가 나타난다.

② 대화상자에 3을 입력한 후 확인 을 클릭하면, 점 A 를 중심으로 하고 반지름이 3인 구가 나타난다.

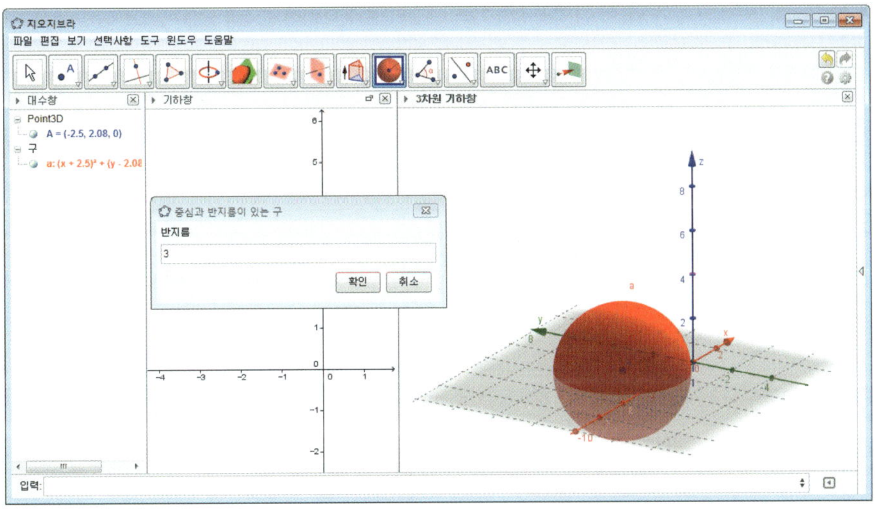

2.2.5 시점 도구상자

3차원 기하창의 시점 도구상자는 3차원에서 시점을 변경하기 위한 도구를 제공한다.

1		3차원 기하창 회전
2		선택 방향으로 보기

시점 도구상자 예제

직선 b 가 주어졌을 때, 직선 b 방향으로 시점을 이동하시오.

① 선택 방향으로 보기 도구를 선택한 후, 직선 b 에 가까이 가면 시점 방향을 나타내는 화살표가 나타난다.

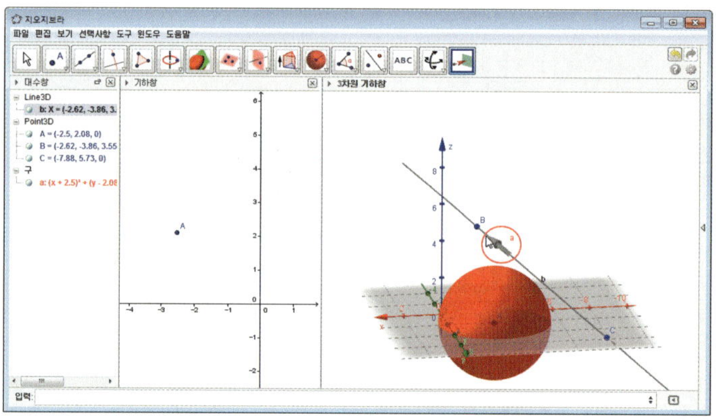

② 직선 b 를 클릭 하면 시점이 이동한다.

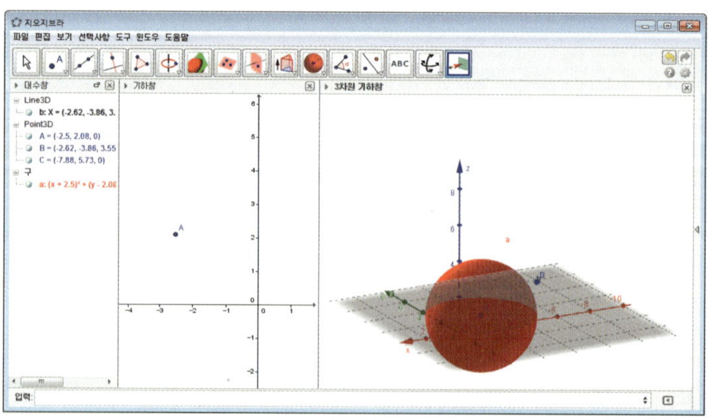

CHAPTER 3

3차원 기하 명령어

요 약

지오지브라는 사용법이 직관적이지만 지오지브라 도구만으로는 원하는 조작을 섬세하게 수행할 수 없다. 이 장에서는 지오지브라의 3차원 대상을 조작할 수 있는 다양한 명령어를 제시한다.

3.1 점과 벡터

3.1.1 점

입력창에 순서쌍을 입력하면 3차원 기하창에 **점**을 정의할 수 있다. 예를 들어, 3차원 기하창에 **좌표**가 (1 , 2 , 3) 인 점을 정의하려면 입력창에 다음과 같이 입력한다.

```
( 1 , 2 , 3 )
```

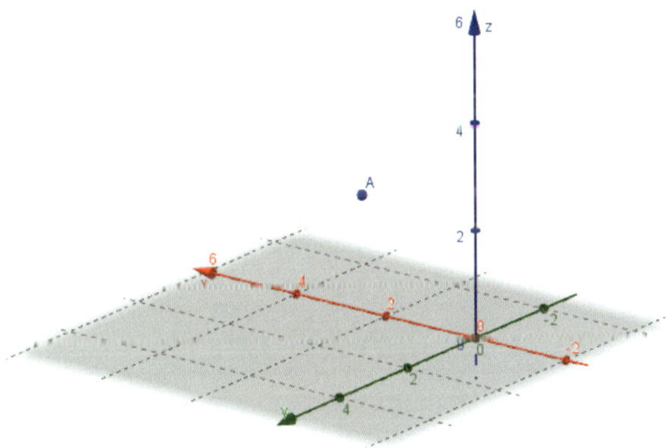

그림 3.1: 좌표 (1 , 2 , 3) 에 정의된 점

만일, 3차원 기하창에 이름이 A 이며 좌표가 (1 , 2 , 3) 인 점을 정의하려면 입력창에 다음과 같이 입력한다.

```
A = ( 1 , 2 , 3 )
```

3.1.2 벡터 명령과 벡터

입력창에 **벡터** 명령을 입력하면 3차원 기하창에서 벡터를 정의할 수 있다. 3차원 기하창에서 벡터를 정의하기 위한 **벡터** 명령의 문법은 다음과 같다.[1]

```
벡터( 점 )
벡터( 시작점 , 끝점 )
```

예를 들어, 3차원 기하창에 끝점의 좌표가 (1 , 2 , 3) 인 위치벡터를 정의하려면 입력창에 다음과 같이 입력한다.

```
벡터( ( 1 , 2 , 3 ) )
```

만일, 3차원 기하창에 이름이 u 이며 끝점의 좌표가 (1 , 2 , 3) 인 위치벡터를 정의하려면 입력창에 다음과 같이 입력한다.[2]

```
u = ( 1 , 2 , 3 )
```

3차원 기하창에 시작점의 좌표가 (1 , 2 , 3) 이고 끝점의 좌표가 (2 , 4 , 3) 인 벡터를 정의하려면 입력창에 다음과 같이 입력한다.

```
벡터( ( 1 , 2 , 3 ) , ( 2 , 4 , 3 ) )
```

[1]우리말 명령어인 벡터 대신, 영어 명령어인 Vector 를 사용하는 것도 가능하다.

[2]지오지브라에서 이름을 대문자로 하면 점이 정의되고, 이름을 소문자로 하면 벡터가 정의된다.

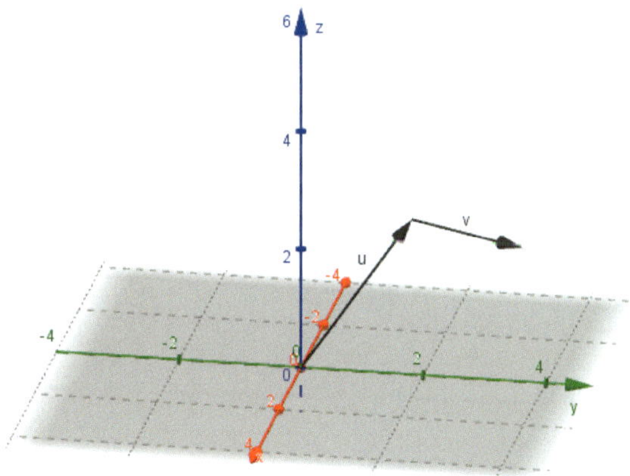

그림 3.2: 벡터 명령으로 정의된 3차원 벡터

3.1.3 내적

3차원 기하창에 벡터 `u = ( 1 , 2 , 3 )`, `v = ( 3 , 1 , 2 )` 가 주어졌을 때, 벡터 `u` 와 `v` 의 **내적** 을 구하려면 입력창에 다음과 같이 입력한다.

```
u v
```

[실행결과]

11

3.1.4 외적 명령(CAS)

CAS 셀에 외적 명령을 입력하면 3차원 벡터의 외적을 구할 수 있다. 3차원 벡터의 외적을 구하기 위한 외적 명령의 문법은 다음과 같다.[3]

```
외적( 점 , 점 )
외적( 벡터 , 벡터 )
```

[3]우리말 명령어인 외적 대신, 영어 명령어인 `Cross` 를 사용하는 것도 가능하다.

예를 들어, 끝점이 `( 1 , 2 , 3 )`과 `( 3 , 1 , 2 )`인 위치벡터의 외적을 구하려면, CAS 셀에 다음과 같이 입력한다.

```
외적( ( 1 , 2 , 3 ) , ( 3 , 1 , 2 ) )
```

[실행결과]
$(1, 7, -5)$

3.1.5 단위벡터 명령(CAS)

CAS 셀에 **단위벡터** 명령을 입력하면 주어진 3차원 벡터의 단위벡터를 구할 수 있다. 주어진 3차원 벡터의 단위벡터를 구하기 위한 **단위벡터** 명령의 문법은 다음과 같다.[4]

```
단위벡터( 벡터 )
```

예를 들어, 벡터 `u = ( 1 , 2 , 3 )`이 주어졌을 때, 벡터 `u`의 단위벡터를 구하려면 CAS 셀에 다음과 같이 입력한다.

```
단위벡터( u )
```

[실행결과]
$\left(\frac{\sqrt{14}}{14}, \frac{\sqrt{14}}{7}, 3 \cdot \frac{\sqrt{14}}{14}\right)$

[4] 우리말 명령어인 단위벡터 대신, 영어 명령어인 `UnitVector`를 사용하는 것도 가능하다.

3.2 직선 명령

3.2.1 직선 명령

입력창에 직선 명령을 입력하면 3차원 기하창에서 직선을 그릴 수 있다. 3차원 기하창에서 직선을 그리기 위한 직선 명령의 문법은 다음과 같다.[5]

```
직선( 점 , 점 )
직선( 점 , 평행한 직선 )
직선( 점 , 방향 벡터 )
```

예를 들어, 3차원 기하창에 주어진 두 점 A , B 를 지나는 직선을 그리려면 입력창에 직선[A , B] 와 같이 입력한다(그림 3.3).

만일, 3차원 기하창에 점 A 와 직선 a 가 주어졌을 때, 직선 a 에 평행하면서 점 A 를 지나는 직선을 그리려면 입력창에 직선[A , a]와 같이 입력한다(그림 3.4).

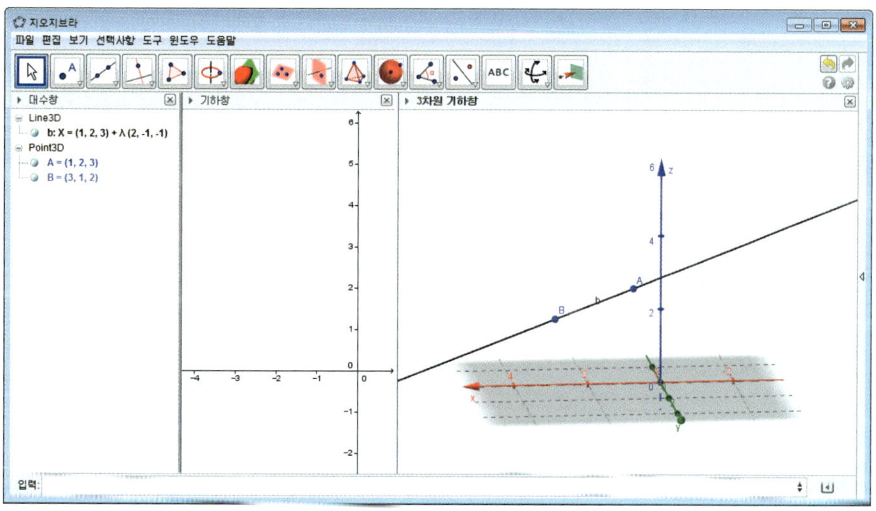

그림 3.3: 점 A 와 B 를 지나는 직선

또한, 3차원 기하창에 점 A 와 벡터 u 가 주어졌을 때, 벡터 u 에 평행하면서 점 A 를 지나는 직선을 그리려면 입력창에 다음과 같이 입력한다.

```
직선( A , u )
```

---

[5] 우리말 명령어인 직선 대신, 영어 명령어인 Line 을 사용하는 것도 가능하다.

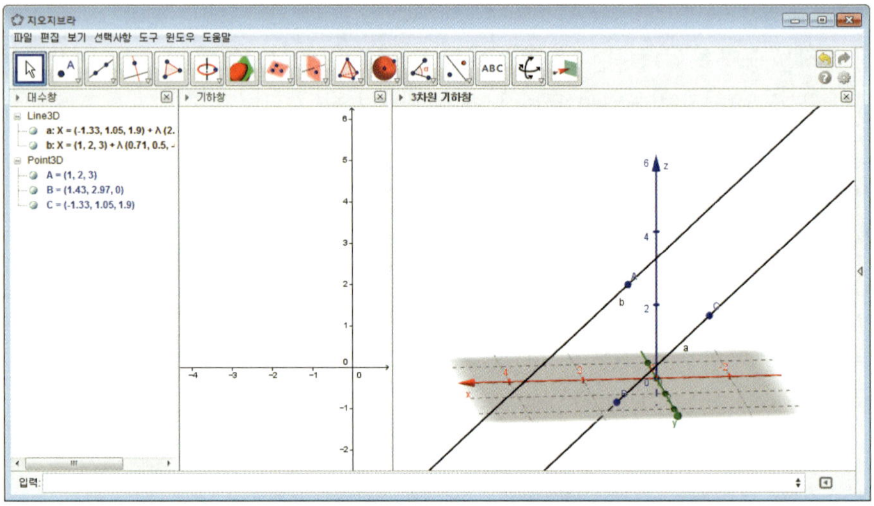

그림 3.4: 직선 a 에 평행하면서 점 A 를 지나는 직선

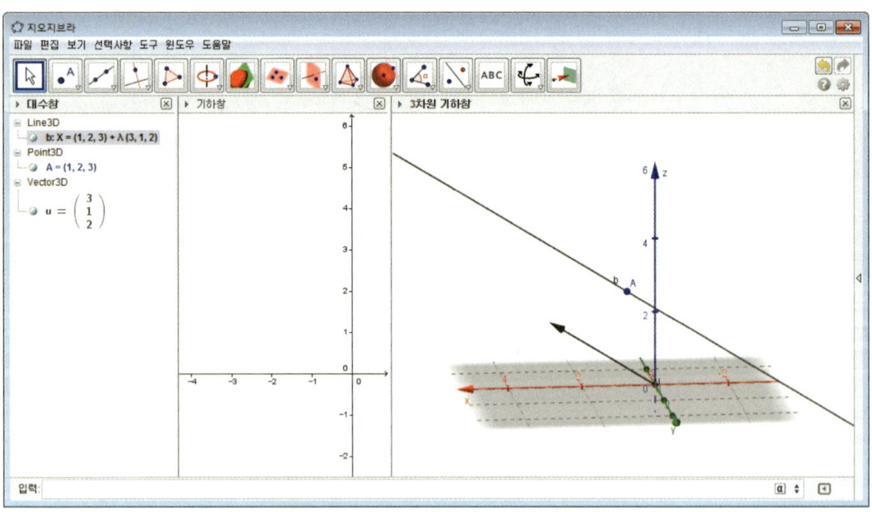

그림 3.5: 벡터 u 에 평행하면서 점 A 를 지나는 직선

3.2.2 반직선 명령

입력창에 **반직선** 명령을 입력하면 3차원 기하창에서 반직선을 그릴 수 있다. 3차원 기하창에서 반직선을 그리기 위한 **반직선** 명령의 문법은 다음과 같다.[6]

```
반직선( 시작점 , 점 )
```

예를 들어, 3차원 기하창에 두 점 A , B 가 주어졌을 때, 점 A 에서 시작하여 점 B 를 지나는 반직선을 그리려면 입력창에 다음과 같이 입력한다.

```
반직선( A , B )
```

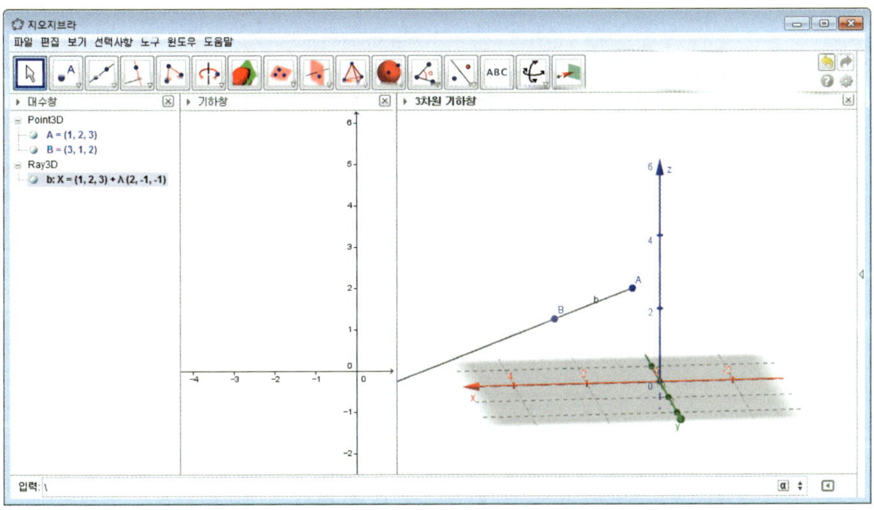

그림 3.6: 점 A 에서 시작하여 점 B 를 지나는 반직선

[6]우리말 명령어인 반직선 대신, 영어 명령어인 Ray 를 사용하는 것도 가능하다.

3.2.3 선분 명령

입력창에 **선분** 명령을 입력하면 3차원 기하창에서 선분을 그릴 수 있다. 3차원 기하창에서 선분을 그리기 위한 **선분** 명령의 문법은 다음과 같다.[7]

```
선분( 점 , 점 )
```

예를 들어, 3차원 기하창에 두 점 `A` , `B` 가 주어졌을 때, 두 점을 양 끝점으로 하는 선분을 그리려면 입력창에 다음과 같이 입력한다.

```
선분( A , B )
```

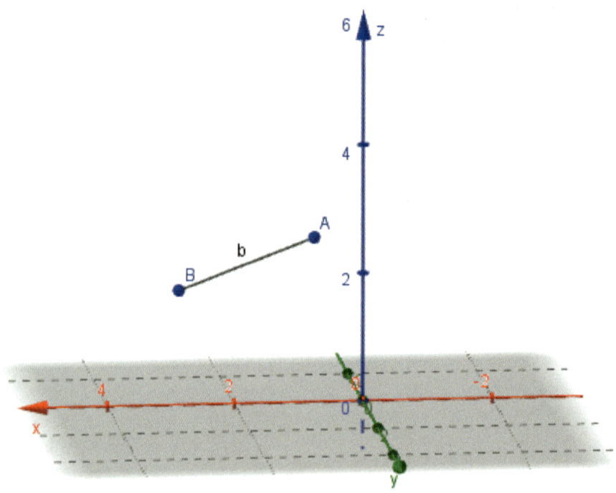

그림 3.7: 주어진 두 점 `A` , `B` 를 양 끝점으로 하는 선분

[7]우리말 명령어인 선분 대신, 영어 명령어인 `Segment` 를 사용하는 것도 가능하다.

3.3 곡선 명령

3.3.1 원 명령

입력창에 원 명령을 입력하면 3차원 기하창에서 원을 그릴 수 있다. 3차원 기하창에서 원을 그리기 위한 원 명령의 문법은 다음과 같다.[8]

```
원( 점 , 반지름 )
원( 점 , 선분 )
원( 직선 , 점 )
원( 점 , 점 , 점 )
원( 점 , 반지름 , 방향 )
```

예를 들어, 3차원 기하창에 점 A 를 중심으로 반지름이 3이며 xy 평면에 평행한 원을 그리려면 입력창에 다음과 같이 입력한다.

```
원( A , 3 )
```

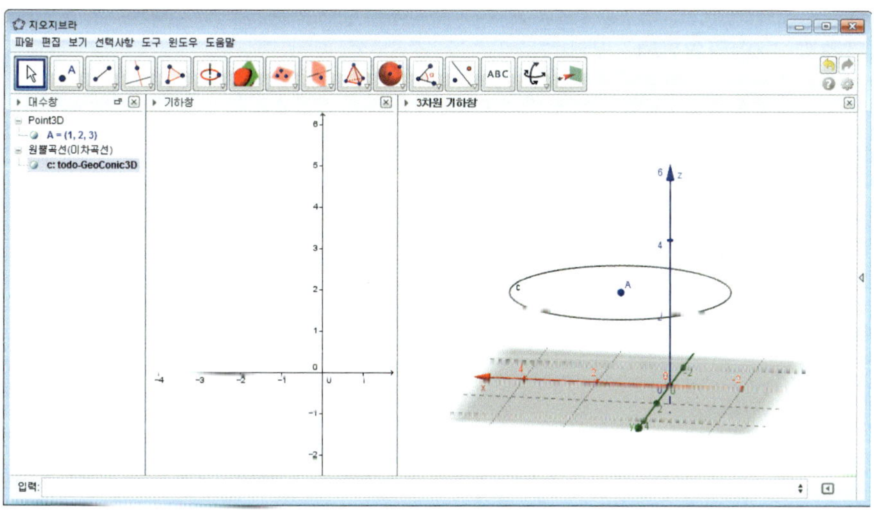

그림 3.8: 점 A 를 중심으로 반지름이 3이며 xy 평면에 평행한 원

[8]우리말 명령어인 원 대신, 영어 명령어인 Circle 을 사용하는 것도 가능하다.

만일, 3차원 기하창에 점 A 를 중심으로 하고 반지름은 선분 a 의 길이로 하며 xy 평면에 평행한 원을 그리려면 입력창에 다음과 같이 입력한다.

```
원( A , a )
```

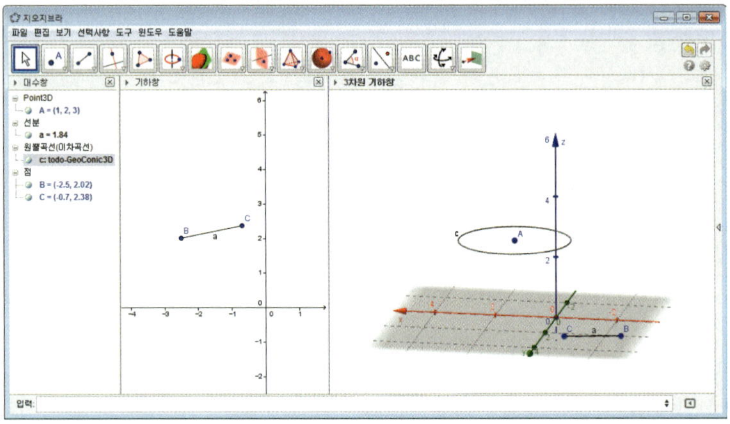

그림 3.9: 점 A 를 중심으로 반지름이 선분 a 의 길이이며 xy 평면에 평행한 원

또한, 3차원 기하창에 직선 a 의 방향에 수직이며 점 A 를 지나는 원을 그리려면 입력창에 다음과 같이 입력한다.

```
원( a , A )
```

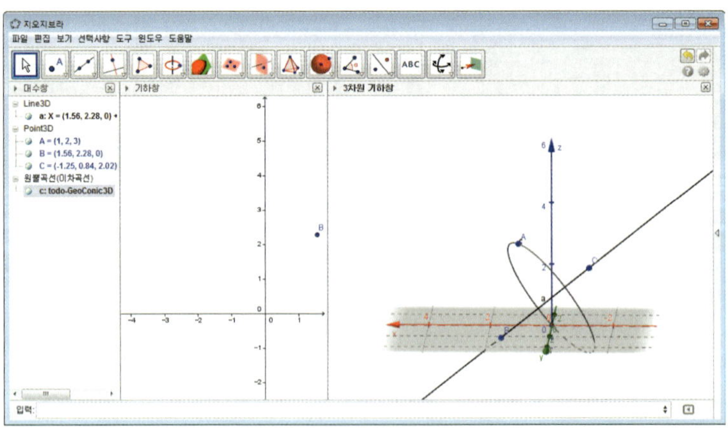

그림 3.10: 직선 a 에 수직이며 점 A 를 지나는 직선

3차원 기하창에 주어진 세 점 A , B , C 를 지나는 원을 그리려면 입력창에 다음과 같이 입력한다.

```
원( A , B , C )
```

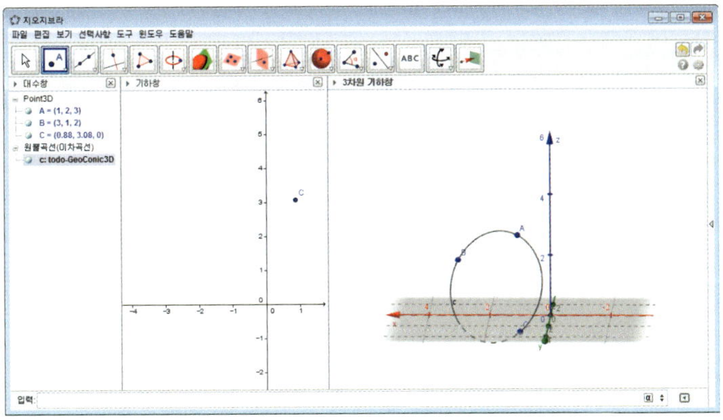

그림 3.11: 주어진 세 점 A , B , C 를 지나는 원

3차원 기하창에 점 A 를 중심으로 하고 반지름이 3이며 벡터 u 에 수직인 원을 그리려면 입력창에 다음과 같이 입력한다.

```
원( A , 3 , u )
```

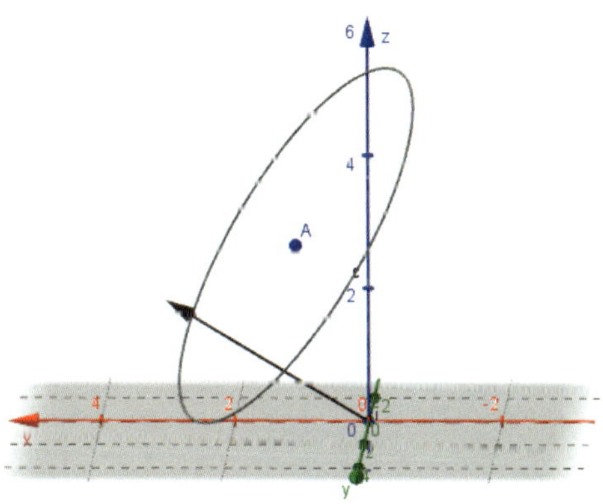

그림 3.12: 점 A 를 중심으로 하고 반지름이 3이며 벡터 u 에 수직인 원

3.3.2 곡선 명령

입력창에 **곡선** 명령을 입력하면 3차원 기하창에서 곡선을 그릴 수 있다. 3차원 기하창에서 곡선을 그리기 위한 **곡선** 명령의 문법은 다음과 같다.[9]

```
곡선( x좌표의 식 , y좌표의 식 , z좌표의 식 , 매개변수 , 처음값 , 마지막값 )
```

예를 들어, 3차원 기하창에 범위가 0 부터 10π 까지인 매개변수 `t` 에 대하여 점 (`cos(t)` , `sin(t)` , `t`) 가 지나는 경로를 그리려면 입력창에 다음과 같이 입력한다.

```
곡선( cos(t) , sin(t) , t , t , 0 , 10 pi )
```

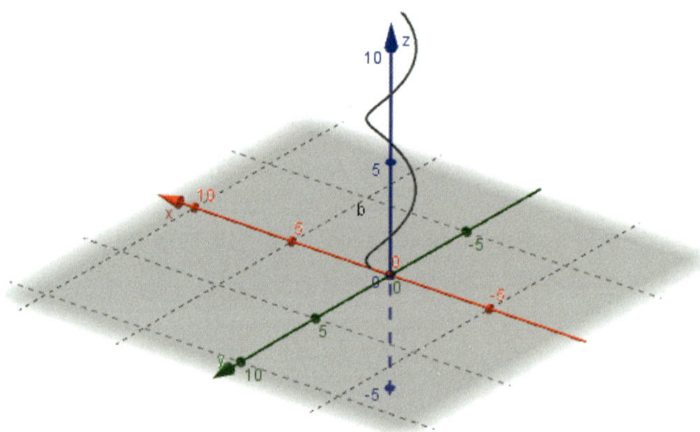

그림 3.13: 점 (`cos(t)` , `sin(t)` , `t`) 가 지나는 경로를 그린 곡선

3.3.3 교선 명령

입력창에 **교선** 명령을 입력하면 3차원 기하창에서 두 대상의 교선을 구할 수 있다. 3차원 기하창에서 두 대상의 교선을 구하기 위한 **교선** 명령의 문법은 다음과 같다.[10]

```
교선( 직선 , 다각형 )
교선( 곡면 , 평면 )
```

[9] 우리말 명령어인 곡선 대신, 영어 명령어인 `Curve` 를 사용하는 것도 가능하다.
[10] 우리말 명령어인 교선 대신, 영어 명령어인 `IntersectPath` 를 사용하는 것도 가능하다.

예를 들어, 3차원 기하창에 직선 a 와 사각형 다각형1 이 주어졌을 때 두 대상의 교선을 구하려면 입력창에 다음과 같이 입력한다.

```
교선( a , 다각형1 )
```

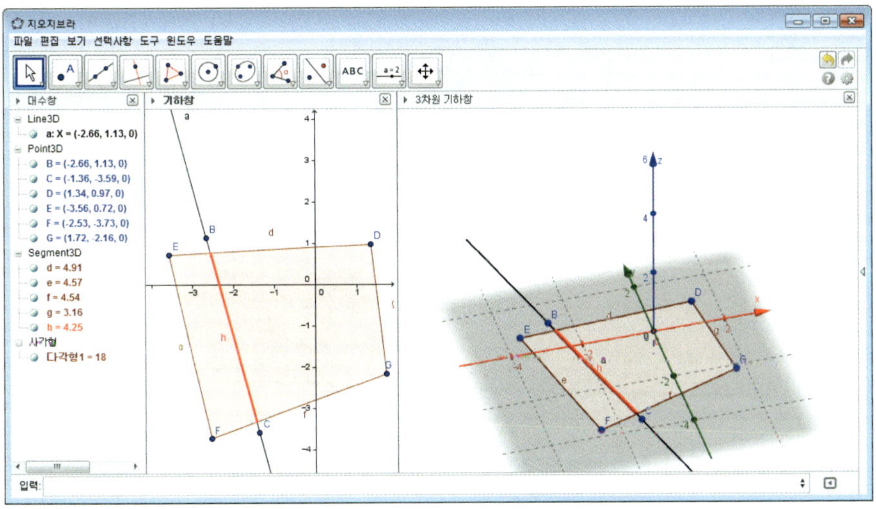

그림 3.14: 직선 a 와 사각형 다각형1 의 교선

3.3.4 수직선 명령

입력창에 **수직선** 명령을 입력하면 3차원 기하창에서 점과 직선, 벡터 간의 수직선을 구할 수 있다. 3차원 기하창에서 수직선을 구하기 위한 **수직선** 명령의 문법은 다음과 같다.[11]

```
수직선( 점 , 직선 )
수직선( 점 , 선분 )
수직선( 점 , 벡터 )
수직선( 점 , 평면 )
수직선( 직선 , 직선 )
수직선( 점 , 벡터 , 벡터 )
수직선( 점 , 직선 , 직선 )
수직선( 점 , 직선 , 환경(xOy 또는 3차원 공간) )
```

[11] 우리말 명령어인 수직선 대신, 영어 명령어인 PerpendicularLine 을 사용하는 것도 가능하다.

예를 들어, 3차원 기하창에 점 A 와 직선 a 가 주어졌을 때, 점 A 를 지나고 직선 a 에 수직인 직선을 구하려면 입력창에 다음과 같이 입력한다.

```
수직선( A , a )
```

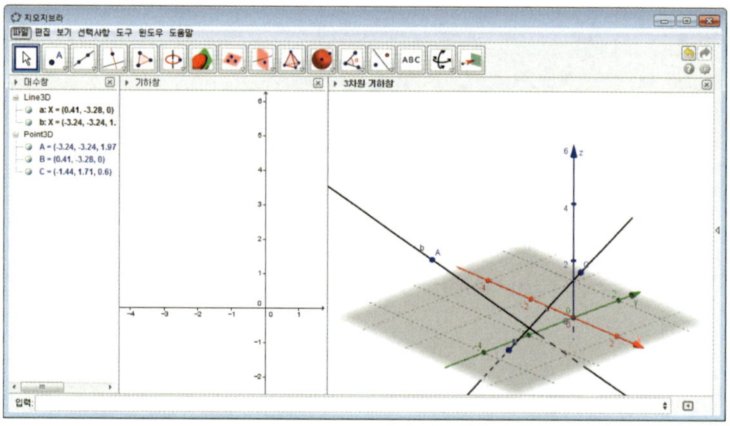

그림 3.15: 점 A 를 지나고 직선 a 에 수직인 직선

만일, 3차원 기하창에 점 A 와 평면 a 가 주어졌을 때, 점 A 를 지나고 평면 a 에 수직인 직선을 구하려면 입력창에 다음과 같이 입력한다.

```
수직선( A , a )
```

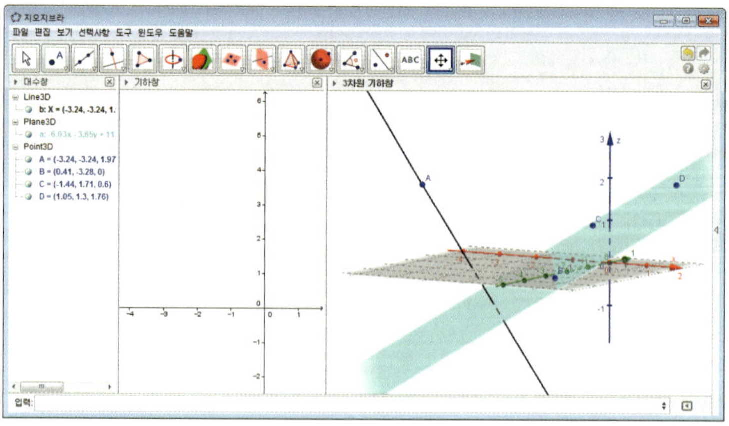

그림 3.16: 점 A 를 지나고 평면 a 에 수직인 직선

또한, 3차원 기하창에 점 A 를 지나고 직선 a , b 에 수직인 직선을 구하려면 입력창에 다음과 같이 입력한다.

```
수직선( A , a , b )
```

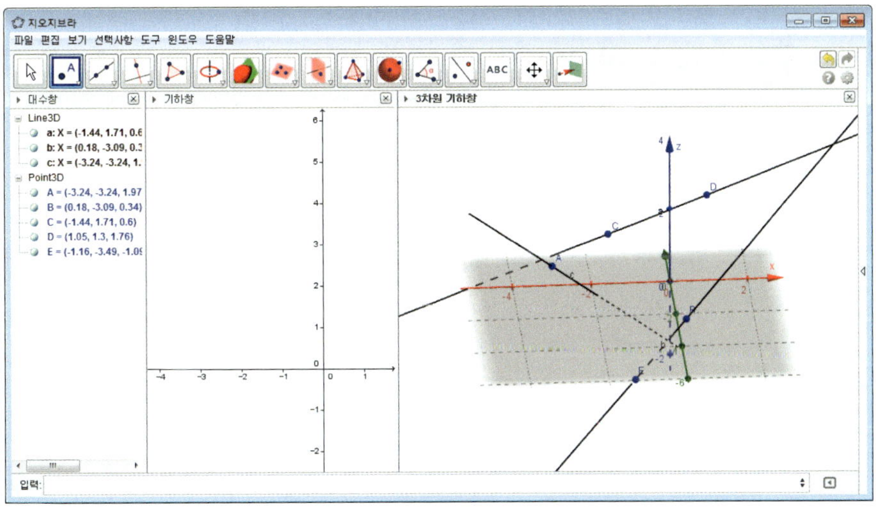

그림 3.17: 점 A 를 지나고 직선 a , b 에 수직인 직선

3.4 평면 명령

3.4.1 평면 명령

입력창에 **평면** 명령을 입력하면 3차원 기하창에 평면을 그릴 수 있다. 3차원 기하창에서 평면을 그리기 위한 **평면** 명령의 문법은 다음과 같다.[12]

```
평면( 점 , 평면 )
평면( 점 , 직선 )
평면( 점 , 점 , 점 )
```

[12] 우리말 명령어인 평면 대신, 영어 명령어인 `Plane` 을 사용하는 것도 가능하다.

예를 들어, 3차원 기하창에 점 A 와 평면 a 가 주어졌을 때, 점 A 를 포함하면서 평면 a 와 평행한 평면을 그리려면 입력창에 다음과 같이 입력한다.

```
평면( A , a )
```

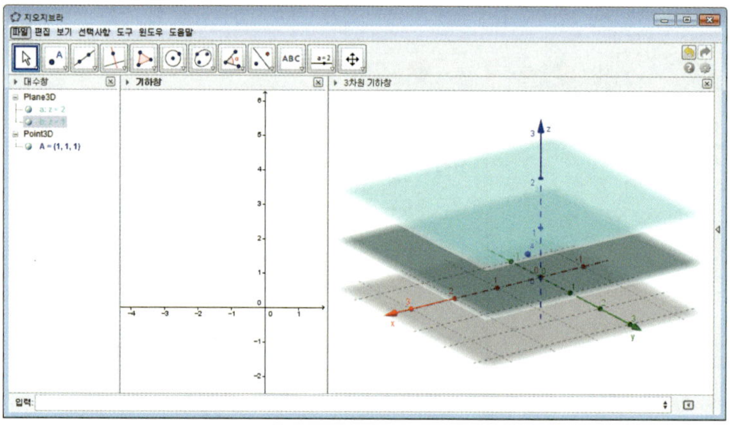

그림 3.18: 점 A 를 포함하면서 평면 a 와 평행한 평면

만일, 점 A 와 직선 a 가 주어졌을 때, 점 A 와 직선 a 를 함께 포함하는 평면을 그리려면 입력창에 다음과 같이 입력한다.

```
평면( A , a )
```

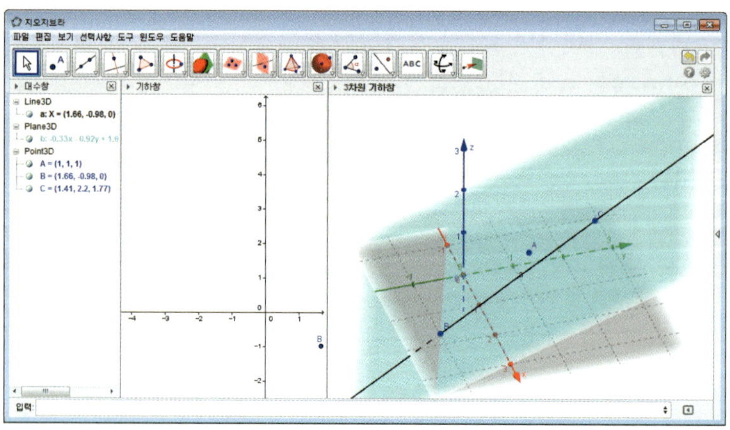

그림 3.19: 점 A 와 직선 a 를 함께 포함하는 평면

또한, 세 점 A , B , C 가 주어졌을 때, 세 점을 포함하는 평면을 그리려면 입력창에 다음과 같이 입력한다.

```
평면( A , B , C )
```

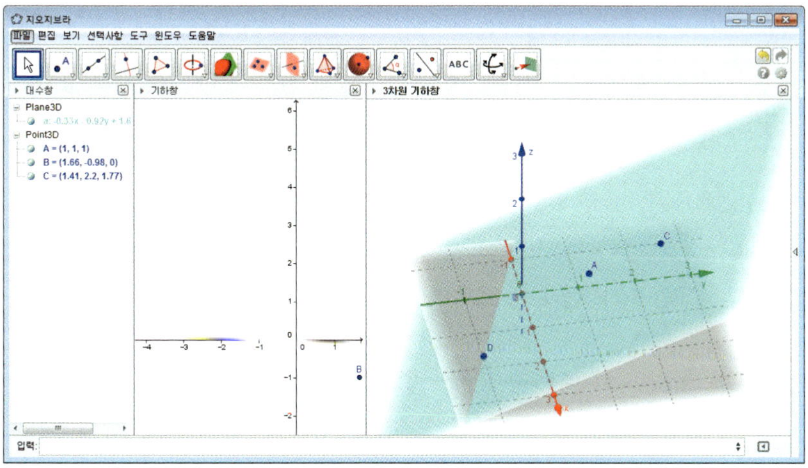

그림 3.20: 세 점 A , B , C 를 포함하는 평면

3.4.2 수직평면 명령

입력창에 **수직평면** 명령을 입력하면 3차원 기하창에서 한 점을 포함하면서 직선이나 벡터에 수직인 평면을 구할 수 있다.[13] 3차원 기하창에서 수직평면을 구하기 위한 **수직평면** 명령의 문법은 다음과 같다.[14]

```
수직평면( 점 , 지선 )
수직평면( 점 , 벡터 )
```

예를 들어, 3차원 기하창에 점 A 와 직선 a 가 주어졌을 때, 점 A 를 포함하면서 직선 a 와 수직인 평면을 구하려면 입력창에 다음과 같이 입력한다.

```
수직평면( A , a )
```

[13]지금까지도 수직평면 이라는 용어보다는 법평면 이라는 용어가 더 많이 쓰이는 것 같다. 그러나 의미전달의 측면에서 법평면 보다는 수직평면 이 더 낫다고 여겨져 수직평면 으로 번역하였다.

[14]우리말 명령어인 수직평면 대신, 영어 명령어인 PerpendicularPlane 을 사용하는 것도 가능하다.

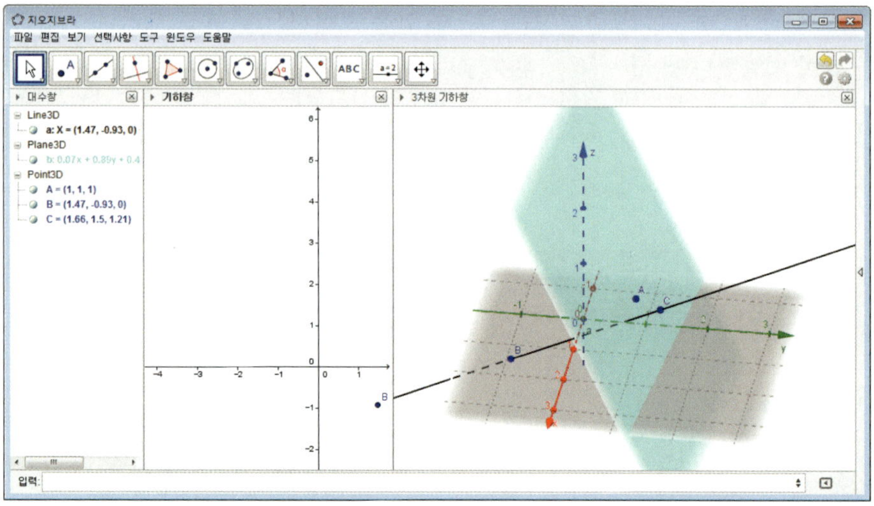

그림 3.21: 점 A 를 포함하면서 직선 a 와 수직인 평면

만일, 점 A 와 벡터 u 가 주어졌을 때, 점 A 를 포함하면서 벡터 u 에 수직인 평면을 구하려면 입력창에 다음과 같이 입력한다.

```
수직평면( A , u )
```

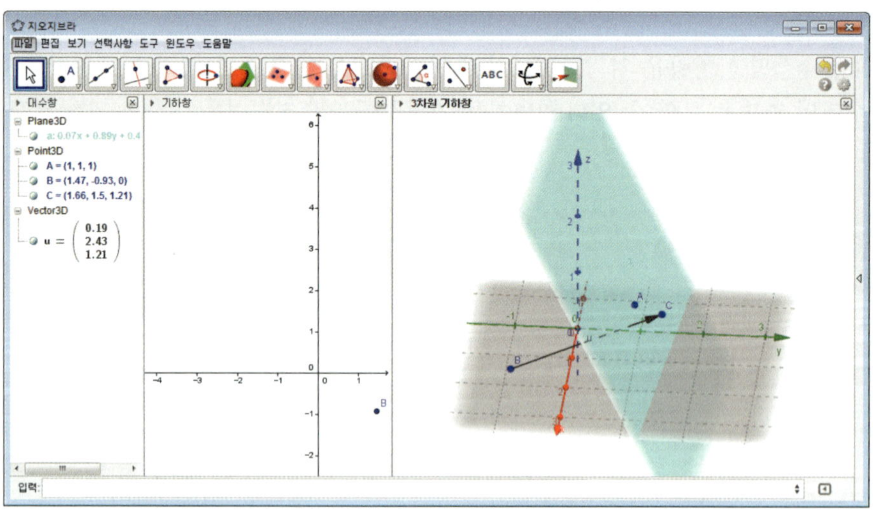

그림 3.22: 점 A 를 포함하면서 벡터 u 에 수직인 평면

3.4.3 이등분평면 명령

입력창에 **이등분평면** 명령을 입력하면 3차원 기하창의 두 점을 양 끝점으로 하는 선분을 이등분하면서 선분에 수직인 평면을 만들 수 있다. 3차원 기하창에서 이등분평면을 구하기 위한 **이등분평면** 명령의 문법은 다음과 같다.[15]

```
이등분평면( 점 , 점 )
```

예를 들어, 3차원 기하창에 점 A , B 가 주어졌을 때, 선분 AB 를 이등분하면서 선분에 수직인 평면을 구하려면 입력창에 다음과 같이 입력한다.

```
이등분평면( A , B )
```

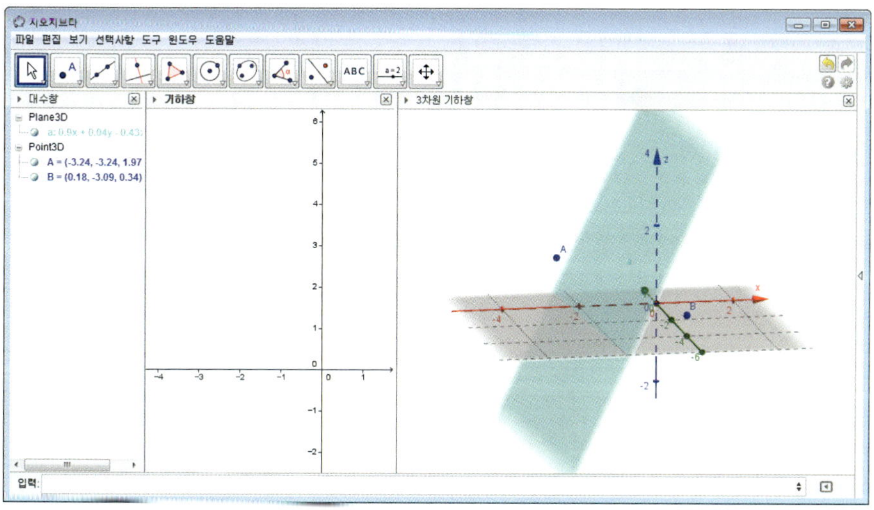

그림 3.23: 선분 AB 를 이등분하면서 선분에 수직인 평면

[15]우리말 명령어인 이등분평면 대신, 영어 명령어인 `PlaneBisector` 를 사용하는 것도 가능하다.

3.5 곡면 명령

3.5.1 구 명령

입력창에 **구** 명령을 입력하면 3차원 기하창에서 한 점을 중심으로 하고 반지름이 있는 구를 그릴 수 있다. 3차원 기하창에서 구를 그리기 위한 **구** 명령의 문법은 다음과 같다.[16]

```
구( 점 , 반지름 )
```

예를 들어, 3차원 기하창에 점 A 가 주어졌을 때, 점 A 를 중심으로 하고 반지름이 3인 구를 그리려면 입력창에 다음과 같이 입력한다.

```
구( A , 3 )
```

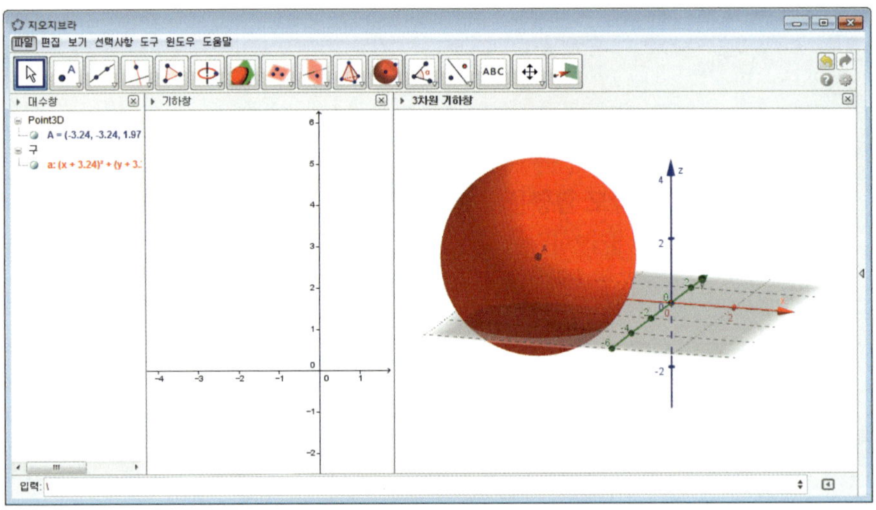

그림 3.24: 점 A 를 중심으로 하고 반지름이 3인 구

[16]우리말 명령어인 구 대신, 영어 명령어인 `Sphere` 를 사용하는 것도 가능하다.

3.5.2 곡면 명령

입력창에 **곡면** 명령을 입력하면 3차원 기하창에 곡면을 그릴 수 있다. 3차원 기하창에서 곡면을 그리기 위한 **곡면** 명령의 문법은 다음과 같다.[17]

```
곡면( 함수 , 각 )
곡면( 곡선 , 각 , 직선 )
곡면( x(u, v) , y(u, v) , z(u, v) , u , u의 최솟값 , u의 최댓값 , v , v
의 최솟값 , v의 최댓값 )
```

예를 들어 함수 $f(x) = \sin x$를 x축에 대하여 1회전한 회전면을 그리려면 입력창에 다음과 같이 입력한다.

```
곡면( sin(x) , 2 pi )
```

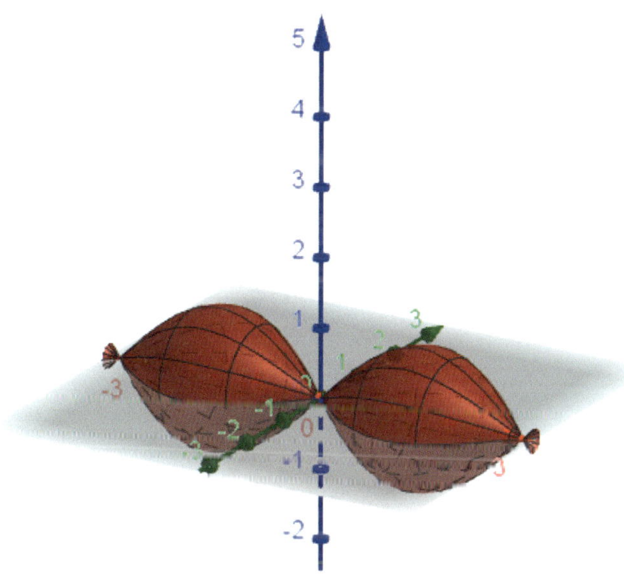

그림 3.25: 함수 $\sin(x)$의 그래프를 x축에 대하여 회전하여 만들어진 회전면

[17]우리말 명령어인 곡면 대신, 영어 명령어인 Surface 를 사용하는 것도 가능하다.

또한 회전축을 직선 $X(t) = (t, 0, t)$에 대하여 1회전한 회전면을 그리려면 입력창에 다음과 같이 입력한다.[18]

```
( t , 0 , t )
곡면( sin(x) , 2 pi , f )
```

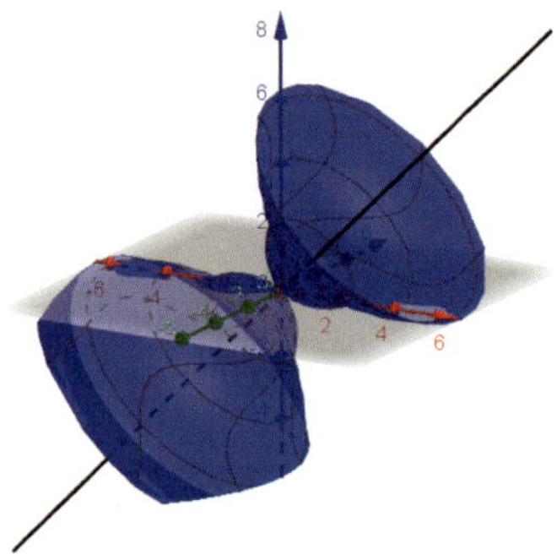

그림 3.26: 함수 $\sin(x)$의 그래프를 직선 f에 대하여 회전하여 만들어진 회전면

3차원 기하창에 곡면 $X = \{(\sin(u)\cos(v), \cos(u)\sin(v), uv) | u \in [0, 2\pi], v \in [0, 2\pi]\}$를 그리려면 입력창에 다음과 같이 입력한다.

```
곡면( sin(u) cos(v) , cos(u) sin(v) , u v , u , 0 , 2 pi , v , 0
, 2 pi )
```

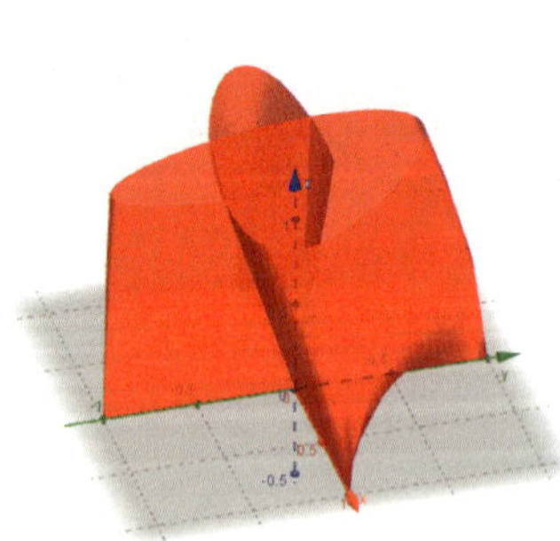

그림 3.27: 곡면 $X = \{(\sin(u)\cos(v), \cos(u)\sin(v), uv) | u \in [0, 2\pi], v \in [0, 2\pi]\}$

[18]만들어진 직선의 이름은 f라고 하자.

3.6 기둥과 뿔 명령

3.6.1 각기둥 명령

입력창에 **각기둥** 명령을 입력하면 3차원 기하창에 각기둥을 만들 수 있다. 3차원 기하창에서 각기둥을 만들기 위한 **각기둥** 명령의 문법은 다음과 같다.[19]

```
각기둥( 다각형 , 높이 )
각기둥( 점 , 점 , 점 , ... )
```

예를 들어, 3차원 기하창에 점 A , B , C 로 이루어진 삼각형 다각형1 을 밑면으로 하고 높이가 3인 각기둥을 만들려면 입력창에 다음과 같이 입력한다.

```
각기둥( 다각형1 , 3 )
```

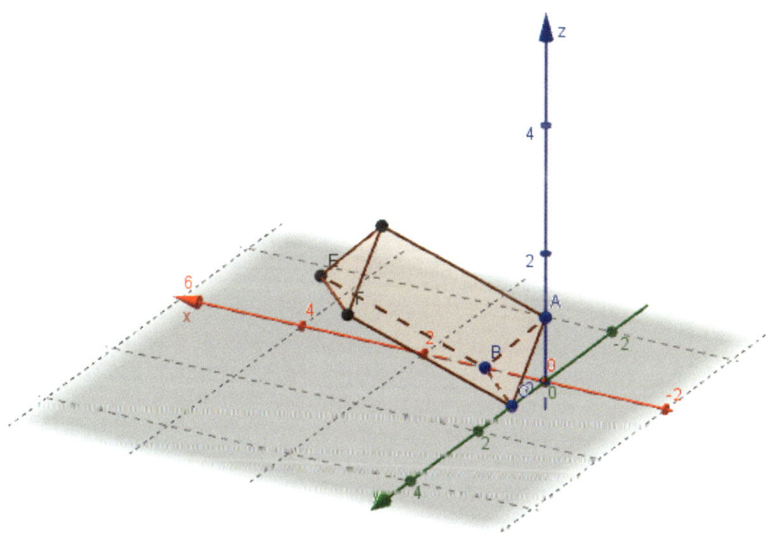

그림 3.28: 삼각형 다각형1 을 밑면으로 하고 높이가 3인 각기둥

[19]우리말 명령어인 각기둥 대신, 영어 명령어인 Prism 을 사용하는 것도 가능하다.

만일, 3차원 기하창에 점 A , B , C , D 가 주어졌을 때, 삼각형 ABC 를 밑면으로 하고 삼각형 ABC 를 포함한 평면으로부터 점 D 까지의 거리를 높이로 하는 각기둥을 만들려면 입력창에 다음과 같이 입력한다.

```
각기둥( A , B , C , D )
```

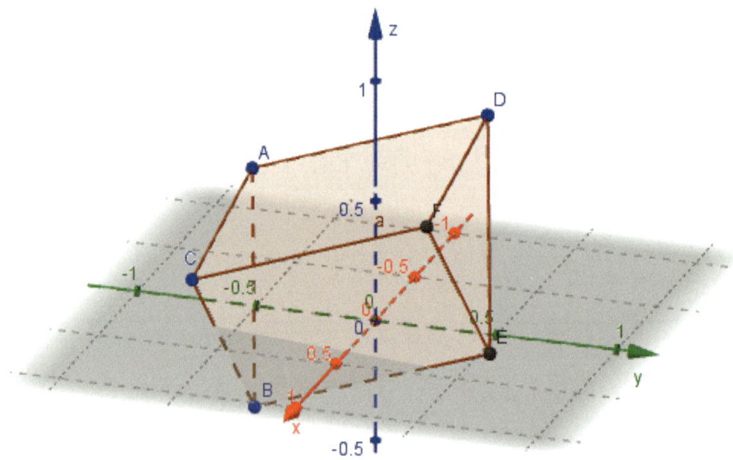

그림 3.29: 삼각형 ABC 를 밑면으로 하고 삼각형 ABC 를 포함한 평면으로부터 점 D 까지의 거리를 높이로 하는 각기둥

3.6.2 원기둥 명령

입력창에 **원기둥** 명령을 입력하면 3차원 기하창에 원기둥을 만들 수 있다. 3차원 기하창에서 원기둥을 만들기 위한 **원기둥** 명령의 문법은 다음과 같다.[20]

```
원기둥( 원 , 높이 )
원기둥( 점 , 점 , 반지름 )
```

예를 들어, 3차원 기하창에 원 c 가 주어졌을 때, 원 c 를 밑면으로 하고 높이가 2인 원기둥을 만들려면 입력창에 다음과 같이 입력한다.

```
원기둥( c , 2 )
```

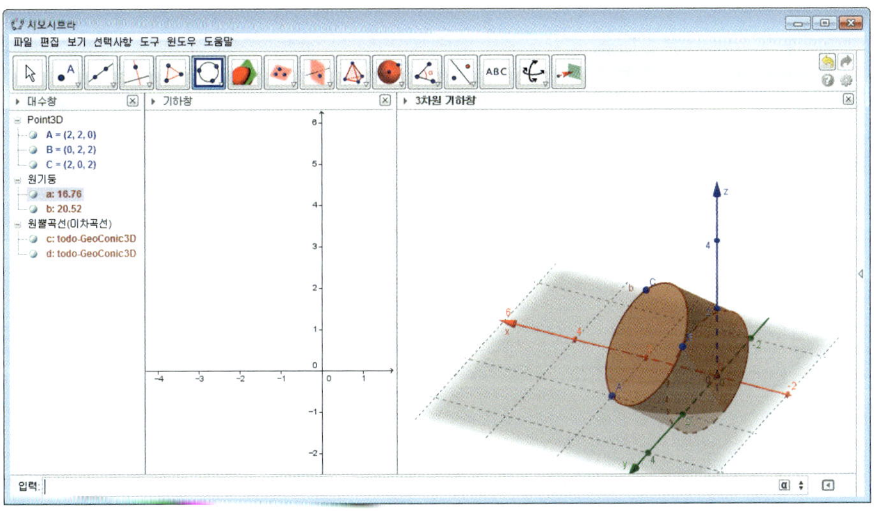

그림 3.30: 원 c 를 밑면으로 하고 높이가 2인 원기둥

만일, 3차원 기하창에 점 A , B 가 주어졌을 때, 두 점을 윗면과 아랫면의 원의 중심으로 하고 반지름이 2인 원기둥을 만들려면 입력창에 다음과 같이 입력한다.

```
원기둥( A , B , 2 )
```

[20]우리말 명령어인 원기둥 대신, 영어 명령어인 `Cylinder` 를 사용하는 것도 가능하다.

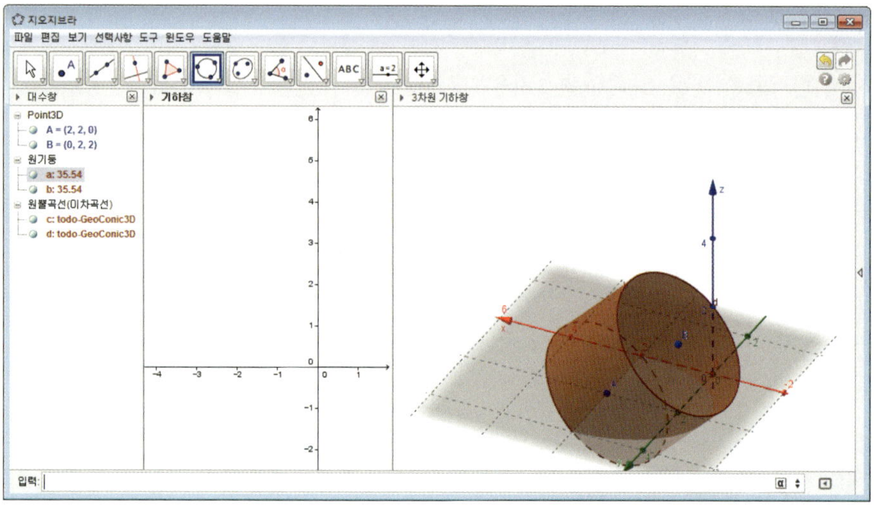

그림 3.31: 점 A , B 를 윗면과 아랫면의 원의 중심으로 하고 반지름이 2인 원기둥

3.6.3 높이 명령

입력창에 **높이** 명령을 입력하면 주어진 원뿔, 원기둥, 다면체의 높이를 구할 수 있다. 3차원 기하창에서 대상의 높이를 구하기 위한 **높이** 명령의 문법은 다음과 같다.[21]

```
높이( 원뿔 )
높이( 원기둥 )
높이( 다면체 )
```

예를 들어, 3차원 기하창에 A = (1 , 0 , 0) , B = (0 , 1 , 0) 을 잇는 선분을 한 변으로 하는 정12면체 a 가 주어졌을 때, 정12면체 a 의 높이를 구하려면 입력창에 다음과 같이 입력한다.

```
높이( a )

[실행결과]
3.15
```

[21]우리말 명령어인 높이 대신, 영어 명령어인 Height 를 사용하는 것도 가능하다.

3.6.4 부피 명령

입력창에 **부피** 명령을 입력하면 3차원 기하창에 주어진 대상의 부피를 구할 수 있다. 3차원 기하창에서 대상의 부피를 구하기 위한 **부피** 명령의 문법은 다음과 같다.[22]

```
부피( 대상 )
```

예를 들어, 3차원 기하창에 반지름이 3인 구 a 가 주어졌을 때, 구 a 의 부피를 구하려면 입력창에 다음과 같이 입력한다.

```
부피( a )
```

[실행결과]
113.1

3.6.5 무한원기둥 명령

입력창에 **무한원기둥** 명령을 입력하면 3차원 기하창에서 무한원기둥을 만들 수 있다. 3차원 기하창에서 무한원기둥을 만들기 위한 **무한원기둥** 명령의 문법은 다음과 같다.[23]

```
무한원기둥( 직선 , 반지름 )
무한원기둥( 점 , 벡터 , 반지름 )
무한원기둥( 점 , 점 , 반지름 )
```

예를 들어, 3차원 기하창에 x축 을 중심으로 반지름이 3인 무한원기둥과 점 A, 벡터 v 가 주어졌을 때, 점 A 를 중심으로 반지름이 3이며 벡터 v 방향으로 향하는 무한원기둥을 만들려면 각각 다음과 같이 입력한다.[24]

```
무한원기둥( x축 , 3 )
```

```
무한원기둥( A , v , 3 )
```

---

[22] 우리말 명령어인 부피 대신, 영어 명령어인 Volume 을 사용하는 것도 가능하다.

[23] 우리말 명령어인 무한원기둥 대신, 영어 명령어인 InfiniteCylinder 를 사용하는 것도 가능하다.

[24] 이 예제에서는 직선을 x축 으로 선택하였다. 지오지브라에서는 좌표계의 3축을 각각 x축 , y축 , z축 으로 입력할 수 있다. 우리말로 된 축이름 대신, 영어 이름인 xAxis , yAxis , zAxis 를 사용하는 것도 가능하다.

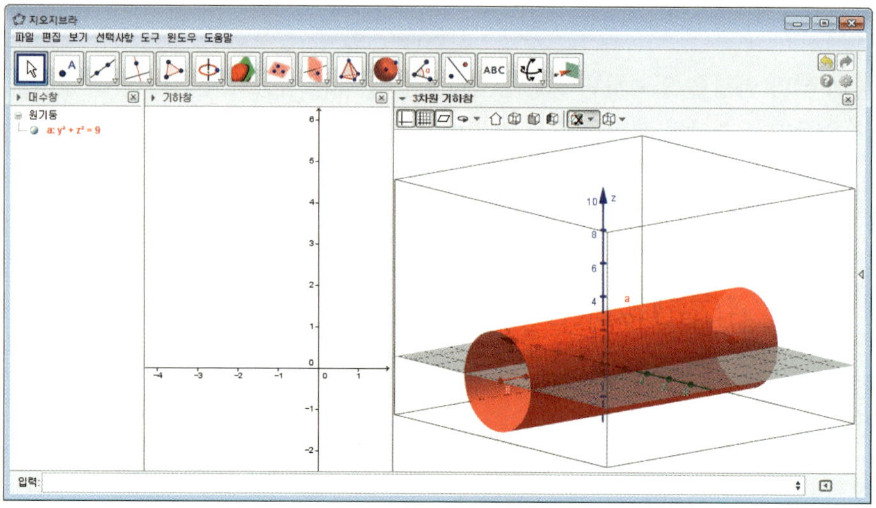

그림 3.32: x축 을 중심으로 반지름이 3인 무한원기둥

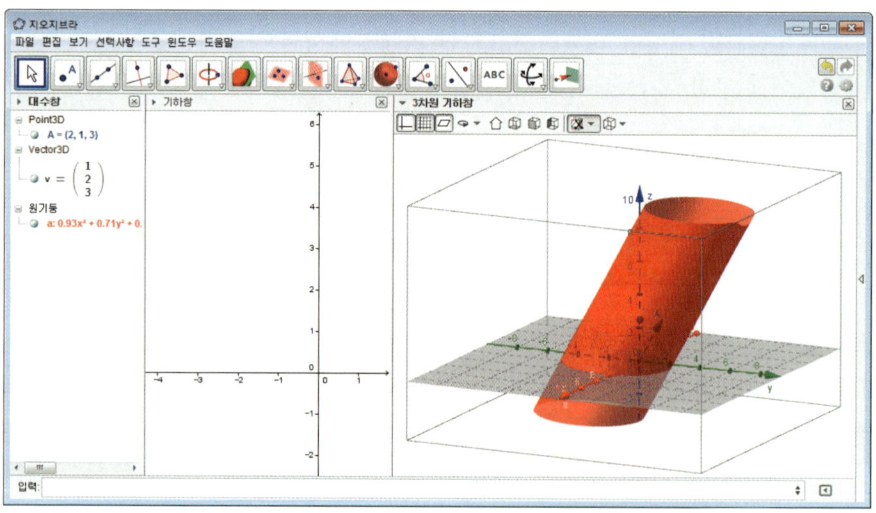

그림 3.33: 벡터 v 방향으로 향하는 무한원기둥

또한, 3차원 기하창에 점 A , B 가 주어졌을 때, 두 점을 지나는 직선을 축으로 하고 단면의 반지름이 3인 원기둥을 구하려면 입력창에 다음과 같이 입력한다.

```
무한원기둥( A , B , 3 )
```

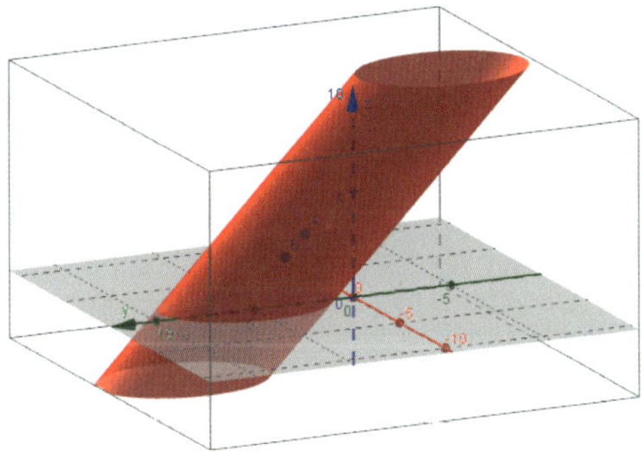

그림 3.34: 점 A , B 를 지나는 직선을 축으로 하고 단면의 반지름이 3인 원기둥

3.6.6 다각뿔 명령

입력창에 **다각뿔** 명령을 입력하면 3차원 기하창에서 다각뿔을 만들 수 있다. 3차원 기하창에서 다각뿔을 만들기 위한 **다각뿔** 명령의 문법은 다음과 같다.[25]

```
다각뿔( 다각형 , 점 )
다각뿔( 다각형 , 높이 )
다각뿔( 점 , 점 , 점 , ... )
```

예를 들어, 3차원 기하창에 사각형 다각형1 과 점 E 가 주어졌을 때, 점 E 를 꼭짓점으로 하고 사각형 다각형1 을 밑면으로 하는 다각뿔을 만들려면 입력창에 다음과 같이 입력한다.

```
다각뿔( 다각형1 , E )
```

[25]우리말 명령어인 다각뿔 대신, 영어 명령어인 Pyramid 를 사용하는 것도 가능하다.

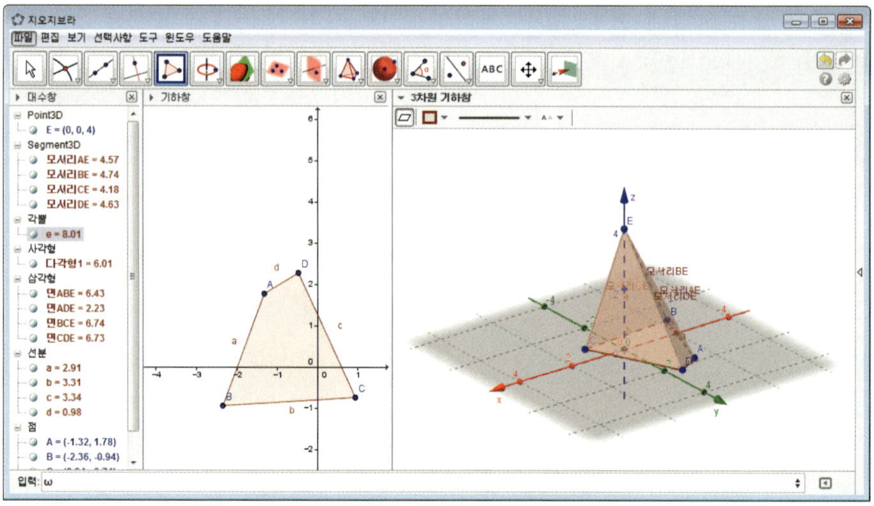

그림 3.35: 점 E 를 꼭짓점으로 하고 사각형 다각형1 을 밑면으로 하는 다각뿔

만일, 3차원 기하창에 사각형 다각형1 이 주어졌을 때, 사각형 다각형1 을 밑면으로 하고 높이가 3인 다각뿔을 만들려면 입력창에 다음과 같이 입력한다.

```
다각뿔( 다각형1 , 3 )
```

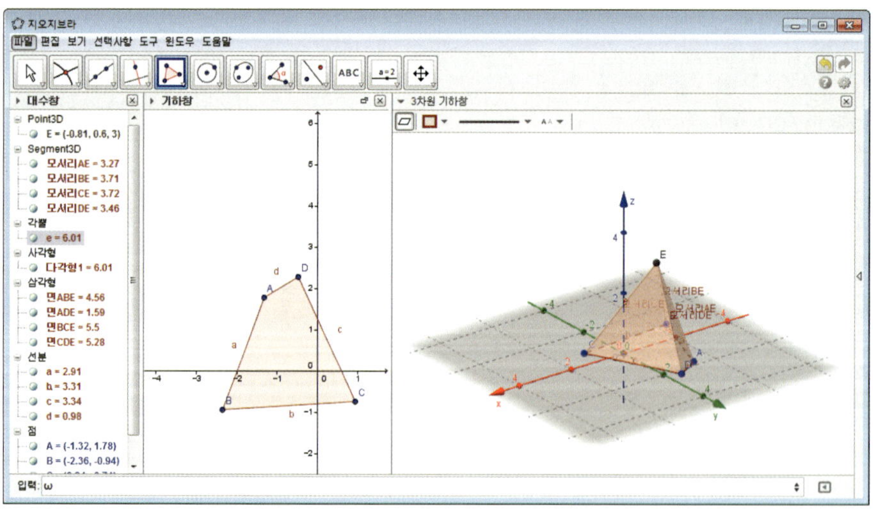

그림 3.36: 사각형 다각형1 을 밑면으로 하고 높이가 3인 다각뿔

또한, 3차원 기하창에 주어진 점 A , B , C , D 로 사각형 밑면을 만들고, 점 E 를 꼭짓점으로 하는 다각뿔을 만들려면 입력창에 다음과 같이 입력한다.

```
다각뿔( A , B , C , D , E )
```

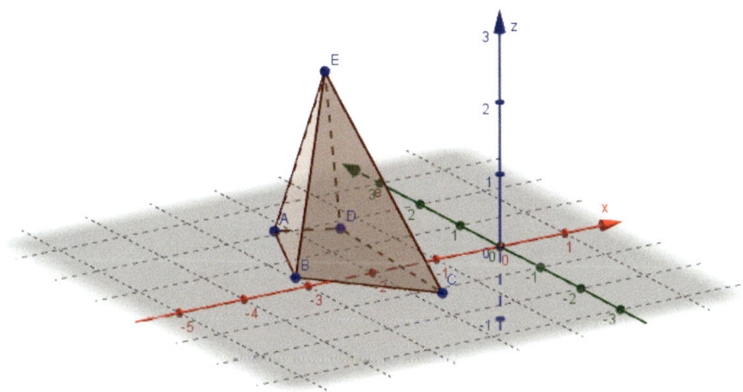

그림 3.37: 점 A , B , C , D 로 사각형을 만들고, 점 E 를 꼭짓점으로 하는 다각뿔

3.6.7 무한원뿔 명령

입력창에 **무한원뿔** 명령을 입력하면 3차원 기하창에서 무한원뿔을 만들 수 있다. 3차원 기하창에서 무한원뿔을 만들기 위한 **무한원뿔** 명령의 문법은 다음과 같다.[26]

```
무한원뿔( 점 , 벡터 , 각 )
무한원뿔( 점 , 점 , 각 )
무한원뿔( 점 , 직선 , 각 )
```

예를 들어, 3차원 기하창에 점 A , 벡터 v 가 주어졌을 때, 점 A 는 꼭짓점, 모선과 축의 각은 $\pi/4$ 이며, 벡터 v 에 대하여 양방향으로 무한히 뻗어가는 원뿔을 만들려면 입력창에 다음과 같이 입력한다.

```
무한원뿔( A , v , pi / 4 )
```

[26]우리말 명령어인 무한원뿔 대신, 영어 명령어인 InfiniteCone 을 사용하는 것도 가능하다.

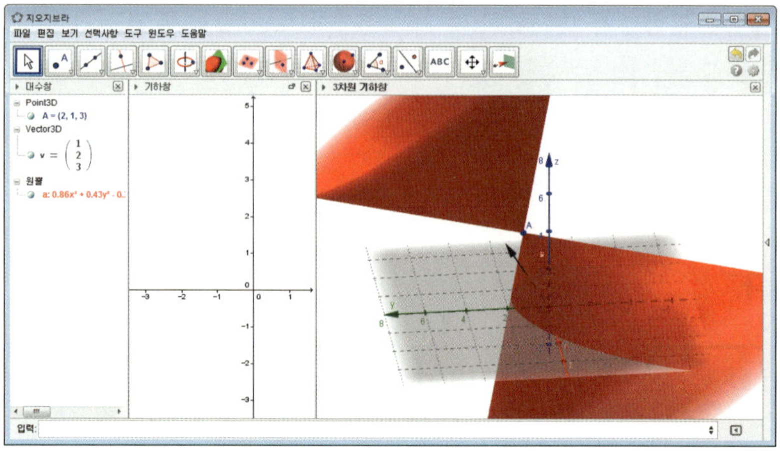

그림 3.38: 점 A 는 꼭짓점, 모선과 축의 각은 pi / 4 이며, 벡터 v 에 대하여 양방향으로 무한히 뻗어가는 원뿔

만일, 3차원 기하창에 점 A , B 가 주어졌을 때, 점 A는 꼭짓점, 모선과 축의 각은 $\pi/4$ 이며, 직선 AB 의 방향으로 무한히 뻗어가는 원뿔을 만들려면 입력창에 다음과 같이 입력한다.

```
무한원뿔( A , B , pi / 4 )
```

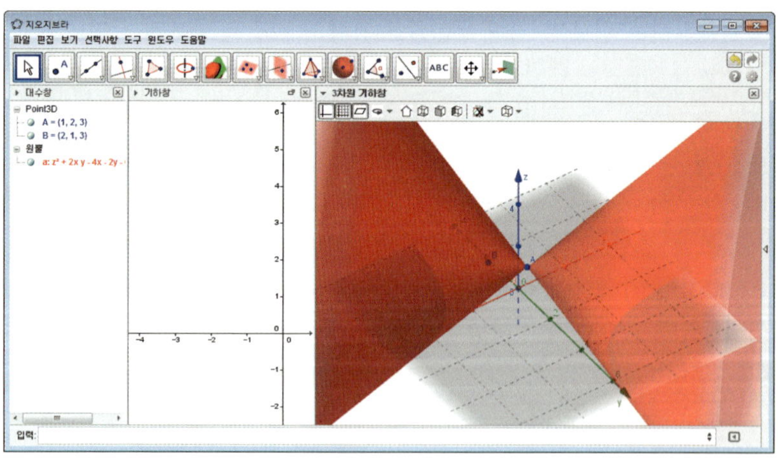

그림 3.39: 점 A 는 꼭짓점, 모선과 축의 각은 pi / 4 이며, 직선 AB 방향으로 무한히 뻗어가는 원뿔

또한, 3차원 기하창에 점 A 는 꼭짓점, 모선과 축의 각은 $\pi/4$ 이며, z축 에 대하여 양방향으로 무한히 뻗어가는 원뿔을 만들려면 입력창에 다음과 같이 입력한다.

```
무한원뿔( A , z축 , pi / 4 )
```

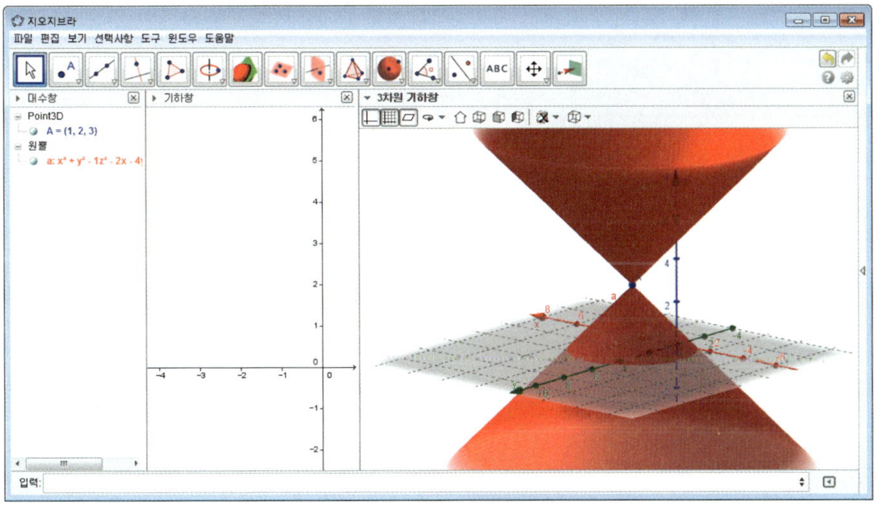

그림 3.40: 점 A 는 꼭짓점, 모선과 축의 각은 pi / 4 이며, z축 에 대하여 양방향으로 무한히 뻗어가는 원뿔

3.7 정다면체 명령

3.7.1 정4면체 명령

입력창에 **정4면체** 명령을 입력하면 3차원 기하창에 정4면체를 만들 수 있다. 3차원 기하창에서 정4면체를 만들기 위한 **정4면체** 명령의 문법은 다음과 같다.[27]

```
정4면체( 점 , 점 )
정4면체( 점 , 점 , 방향 )
```

[27]우리말 명령어인 정4면체 대신, 영어 명령어인 Tetrahedron 을 사용하는 것도 가능하다. 전개도 명령을 사용하면 다면체의 전개도를 볼 수 있다.

예를 들어, 3차원 기하창에 점 A , B 가 주어졌을 때, 선분 AB 를 한 변으로 하는 정4면체를 만들려면 입력창에 다음과 같이 입력한다.[28]

```
정4면체( A , B )
```

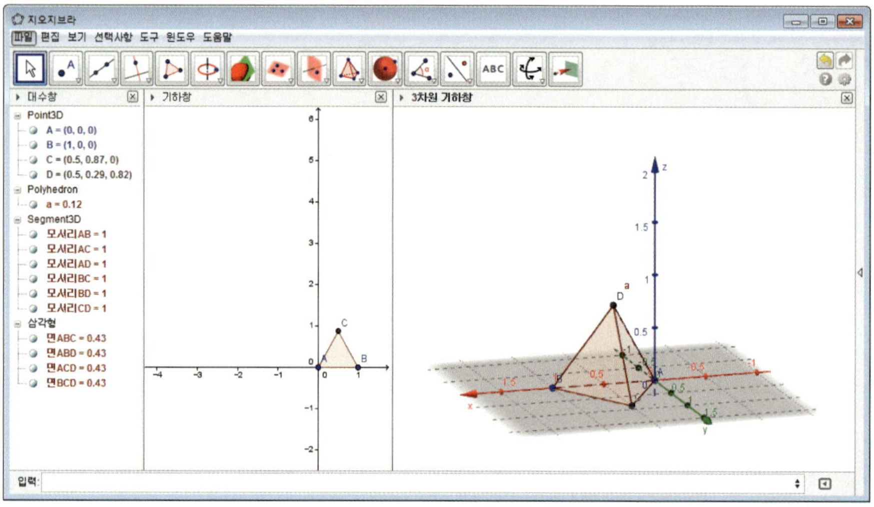

그림 3.41: 선분 AB 를 한 변으로 하는 정4면체

만일, 점 A , B , 벡터 v 가 주어졌을 때, 선분 AB 를 한 변으로 하고 방향이 벡터 v 인 정4면체를 만들려면 입력창에 다음과 같이 입력한다.

```
정4면체( A , B , v )
```

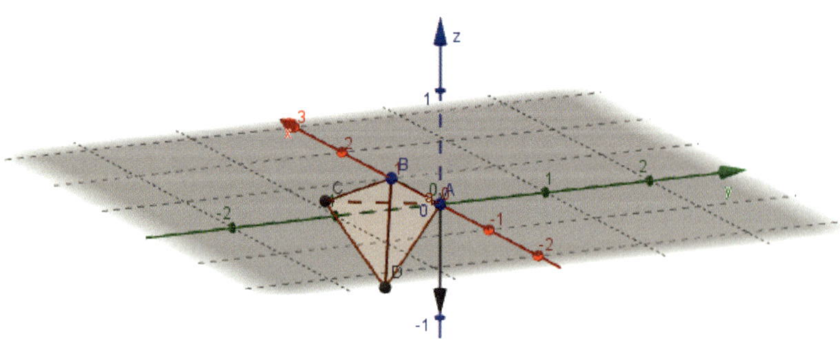

그림 3.42: 선분 AB 를 한 변으로 하고 방향이 벡터 v 인 정4면체

[28]두 점의 순서를 다르게 입력하면, 정4면체의 방향이 반대로 나타난다.

3.7.2 정6면체 명령

입력창에 **정6면체** 명령을 입력하면 3차원 기하창에서 정6면체를 만들 수 있다. 3차원 기하창에서 정6면체를 만들기 위한 **정6면체** 명령의 문법은 다음과 같다.[29]

```
정6면체( 점 , 점 )
정6면체( 점 , 점 , 방향 )
```

예를 들어, 3차원 기하창에 점 A , B 가 주어졌을 때, 선분 AB 를 한 변으로 하는 정6면체를 만들려면 입력창에 다음과 같이 입력한다.[30]

```
정6면체( A , B )
```

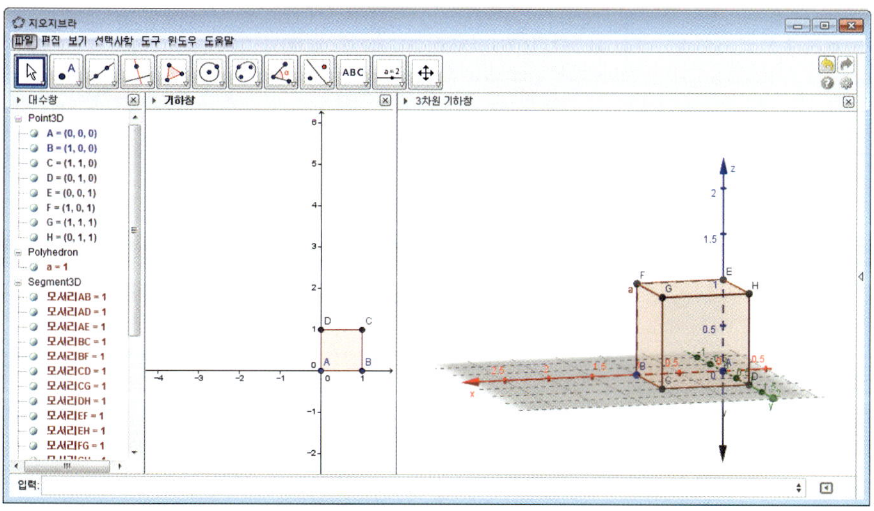

그림 3.43: 선분 AB 를 한 변으로 하는 정6면체

만일, 점 A , B , 벡터 v 가 주어졌을 때, 선분 AB 를 한 변으로 하고 방향이 벡터 v 인 정6면체를 만들려면 입력창에 다음과 같이 입력한다.

```
정6면체( A , B , v )
```

[29]우리말 명령어인 정6면체 대신, 영어 명령어인 Cube 를 사용하는 것도 가능하다. 전개도 명령을 사용하면 다면체의 전개도를 볼 수 있다.

[30]만일 두 점의 순서를 다르게 입력하면, 정6면체의 방향이 반대로 나타난다.

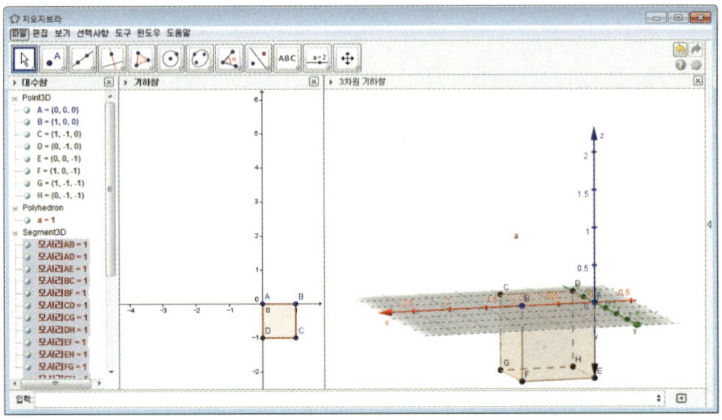

그림 3.44: 선분 AB 를 한 변으로 하고 방향이 벡터 v 인 정6면체

3.7.3 정8면체 명령

입력창에 **정8면체** 명령을 입력하면 3차원 기하창에 정8면체를 만들 수 있다. 3차원 기하창에서 정8면체를 만들기 위한 **정8면체** 명령의 문법은 다음과 같다.[31]

```
정8면체( 점 , 점 )
정8면체( 점 , 점 , 방향 )
```

예를 들어, 3차원 기하창에 점 A , B 가 주어졌을 때, 선분 AB 를 한 변으로 하는 정8면체를 만들려면 입력창에 다음과 같이 입력한다.[32]

```
정8면체( A , B )
```

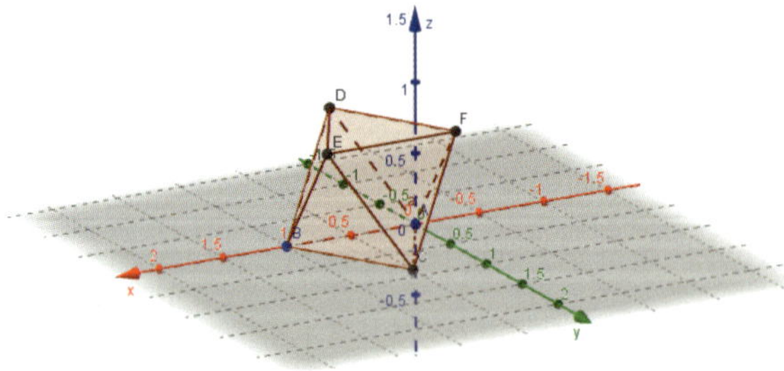

그림 3.45: 선분 AB 를 한 변으로 하는 정8면체

[31] 우리말 명령어인 정8면체 대신, 영어 명령어인 Octahedron 을 사용하는 것도 가능하다. 전개도 명령을 사용하면 다면체의 전개도를 볼 수 있다.

[32] 만일 두 점의 순서를 다르게 입력하면, 정8면체의 방향이 반대로 나타난다.

만일, 점 A , B , 벡터 v 가 주어졌을 때, 선분 AB 를 한 변으로 하고 방향이 벡터 v 인 정8면체를 만들려면 입력창에 다음과 같이 입력한다.

```
정8면체( A , B , v )
```

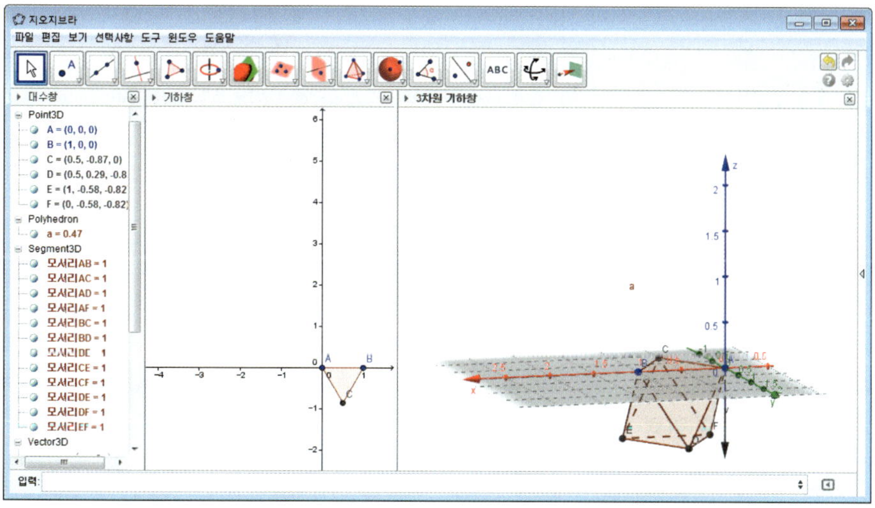

그림 3.46: 선분 AB 를 한 변으로 하고 방향이 벡터 v 인 정8면체

3.7.4 정12면체 명령

입력창에 **정12면체** 명령을 입력하면 3차원 기하창에 정12면체를 만들 수 있다. 3차원 기하창에서 정12면체를 만들기 위한 **정12면체** 명령의 문법은 다음과 같다.[33]

```
정12면체( 점 , 점 )
정12면체( 점 , 점 , 방향 )
```

예를 들어, 3차원 기하창에 점 A , B 가 주어졌을 때, 선분 AB 를 한 변으로 하는 정12면체를 만들려면 입력창에 다음과 같이 입력한다.[34]

```
정12면체( A , B )
```

[33]우리말 명령어인 정12면체 대신, 영어 명령어인 Dodecahedron 을 사용하는 것도 가능하다. 전개도 명령을 사용하면 다면체의 전개도를 볼 수 있다.

[34]만일 두 점의 순서를 다르게 입력하면, 정12면체의 방향이 반대로 나타난다.

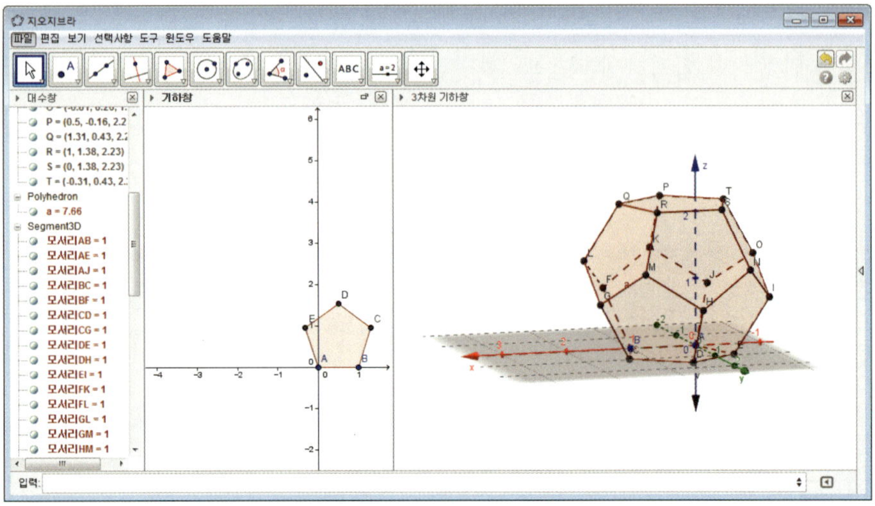

그림 3.47: 선분 AB 를 한 변으로 하는 정12면체

만일, 점 A , B , 벡터 v 가 주어졌을 때, 선분 AB 를 한 변으로 하고 방향이 벡터 v 인 정12면체를 만들려면 입력창에 다음과 같이 입력한다.

```
정12면체( A , B , v )
```

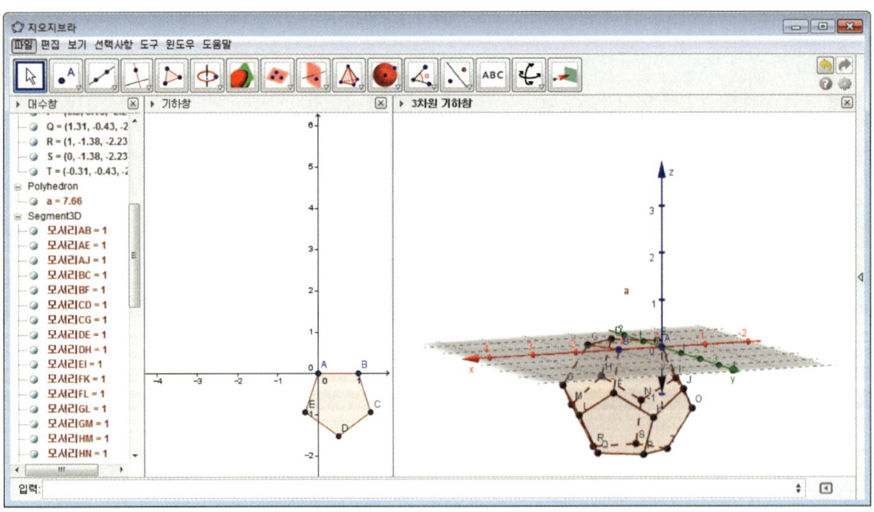

그림 3.48: 선분 AB 를 한 변으로 하고 방향이 벡터 v 인 정12면체

3.7.5 정20면체 명령

입력창에 **정20면체** 명령을 입력하면 3차원 기하창에서 정20면체를 만들 수 있다. 3차원 기하창에서 정20면체를 만들기 위한 **정20면체** 명령의 문법은 다음과 같다.[35]

```
정20면체( 점 , 점 )
정20면체( 점 , 점 , 방향 )
```

예를 들어, 3차원 기하창에 점 A , B 가 주어졌을 때, 선분 AB 를 한 변으로 하는 정20면체를 만들려면 입력창에 다음과 같이 입력한다.[36]

```
정20면체[ A , B ]
```

만일, 점 A , B , 벡터 v 가 주어졌을 때, 선분 AB 를 한 변으로 하고 방향이 벡터 v 인 정20면체를 만들려면 입력창에 다음과 같이 입력한다.

```
정20면체( A , B , v )
```

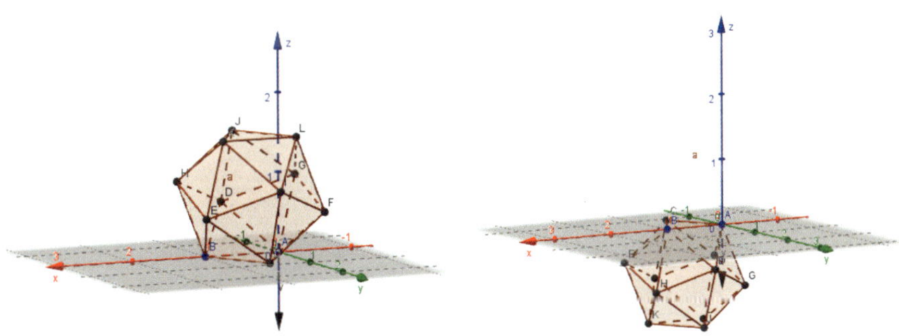

(a) 선분 AB 를 한 변으로 하는 정20면체 (b) 선분 AB 를 한 변으로 하고 방향이 v 인 정20면체

그림 3.49: 정20면체 명령으로 정20면체를 만든 모습

[35]우리말 명령어인 정20면체 대신, 영어 명령어인 Icosahedron 을 사용하는 것도 가능하다. 전개도 명령을 사용하면 다면체의 전개도를 볼 수 있다.

[36]만일 두 점의 순서를 다르게 입력하면, 정20면체의 방향이 반대로 나타난다.

3.7.6 전개도 명령

입력창에 **전개도** 명령을 입력하면 3차원 기하창에서 다면체의 전개도를 만들 수 있다. 3차원 기하창에서 다면체의 전개도를 만들기 위한 **전개도** 명령의 문법은 다음과 같다.[37]

```
전개도( 다면체 , 수 )
전개도( 다면체 , 수 , 면 , 변 , 변 , ... )
```

예를 들어 3차원 기하창에 정20면체 a가 존재한다고 가정하자. 이때 a의 펼쳐진 전개도를 만들려면 입력창에 다음과 같이 입력한다.[38]

```
전개도( a , 1 )
```

만일 주어진 전개도와 다른 전개도를 얻으려면 다음과 같이 입력하는 것도 가능하다. 이때 면과 모서리는 마음대로 변경할 수 있다.

```
전개도( a , 1 , 면ABC , 모서리AC , 모서리AD )
```

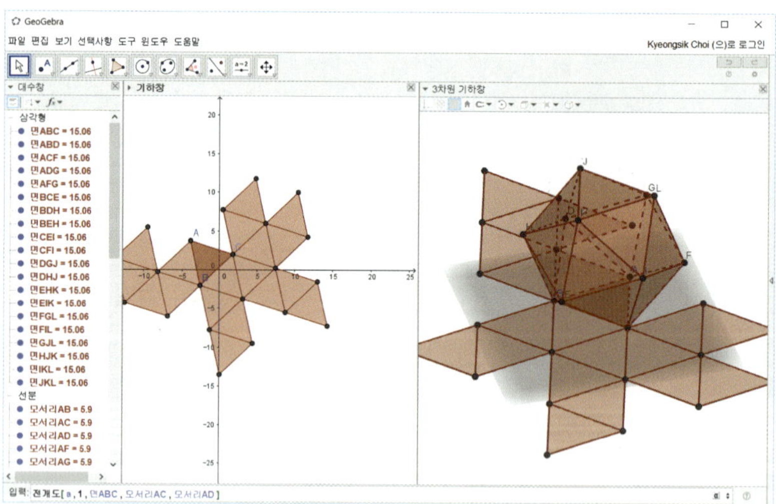

그림 3.50: 정20면체에 대한 전개도 명령의 실행 결과

[37]우리말 명령어인 전개도 대신, 영어 명령어인 `Net`를 사용하는 것도 가능하다.

[38]전개도 명령에는 0부터 1까지의 수를 입력한다. 이 수는 전개도의 접히는 정도를 나타낸다. 예를 들어 0은 완전히 닫힌 상태, 1은 완전히 열린 상태를 의미한다.

지오지브라 3D 바이블

제3편

지오지브라와 3차원 수학

CHAPTER 4

공간도형과 공간벡터

요 약

지오지브라의 3차원 기하창에서는 3차원 공간에서의 수학적 대상을 쉽게 만들고 다양하게 조작할 수 있다. 이 장에서는 지오지브라에서 3차원 공간의 대상을 탐구하는 몇 가지 예제를 제시한다.

4.1 공간도형

공간도형 예제 1 (입체도형의 절단면)

한 변의 길이가 1인 정육면체를 평면으로 잘랐을 때, 나타날 수 있는 도형의 종류를 알아보시오.

① 3차원 기하창에 세 점을 만들려면 입력창에 다음과 같이 차례로 입력한다.

```
A = ( 0 , 0 , 0 )
B = ( 1 , 0 , 0 )
C = ( 0 , 0 , 1 )
```

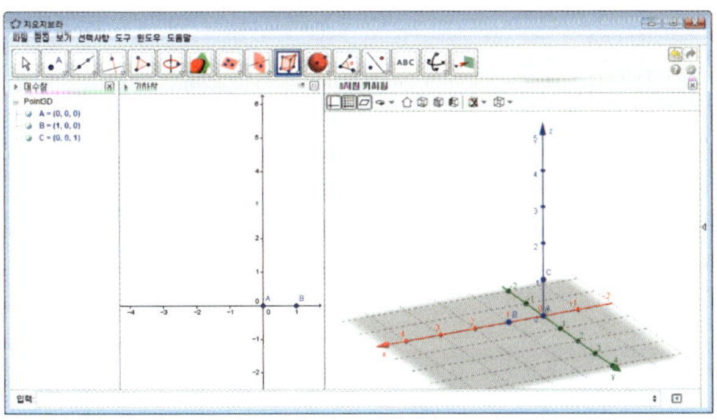

② 정다각형 도구를 선택한 후 **기하창**에서 점 A , B 를 차례로 클릭하면 정다각형 대화상자가 나타난다. 정다각형 대화상자에 4를 입력한 후 확인 을 클릭하면 정사각형이 나타난다.

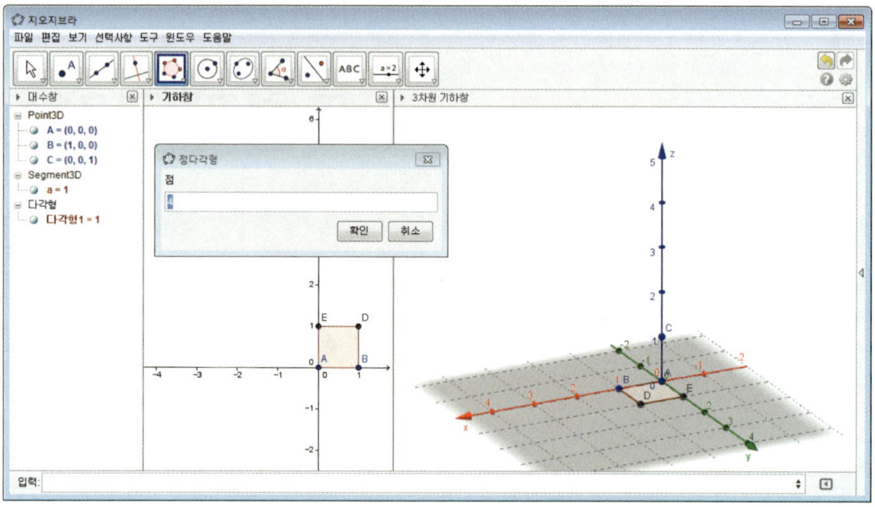

③ 각기둥 도구를 선택한 후 정사각형과 점 C 를 차례로 클릭하여 정육면체를 만든다.

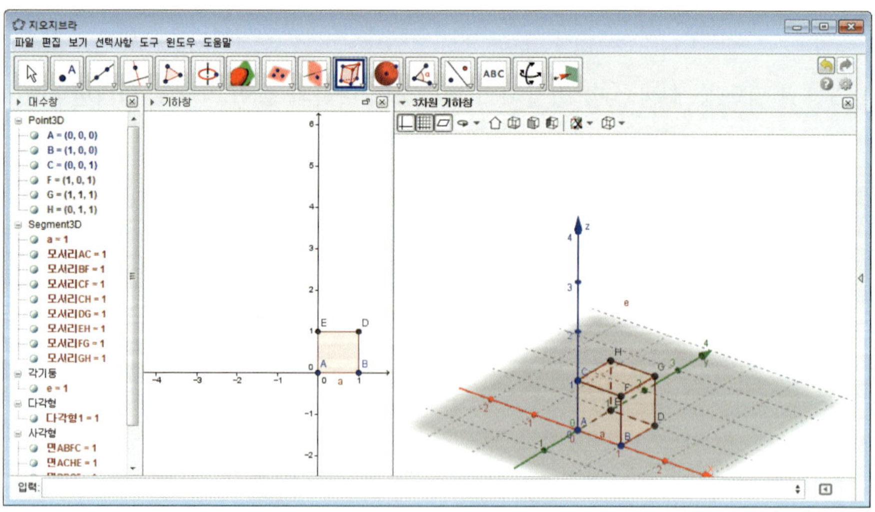

④ 점 도구를 선택한 후 정6면체의 한 면에 마우스를 가까이 하면 십자 모양이 나타난다. 세 면을 클릭하여 점을 3개 만든다.

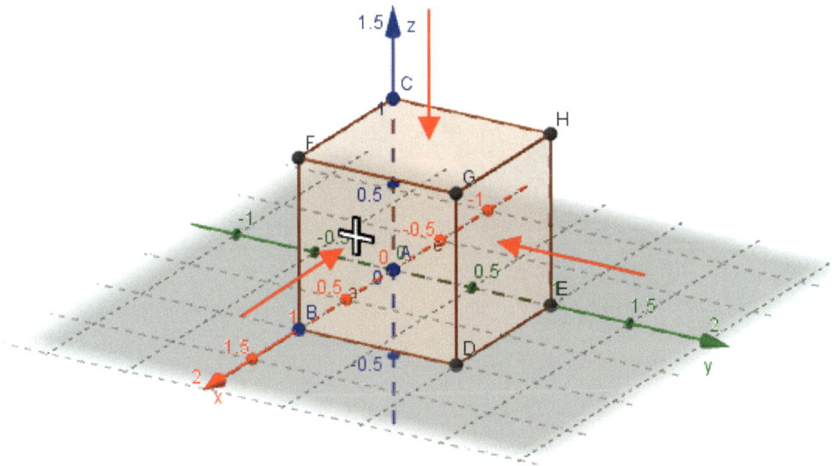

⑤ 세 점을 지나는 평면 도구를 선택한 후 정6면체 위의 세 점을 클릭하면 평면이 나타난다.

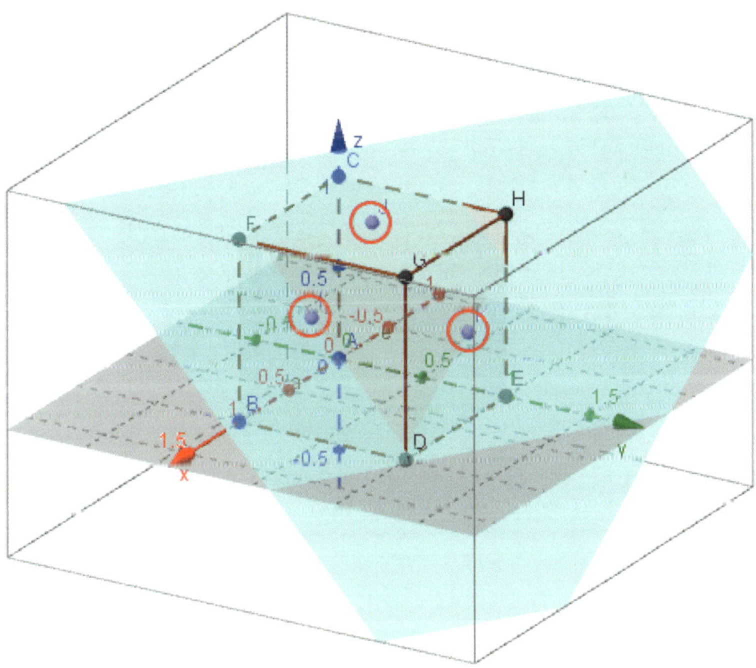

⑥ 교선 도구를 선택한 후 평면과 정육면체를 차례로 클릭하면 교선이 나타난다.

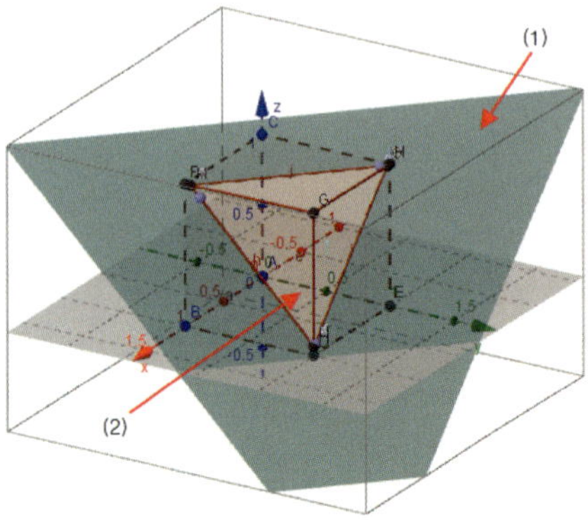

⑦ 정육면체의 점을 이동시켜 평면의 위치를 바꾸면 절단면이 모습이 다양하게 나타난다.[1]

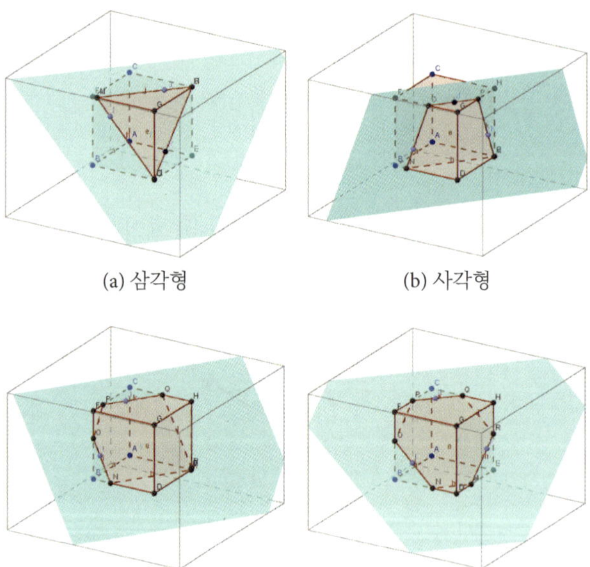

(a) 삼각형　(b) 사각형

(c) 오각형　(d) 육각형

그림 4.1: 평면으로 정육면체를 절단했을 때 나타나는 절단면

[1]도형을 관찰하기 위해 스타일바에서 좌표축, 격자, xOy평면 을 모두 해제하였다. 만일 절단면을 다른 기하창으로 열려면 절단하는 평면 위에서 마우스 오른쪽 버튼을 클릭한 후 2차원 기하창으로 보이기 를 선택한다.

공간도형 예제 2 (삼수선의 정리)

xy 평면 밖의 한 점 A 에서 xy 평면에 내린 수선의 발을 B 라 하고 점 B 에서 xy 평면 위의 직선 CD 에 내린 수선의 발을 E 라 하자. 선분 AE 와 직선 CD 가 어떠한 관계인지 관찰하시오.

① 점 [A] 도구를 선택한 후, 3차원 기하창에서 xy 평면 밖에 점 A 를 만든다.

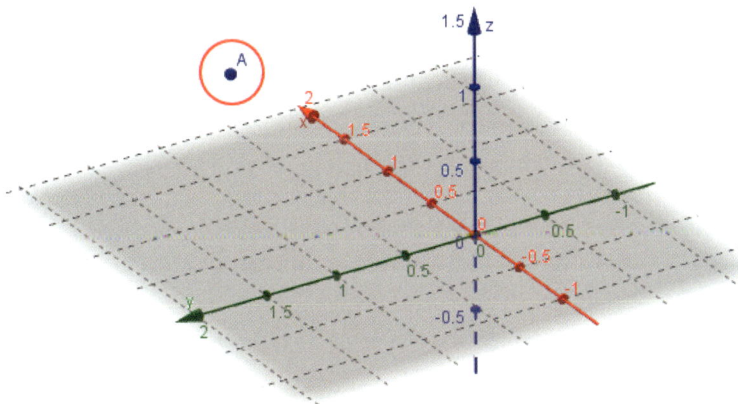

② 수직선 도구를 선택한 후, 점 A , xy 평면을 차례로 클릭 하면 점 A 를 지나고 xy 평면에 수직인 직선이 만들어진다.

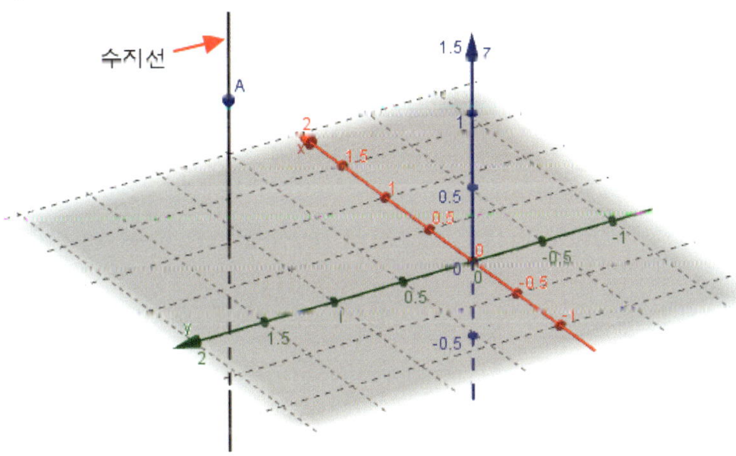

③ 교점 도구를 선택한 후, xy 평면과 수직선의 교점을 클릭 하면 수선의 발 B 가 만들어진다.

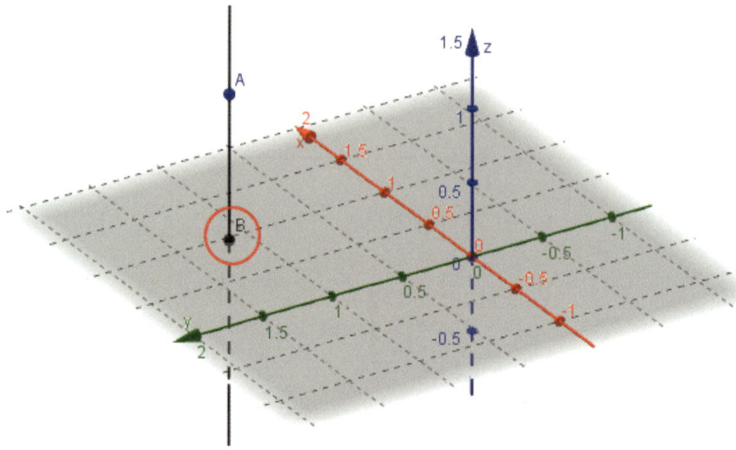

④ 직선 도구를 선택한 후, xy 평면을 클릭 하여 점 C , D 를 지나는 직선 CD 를 만든다.

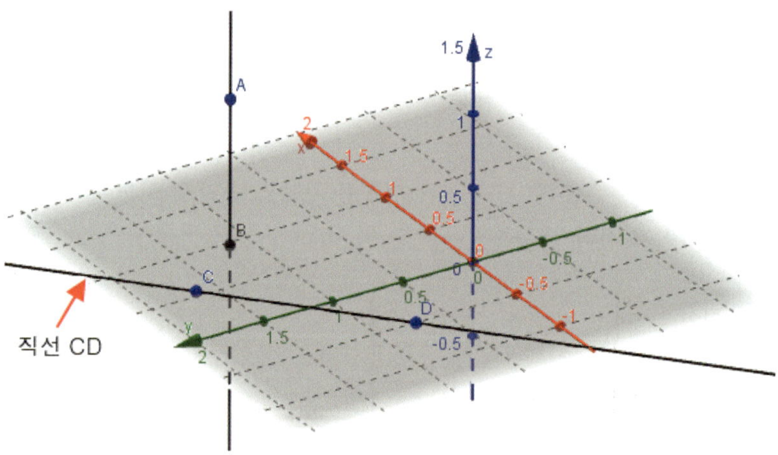

⑤ 수직선 도구를 선택한 후, 점 B , 직선 CD 를 차례로 클릭 하면 점 B 를 지나고 직선 CD 에 수직인 직선이 만들어진다.

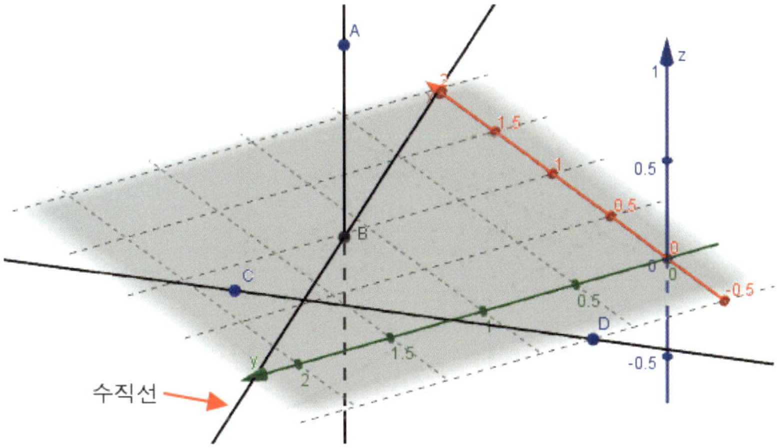

⑥ 교점 도구를 선택한 후, 직선 CD 와 수직인 직선의 교점을 클릭 하면 수선의 발 E 가 만들어진다.

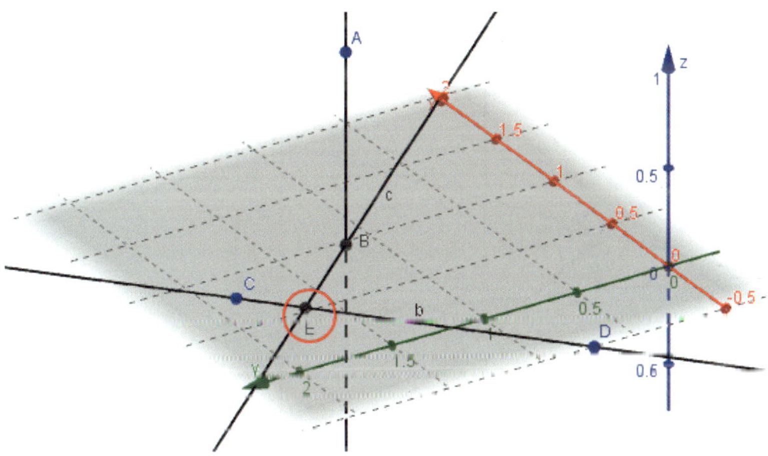

⑦ 선분 도구를 선택한 후, 점 A , E 를 차례로 클릭 하면 선분 AE 가 나타난다.

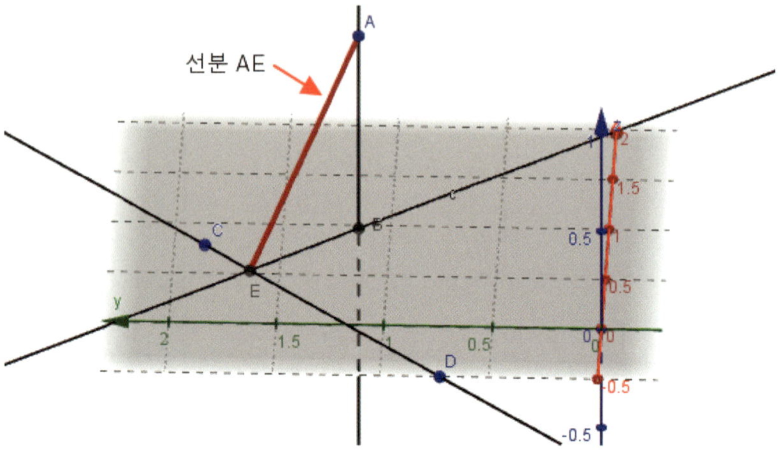

⑧ 각 도구를 선택한 후, 점 D , E , A 순서로 클릭 하면 각도가 90° 임을 확인할 수 있다. 즉, 선분 AE 와 직선 CD 는 수직이다.

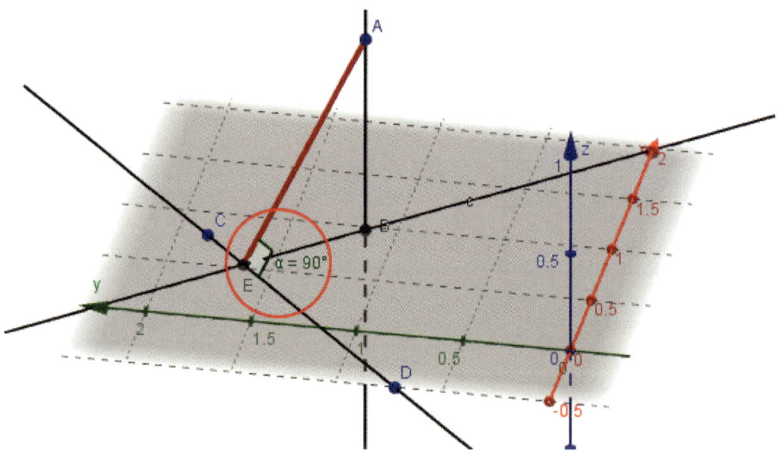

공간도형 예제 3 (평행하지 않은 세 평면)

세 평면 $3x-y+z+1=0$, $2x+y-5z+3=0$, $x-2y+3z+1=0$ 은 한 점에서 교차하는 것을 보이시오.

[1] 주어진 세 평면을 만들기 위해 입력창에 다음과 같이 차례로 입력한다.

```
a : 3x - y + z + 1 = 0
b : 2x + y - 5z + 3 = 0
c : x - 2y + 3z + 1 = 0
```

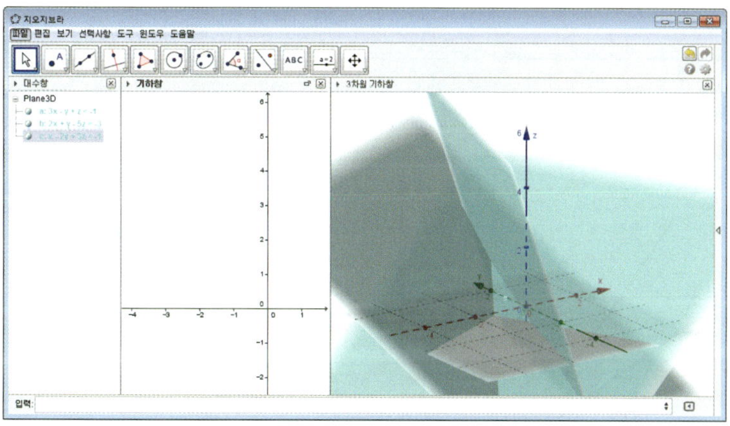

[2] 교선 도구를 선택한 후, 3차원 기하창에서 평면 a 와 b , b 와 c 를 클릭하면 평면 사이의 교선이 2개 나타난다.대수창에서 평면을 클릭하면 쉽게 선택할 수 있다.

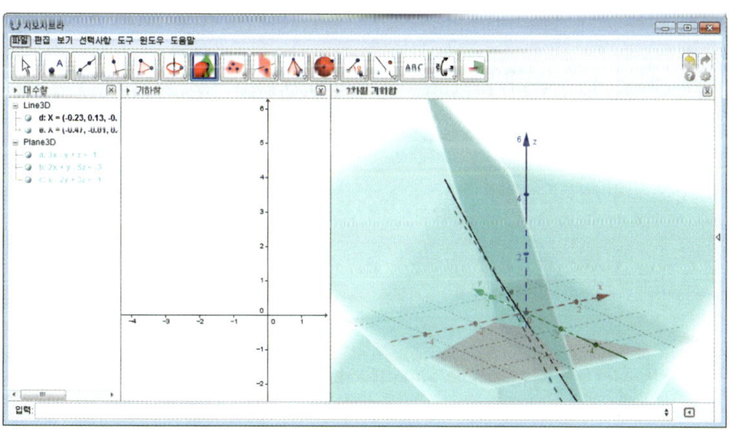

③ 교점 도구를 선택한 후, 3차원 기하창에서 두 직선을 클릭 하면 교점이 나타난다. 이는 세 평면이 한 점에서 교차하는 것을 의미한다.

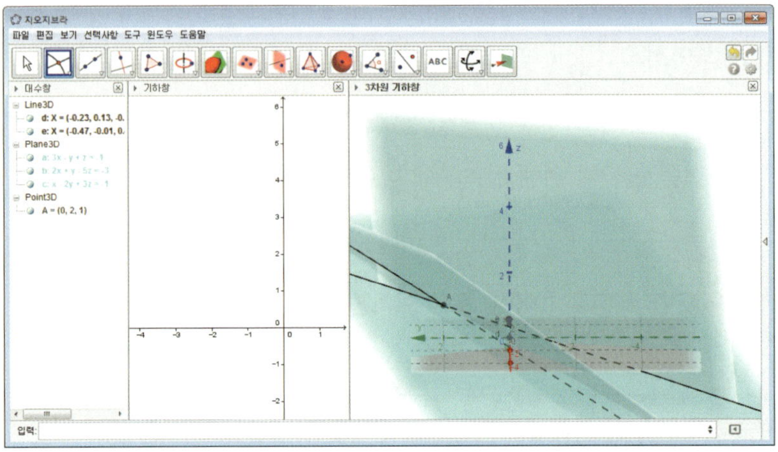

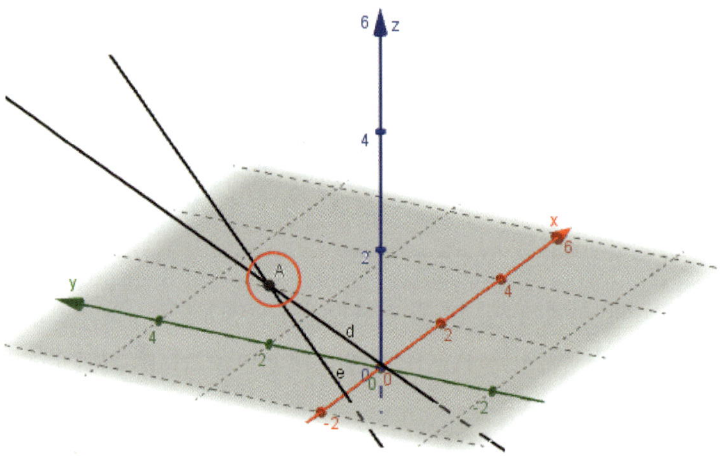

그림 4.2: 두 교선이 한 점에서 만나는 모습

공간도형 예제 4 (무한원뿔과 평면의 교선)

원점을 꼭짓점으로 하고, 모선과 축의 각은 $\pi/4$ 이며, z축 에 대하여 양방향으로 무한히 뻗어가는 원뿔과 평면의 교선을 관찰하시오.

① 제시된 조건의 무한원뿔을 만들기 위해, 입력창에 다음과 같이 입력한다.[2]

```
무한원뿔( ( 0 , 0 , 0 ) , z축 , pi / 4 )
```

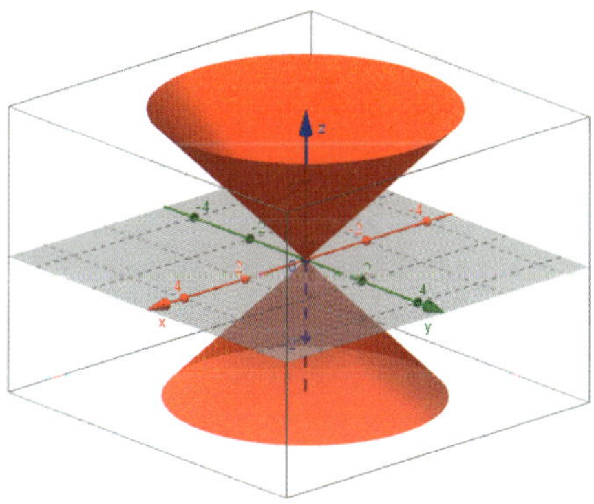

② xy 평면에 평행한 평면으로 무한원뿔을 절단하고 교선을 관찰하기 위해 입력창에 다음과 같이 차례로 입력한다.[3]

```
b : z = 2
교선( a , b )
```

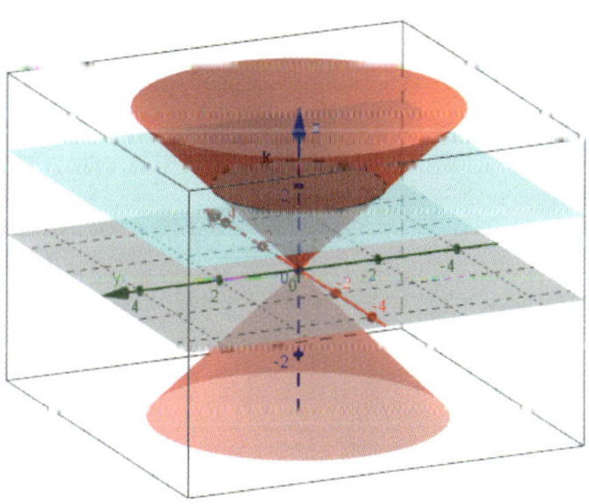

[2]무한원뿔의 이름을 a 라고 하자.
[3]교선은 원이다.

③ xy 평면에 평행하지 않으면서 모선보다는 덜 기울어진 평면으로 무한원뿔을 절단하고 교선을 관찰하기 위해 입력창에 다음과 같이 차례로 입력한다.[4]

```
c : y + 2z = 3
교선( a , c )
```

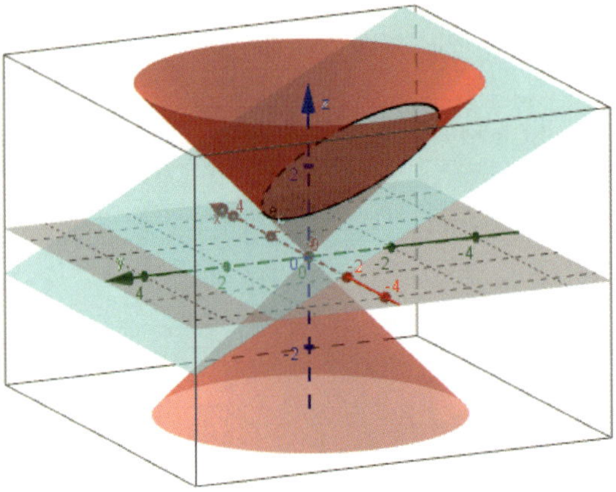

④ 모선에 평행한 평면으로 무한원뿔을 절단하고 교선을 관찰하기 위해 입력창에 다음과 같이 차례로 입력한다.[5]

```
d : y + z = -3
교선( a , d )
```

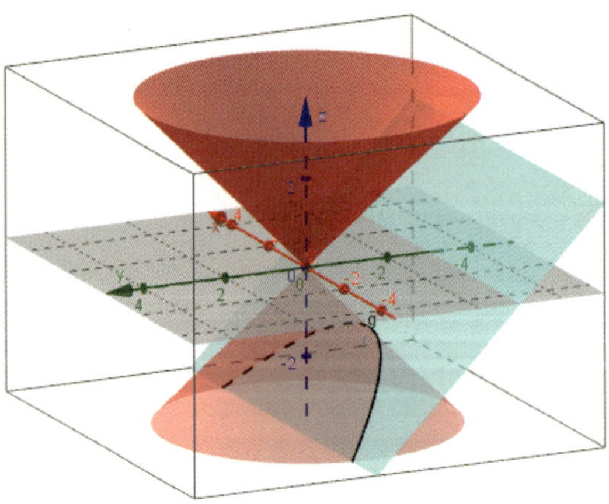

[4]교선은 타원이다.
[5]교선은 포물선이다.

⑤ yz 평면에 평행한 평면으로 무한원뿔을 절단하고 교선을 관찰하기 위해 입력창에 다음과 같이 차례로 입력한다.[6]

```
e : x = 2
교선( a , e )
```

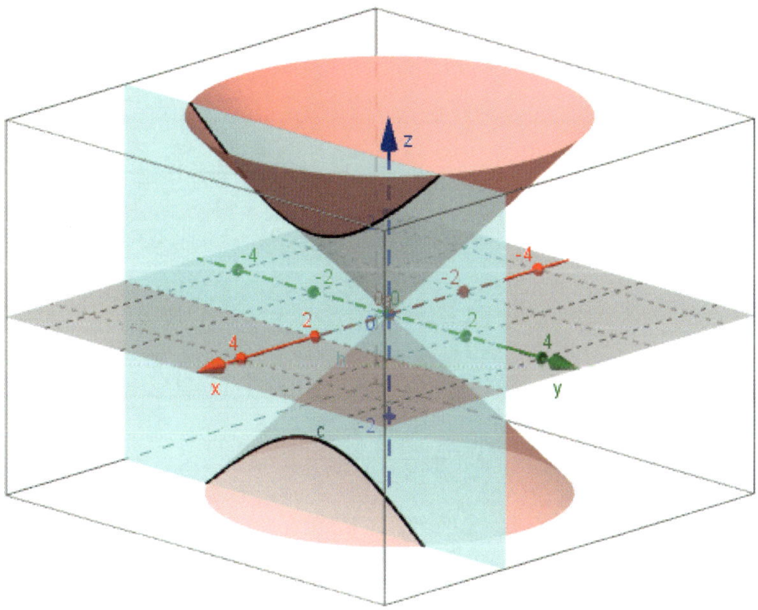

[6]교선은 쌍곡선이다.

4.2 공간벡터

지오지브라에서는 3차원 공간에서의 벡터를 다룰 수 있다. 이 절에서는 3차원 공간에서의 벡터에 대한 대표적인 예제를 몇 가지 살펴보고자 한다.

공간벡터 예제 1 (직선의 벡터방정식)

두 벡터 a , b 가 주어졌다고 하자. 이 때, v = (1 - t) a + t b 로 정의되는 위치벡터 v 의 끝점의 자취를 관찰하시오.

① 주어진 조건에 맞는 벡터 v 를 구하기 위해, 입력창에 다음과 같이 입력한다.[7]

```
v = ( 1 - t ) a + t b
```

입력창에서 엔터키 ↵ 를 누르면 슬라이더 만들기 대화상자가 나타난다.
슬라이더 만들기 를 클릭 한다.

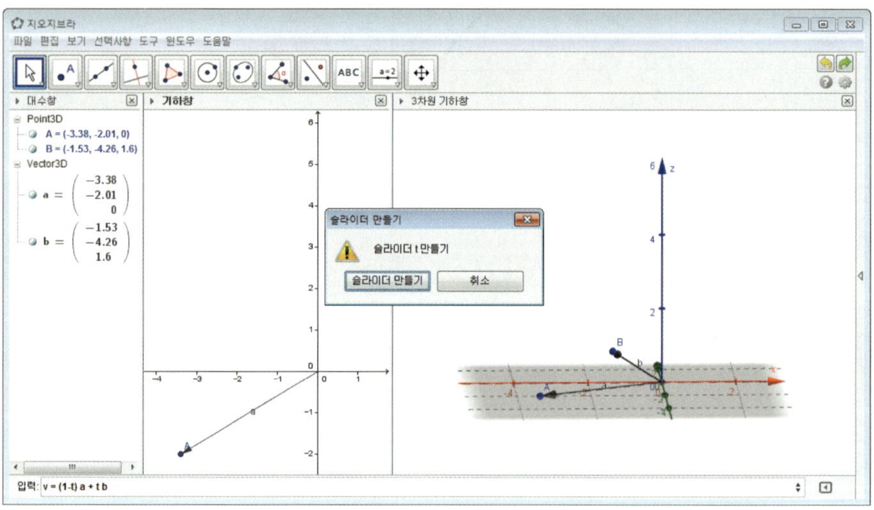

---

[7] t 와 b 는 떼어서 입력해야 한다.

[2] 3차원 기하창에 위치벡터 v 가 나타난다.

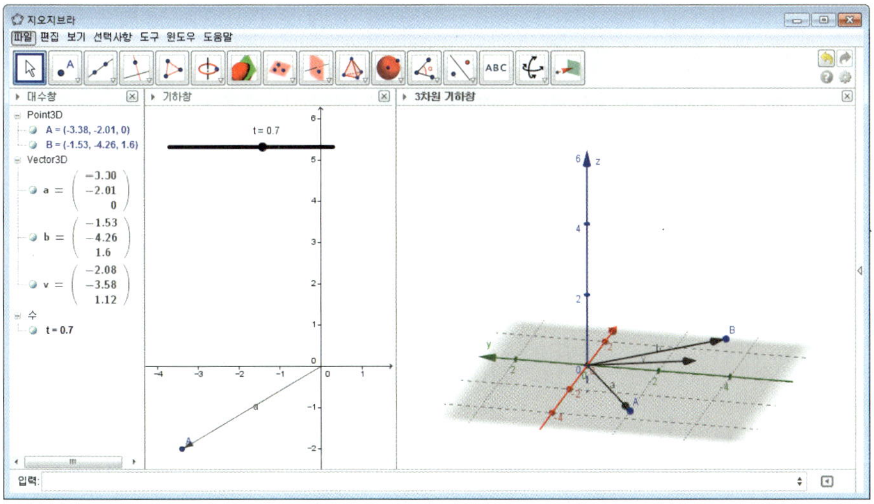

[3] 위치벡터 v 의 끝점 V 를 나타내기 위해, 입력창에 다음과 같이 입력한다.[8]

```
V = v
```

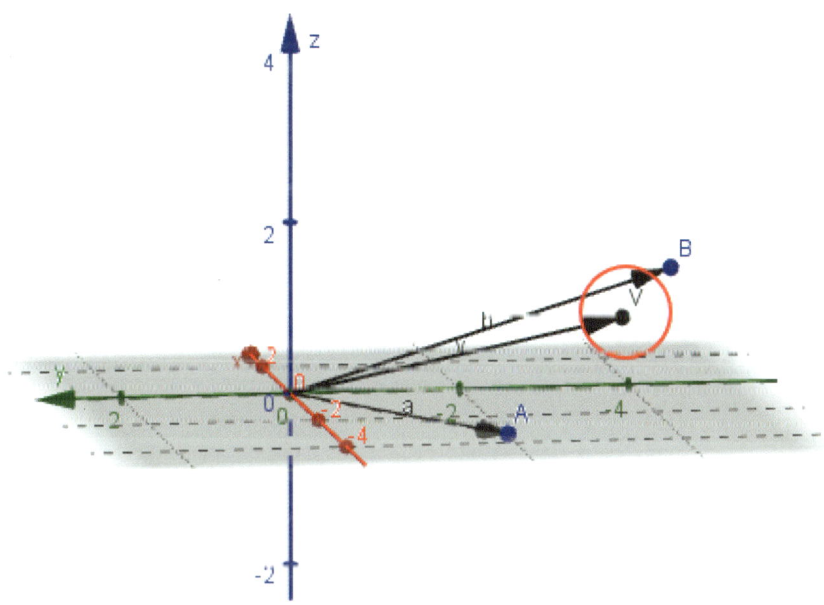

[8]지오지브라는 대상의 이름이 대문자인 경우 점으로 인식한다.

④ 3차원 기하창의 점 V 위에서 마우스 오른쪽 클릭 한 후, 자취 보이기 를 선택한다. 그 후, 슬라이더 t 위의 점을 드래그하면 점 V 가 움직이면서 자취를 남긴다. 이를 통해, 점의 자취가 직선임을 알 수 있다.[9]

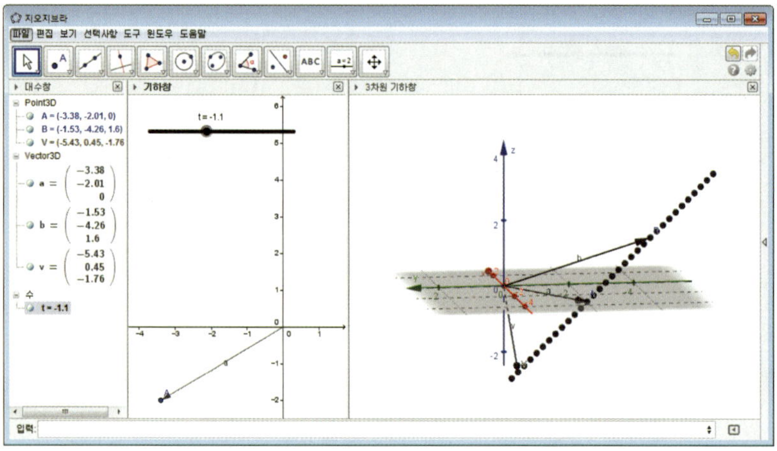

[9]마우스 오른쪽 버튼을 클릭 한 채 드래그하면 3차원 기하창을 다른 각도에서 관찰할 수 있다.

공간벡터 예제 2 (두 평면이 이루는 각)

두 평면 $3x - y + z + 1 = 0$, $2x + y - 5z + 3 = 0$ 이 이루는 각의 크기를 구하시오.

① 주어진 두 평면을 만들기 위해 입력창에 다음과 같이 차례로 입력한다.

```
a : 3x - y + z + 1 = 0
b : 2x + y - 5 z + 3 = 0
```

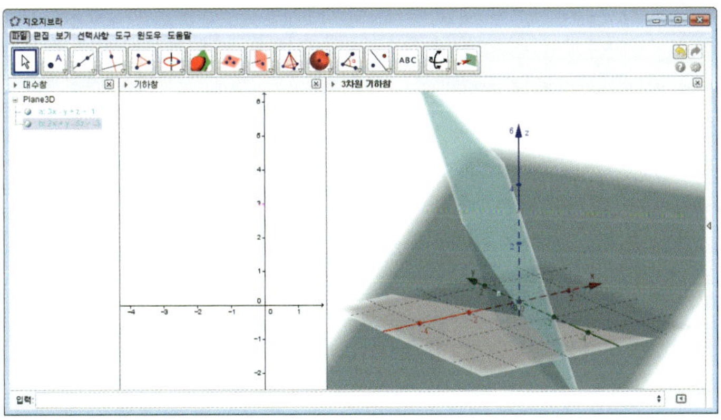

② 두 평면의 수직벡터를 구하기 위해 입력창에 다음과 같이 입력한다.

```
u = 수직벡터( a )
v = 수직벡터( b )
```

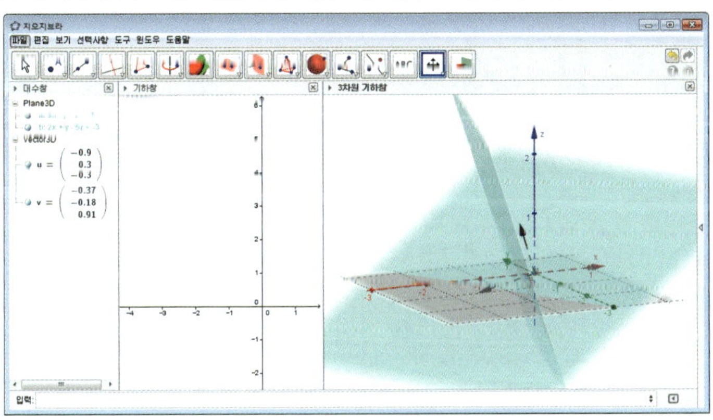

③ 두 벡터의 끝점과 원점을 나타내기 위해, 입력창에 다음과 같이 입력한다.[10]

```
U = u
V = v
O = ( 0 , 0 , 0 )
```

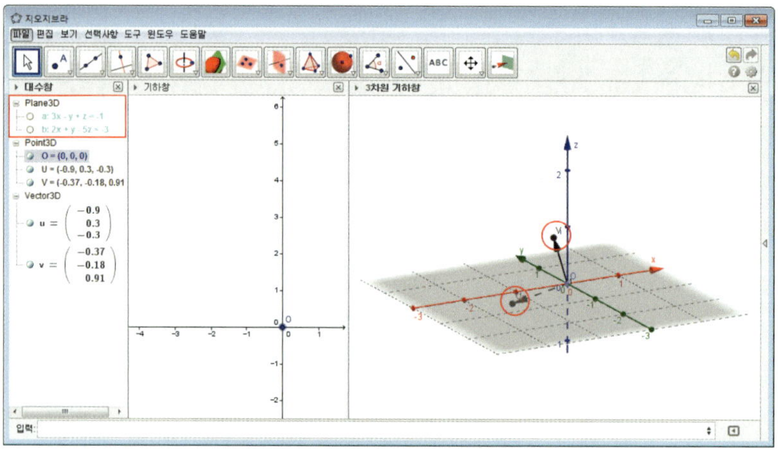

④ 두 벡터가 이루는 각을 구하기 위해, 각 도구를 선택한 후 점 U , 점 O , 점 V 를 클릭 하면 두 벡터가 이루는 각이 90° 임을 알 수 있다.

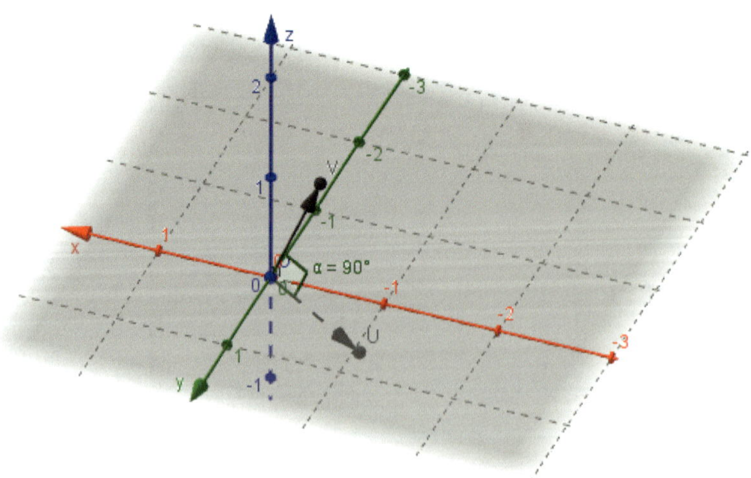

[10]두 벡터를 명확히 나타나기 위해, 평면 앞의 보이기 버튼 을 클릭 하여 평면이 보이지 않도록 하였다.

공간벡터 예제 3 (구의 접평면)

점 A = (2 , 0 , 0) 을 중심으로 하고 반지름이 2인 구 위의 점 B 에서의 접평면을 구하시오.

1 점 A 를 만들기 위해, 입력창에 다음과 같이 입력한다.

```
A = ( 2 , 0 , 0 )
```

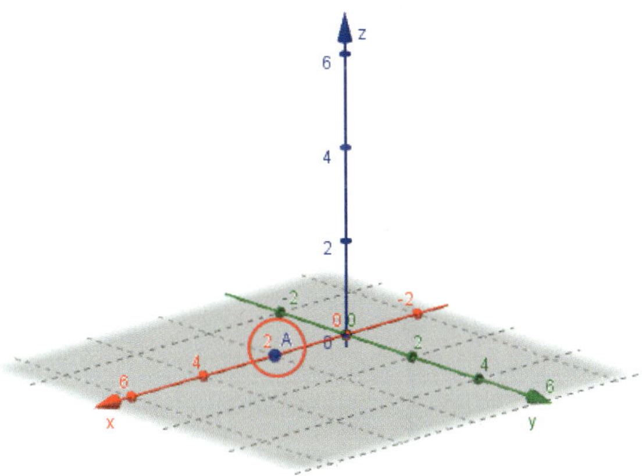

2 중심과 반지름이 있는 구 도구를 선택한 후, 점 A 를 클릭하면 중심과 반지름이 있는 구 대화상자가 나타난다. 이 대화상자에 2를 입력하고 확인 을 클릭하면 구가 나타난다.

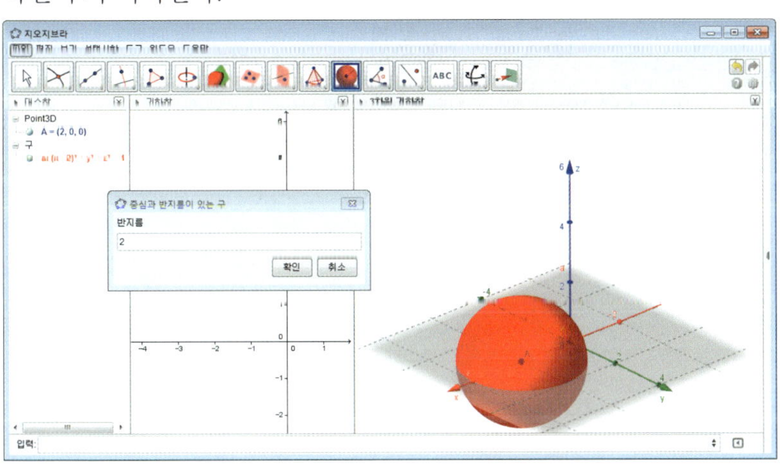

③ 점 도구를 선택한 후, 구면 위에 마우스 포인터를 놓으면 굽은 십자로 바뀐다. 이 때, 구면 위에서 클릭하면 구면 위의 점 B 가 만들어진다.

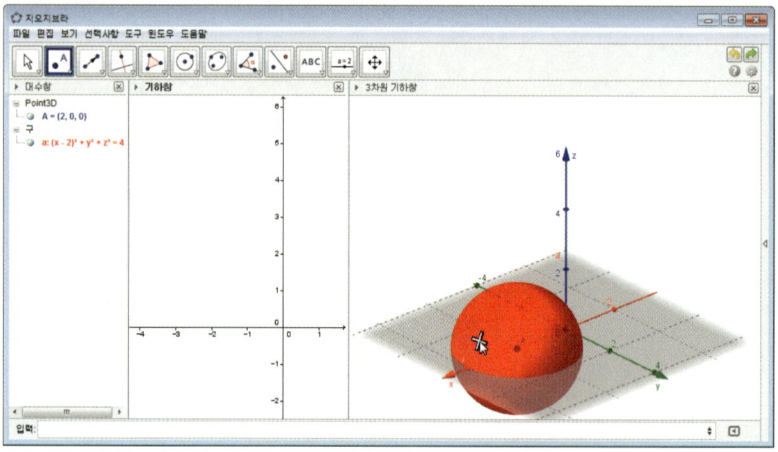

④ 벡터 도구를 선택한 후, 점 A , B 를 클릭하면 벡터 v 가 나타난다.[11]

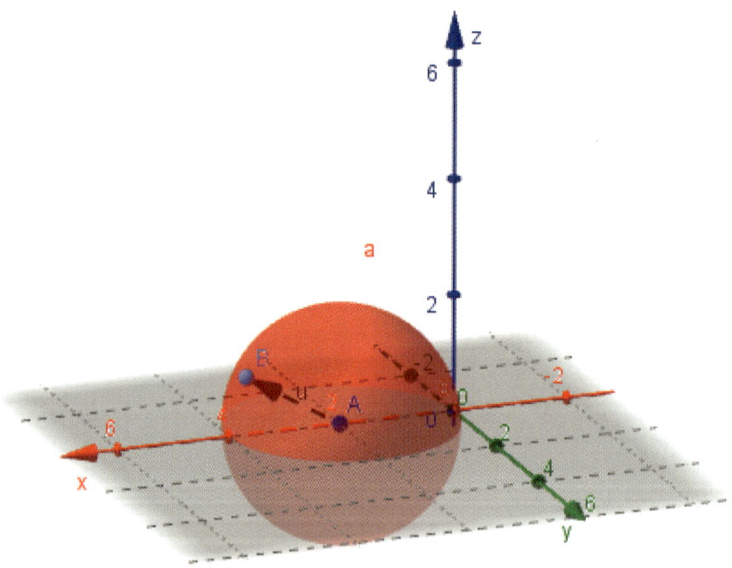

[11]벡터 v 는 접평면의 수직벡터로 사용하기 위해 만든 것이다.

⑤ 수직평면 도구를 선택한 후, 벡터 v 와 점 B 를 클릭 하면 구면 위에서 점 B 에 대한 접평면이 나타난다.

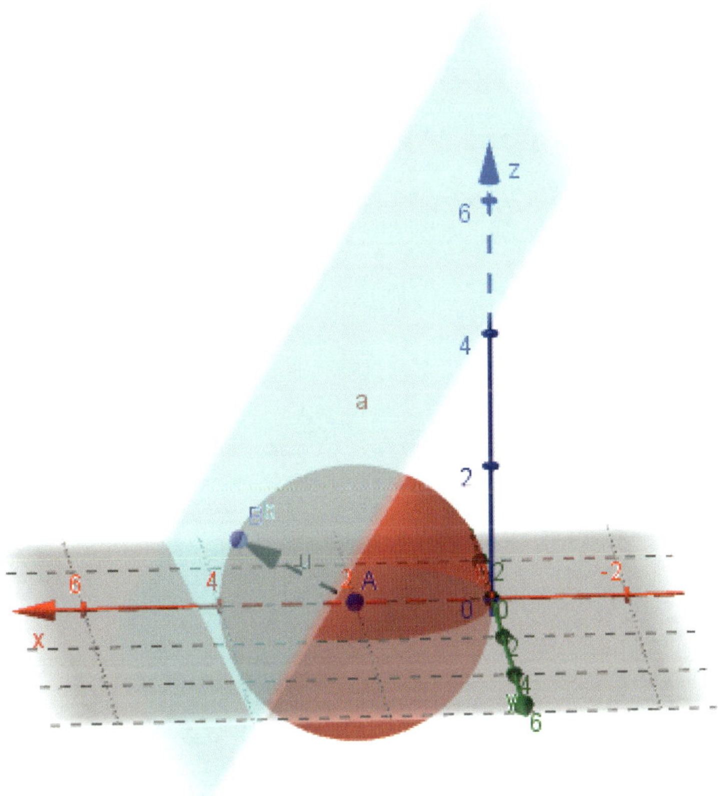

CHAPTER 5

곡선과 곡면

요 약

지오지브라의 3차원 기하창을 활용하면 다양한 3차원 곡선과 곡면을 간단히 그릴 수 있다. 이 장에서는 **곡선**, **곡면** 명령을 사용하여 대표적인 3차원 곡선과 곡면을 그리는 사례를 제시한다.

5.1 곡선

곡선 예제

아래 주어진 **매개곡선**을 3차원 기하창에 표현하시오. (단, t 의 범위는 0 부터 4π 이다.)

```
(01) x(t) = t cos(t) ; y(t) = t sin(t) ; z(t) = t
(02) x(t) = sin(2t) ; y(t) = cos(t) ; z(t) = t
(03) x(t) = cos(t) ; y(t) = sin(t) ; z(t) = t
(04) x(t) = t ; y(t) = 0 ; z(t) = t
(05) x(t) = t ; y(t) = t cos(t) ; z(t) = t sin(t)
(06) x(t) = 3 cos(t) + cos(10t) cos(t) ; y(t) = 3 sin(t) +
cos(10t) sin(t) ; z(t) = sin(10t)
(07) x(t) = t cos(t) ; y(t) = t ; z(t) = t cos(t)
(08) x(t) = 5 cos(t) - cos(5t) ; y(t) = 5 sin(t) - sin(5t) ;
z(t) = t
```

① 01 번 매개곡선을 3차원 기하창에 표현하려면, 입력창에 다음과 같이 입력한다.

```
곡선( t cos(t) , t sin(t) , t , t , 0 , 4 pi )

( t cos(t) , t sin(t) , t )
```

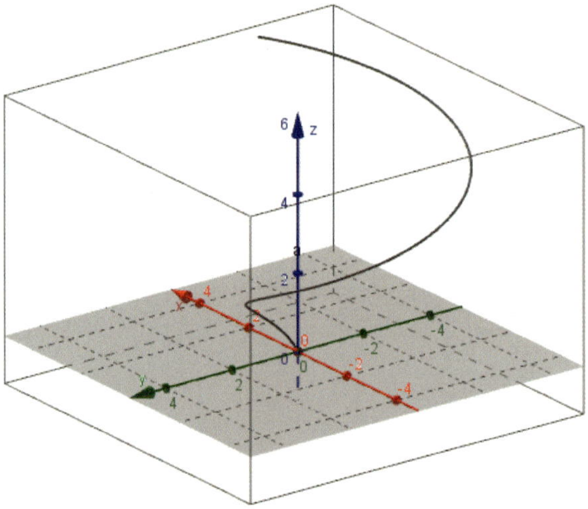

② 02 번 매개곡선을 3차원 기하창에 표현하려면, 입력창에 다음과 같이 입력한다.

```
곡선( sin(2t) , cos(t) , t , t , 0 , 4 pi )

( sin(2t) , cos(t) , t )
```

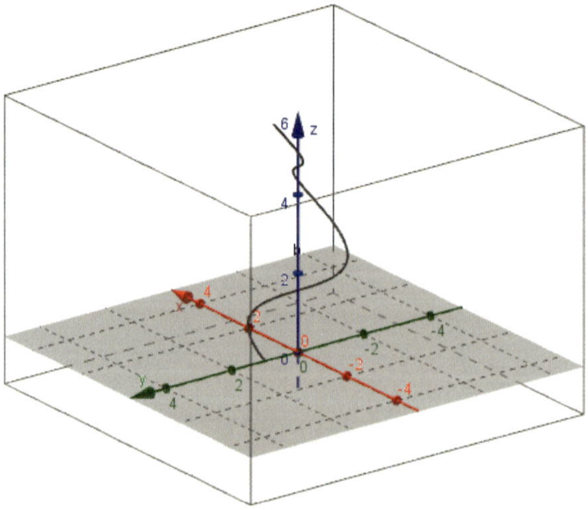

③ 03 번 매개곡선을 3차원 기하창에 표현하려면, 입력창에 다음과 같이 입력한다.

```
곡선( cos(t) , sin(t) , t , t , 0 , 4 pi )

( cos(t) , sin(t) , t )
```

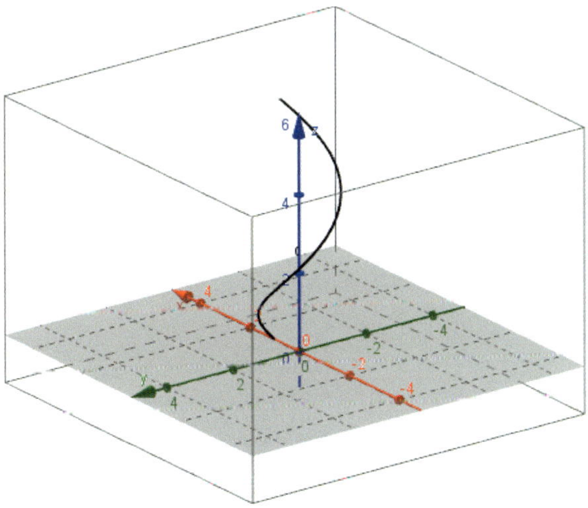

④ 04 번 매개곡선을 3차원 기하창에 표현하려면, 입력창에 다음과 같이 입력한다.

```
곡선( t , 0 , t , t , 0 , 4 pi )

( t , 0 , t )
```

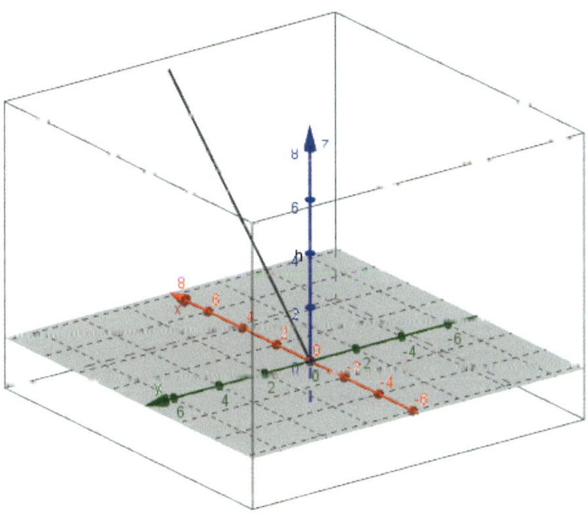

⑤ 05 번 매개곡선을 3차원 기하창에 표현하려면, 입력창에 다음과 같이 입력한다.

```
곡선( t , t cos(t) , t sin(t) , t , 0 , 4 pi )

( t , t cos(t) , t sin(t) )
```

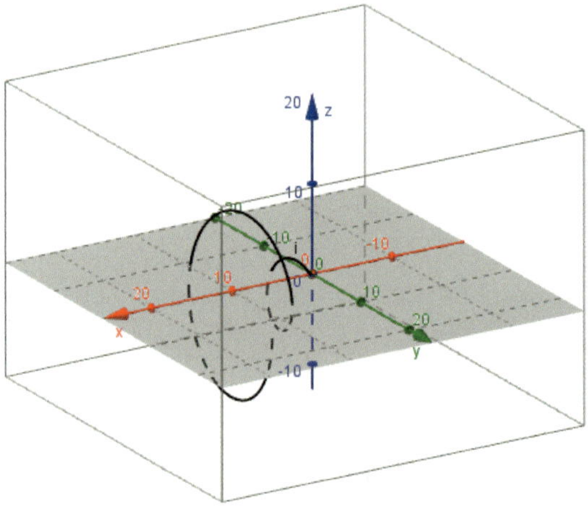

⑥ 06 번 매개곡선을 3차원 기하창에 표현하려면, 입력창에 다음과 같이 입력한다.

```
곡선( 3 cos(t) + cos(10t) cos(t) , 3 sin(t) + cos(10t) sin(t)
, sin(10t) , t , 0 , 4 pi )

( 3 cos(t) + cos(10t) cos(t) , 3 sin(t) + cos(10t) sin(t)
, sin(10t) )
```

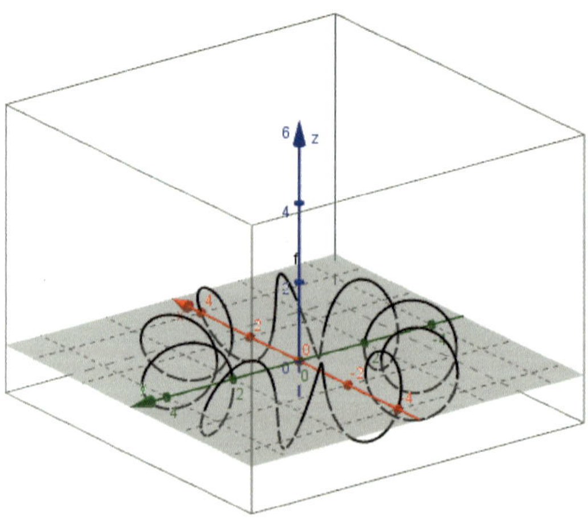

⑦ 07 번 매개곡선을 3차원 기하창에 표현하려면, 입력창에 다음과 같이 입력한다.

```
곡선( t cos(t) , t , t cos(t) , t , 0 , 4 pi )

( t cos(t) , t , t cos(t) , t )
```

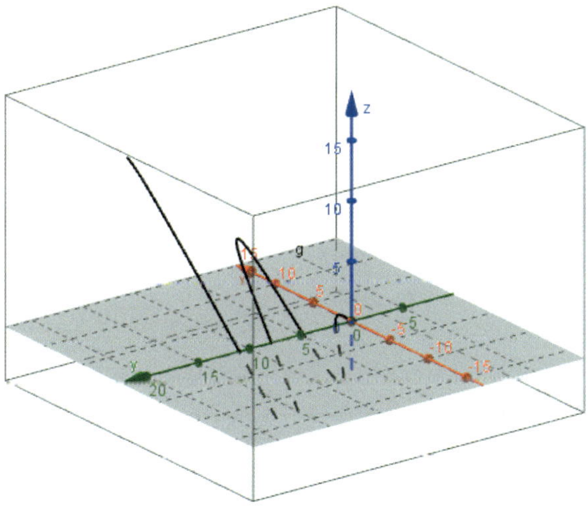

⑧ 08 번 매개곡선을 3차원 기하창에 표현하려면, 입력창에 다음과 같이 입력한다.

```
곡선( 5 cos(t) - cos(5t) , 5 sin(t) - sin(5t) , t , t , 0 , 4
pi )

( 5 cos(t) - cos(5t) , 5 sin(t) - sin(5t) , t )
```

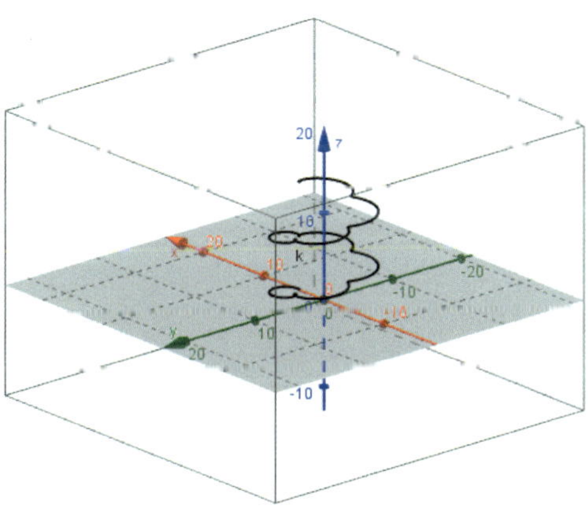

5.2 곡면

곡면 예제 1

아래 주어진 매개화된 곡면을 3차원 기하창에 표현하시오.

```
(01) x = u cos(v) - 1 / 3 u^3 cos(3v) ; y = (-u) / 3 (u^2
sin(3v) + 3sin(v)) ; z= u^2 cos(2v) ; ( 0 <= u <= 3 , 0 < v <
2pi )

(02) x = cos(u) sin(v) ; y = sin(u) sin(v) ; z = cos(v) +
log(tan( v / 2 )) ; ( 0 <= u <= 2pi , 0 < v < pi )

(03) x = 3 u ; y = 3 v ; z = 3 ln( cos(u) sec(v) ) ; ( -5
<= u <= -5 , -5 <= v <= -5 )

(04) x = ( 1 + ( v / 2 ) ( cos(u/2) ) ) cos(u) ; y = ( 1 +
( v / 2 ) ( cos(u/2) ) ) sin(u) ; z = (v/2) sin(u/2) ; ( 0 <=
u < 2pi , -1 <= v <= 1 )
```

① 01 번 곡면을 3차원 기하창에 표현하려면, 입력창에 다음과 같이 입력한다.[1]

```
곡면( u cos(v) - 1 / 3 u^3 cos(3v) , (-u) / 3 (u^2 sin(3v) +
3sin(v)), u^2 cos(2v) , u , 0 , 3 , v , 0 , 2 pi )
```

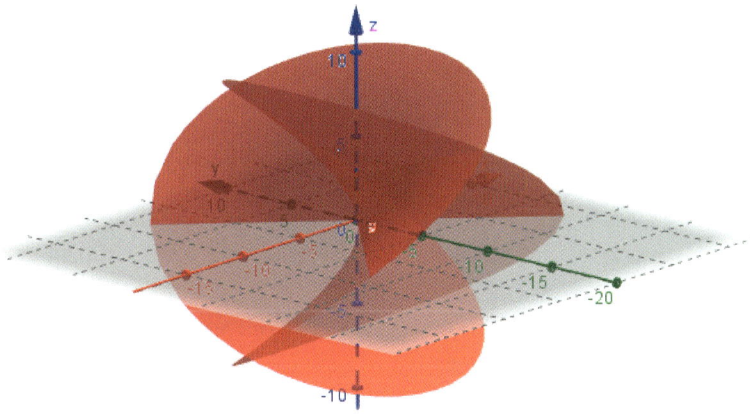

② 02 번 곡면을 3차원 기하창에 표현하려면, 입력창에 다음과 같이 입력한다.[2]

```
곡면( 3 u , 3 v , 3 ln( cos(u) sec(v) ) , u , -5 , 5 , v , -5
, 5 )
```

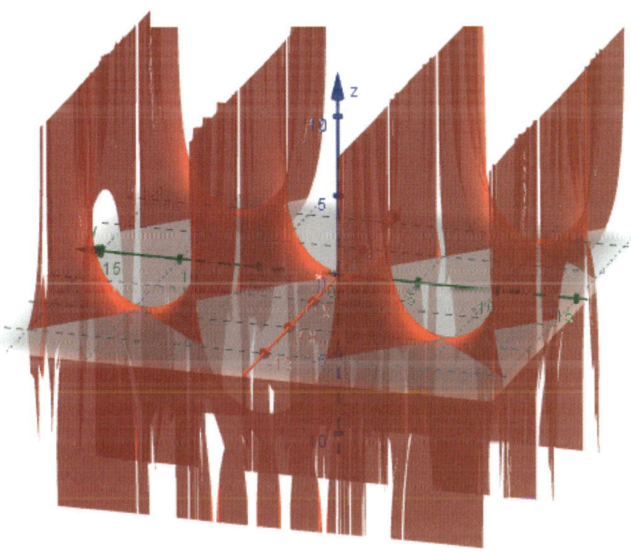

[1]이 곡면은 엔네퍼의 곡면(Enneper's surface)이다.
[2]이 곡면은 셔크 곡면(Scherk surface)이다.

③ 03 번 곡면을 3차원 기하창에 표현하려면, 입력창에 다음과 같이 입력한다.[3]

```
곡면( cos(u) sin(v) , sin(u) sin(v) , cos(v) + log(tan( v / 2
)) , u , 0 , 2 pi , v , 0 , pi )
```

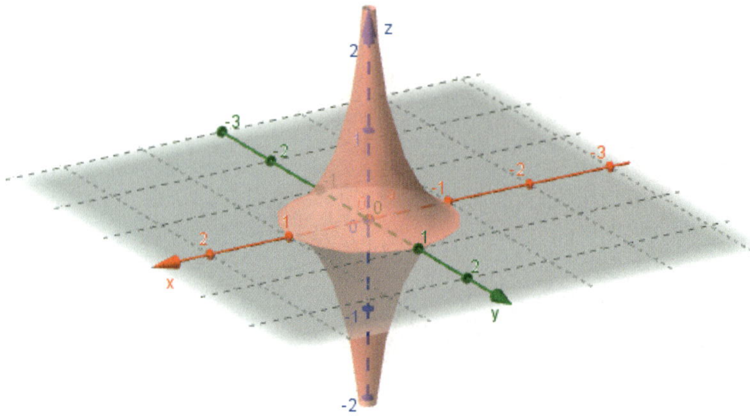

④ 04 번 곡면을 3차원 기하창에 표현하려면, 입력창에 다음과 같이 입력한다.[4]

```
곡면( (1 + (v/2) cos(u/2)) cos(u) , (1 + (v/2) cos(u/2) )
sin(u) , (v/2) sin(u/2) , u , 0 , 2pi , v , -1 , 1 )
```

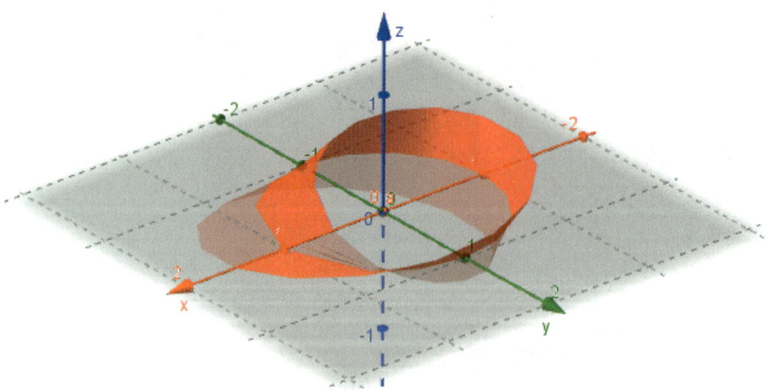

[3]이 곡면은 의구(Pseudosphere)이다.

[4]이 곡면은 뫼비우스의 띠(Möbius strip)이다.

곡면 예제 2 [토러스(Torus)]

토러스(Torus)를 3차원 기하창에 표현하시오.

① 3차원 기하창에 토러스를 표현하려면, 입력창에 다음과 같이 입력한다.

```
곡면( ( R + r cos(v) ) cos(u) , ( R + r cos(v) ) sin(u) , r
sin(v) , u , 0 , a , v , 0 , b )
```

이때 정해지지 않은 변수인 R , a , b , r 에 대한 슬라이더 만들기 대화상자가 나타난다. 이 대화상자에서 슬라이더 만들기 를 클릭한다.

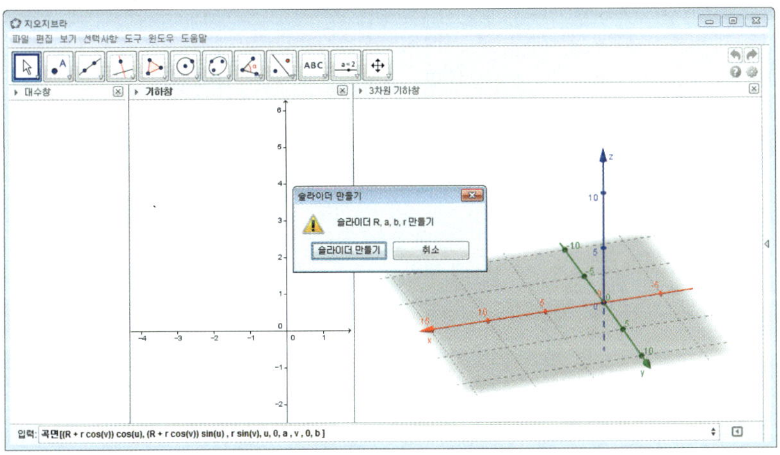

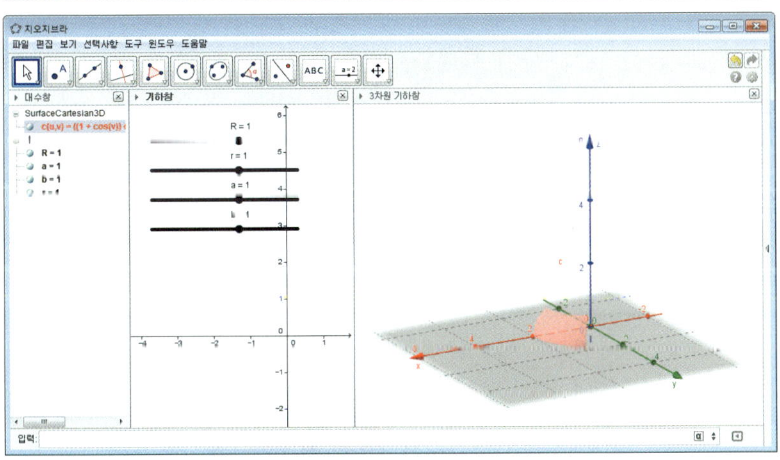

② 설정사항 창에서 슬라이더의 범위를 조절한다.

```
R : 0 부터 5 까지
r : 0 부터 R 까지
a : 0 부터 2 pi 까지
b : 0 부터 2 pi 까지
```

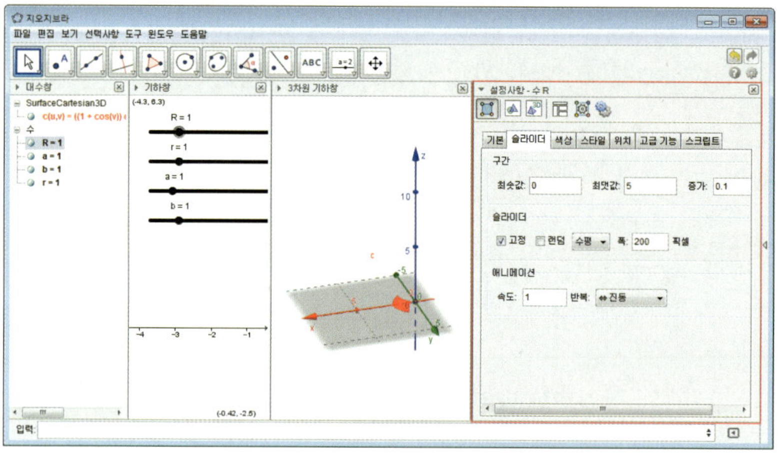

③ 슬라이더를 아래의 값으로 조절하면 토러스가 나타난다.

```
R : 2.5
r : 0.5
a : 6.28
b : 6.28
```

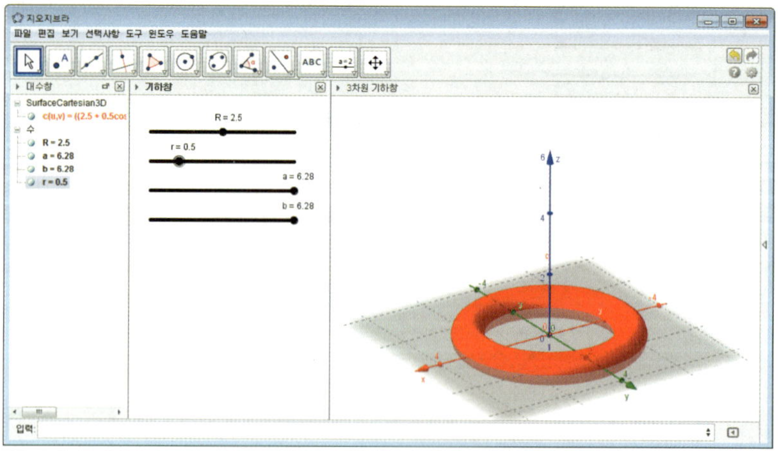

곡면 예제 3 [클라인 병(Kline bottle)의 절단면]

클라인 병(Kline bottle)의 절단면이 뫼비우스의 띠(Möbius strip) 임을 알아보시오.

[1] 3차원 기하창에 클라인 병을 표현하려면, 입력창에 다음과 같이 차례로 입력한다.

```
r(x) = 4 ( 1 - cos(x) / 2 )

f1 = 곡면(6 cos(u) (1 + sin(u)) + r(u) cos(u) cos(v), 16sin(u)
+ r(u) sin(u) cos(v), r(u) sin(v), u, 0, pi, v, 0, 2pi)

f2 = 곡면(6 cos(u) (1 + sin(u)) - r(u) cos(v), 16sin(u), r(u)
sin(v), u, pi, 2pi, v, 0, 2pi)
```

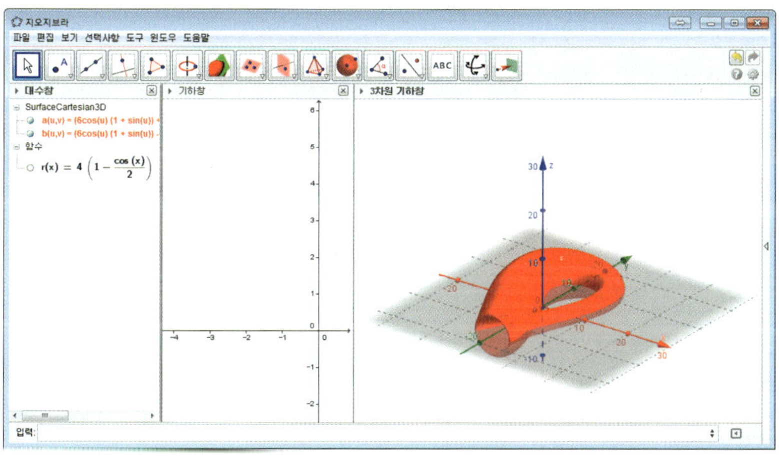

2 클라인 병이 만들어지는 과정을 관찰하려면, 슬라이더 a=2 도구를 선택한 후 기하창을 클릭하여 슬라이더 t 를 만든다.[5]

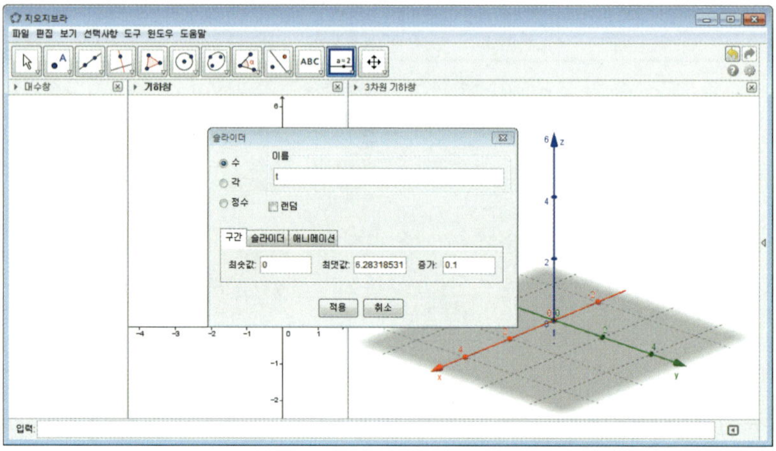

3 3차원 기하창에 슬라이더 t 에 의해 변화되는 클라인 병을 표현하기 위해, 입력창에 다음과 같이 차례로 입력한다.

```
r(x) = 4 ( 1 - cos(x) / 2 )

곡면(6 cos(u) (1 + sin(u)) + r(u) cos(u) cos(v), 16sin(u) +
r(u) sin(u) cos(v), r(u) sin(v), u, 0, pi, v, 0, t)

곡면(6 cos(u) (1 + sin(u)) - r(u) cos(v), 16sin(u), r(u)
sin(v), u, pi, 2pi, v, 0, t)
```

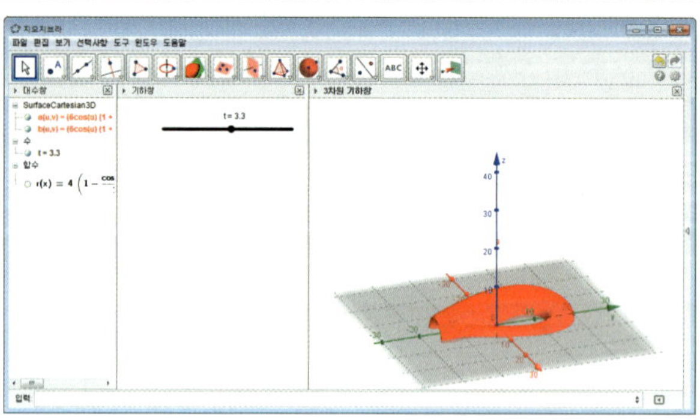

[5]슬라이더 a=2 도구는 (2차원) 기하창의 도구이므로 (2차원) 기하창을 클릭해야 사용할 수 있다. 슬라이더 t 의 범위는 0 부터 2 pi 이다.

④ 슬라이더 t 의 값을 3.2 로 하면, 클라인 병이 반으로 나누어진 모습을 볼 수 있다. 클라인 병을 반으로 나누면 뫼비우스 띠(Möbius strip)가 된다.

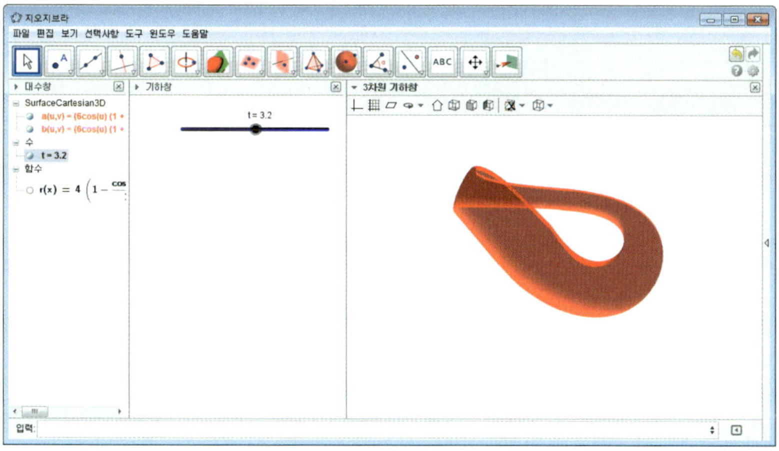

CHAPTER 6

적분

요 약

적분을 다룰 때 입체에 대한 구분구적법이나 회전체에 대한 적분과 같이 입체도형이 연관된 경우가 있다. 이 장에서는 지오지브라의 3차원 기하창을 이용해 구분구적법과 회전체에 대한 적분을 설명하기 위한 자료를 제시한다.

6.1 구분구적법

구분구적법 예제 1

밑면의 반지름이 2이고, 높이가 3인 원뿔의 부피를 구하는 과정을 설명하는 자료를 지오지브라에서 작성하시오.

① 원점을 중심으로 하고 반지름이 2인 원 c 를 그리려면, 입력창에 다음과 같이 입력한다.

```
c : x^2 + y^2 = 2^2
```

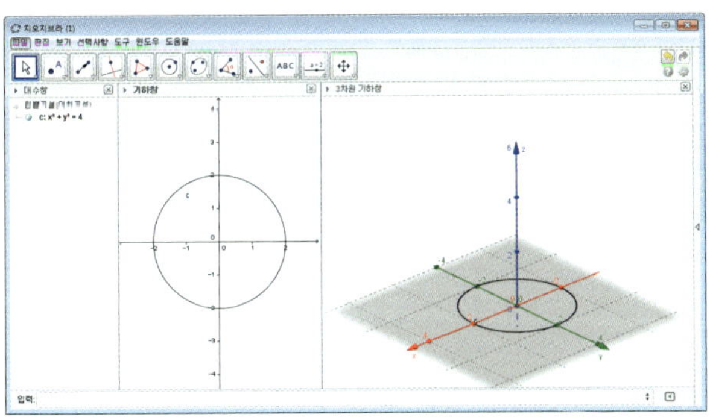

② 밑면이 원 c 이고 높이가 3인 원뿔을 만들려면, 입력창에 다음과 같이 입력한다.

```
원뿔( c , 3 )
```

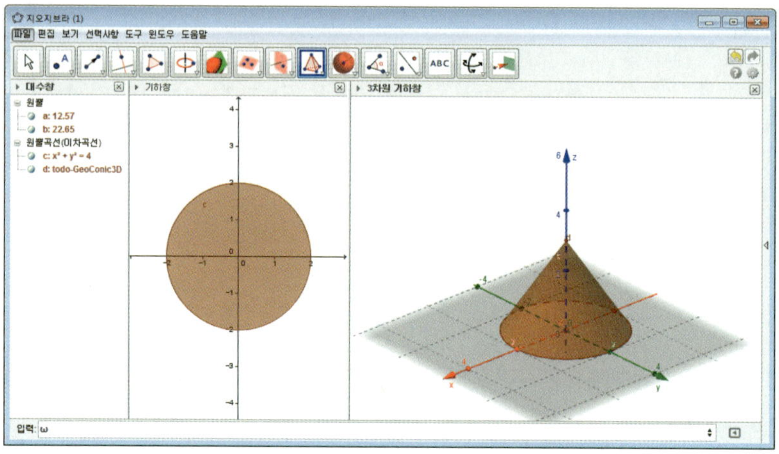

③ 슬라이더 a=2 도구를 선택한 후, 기하창을 클릭하면 슬라이더 대화상자가 나타난다. 대화상자에서 정수 를 선택한 후 적용 을 클릭한다.

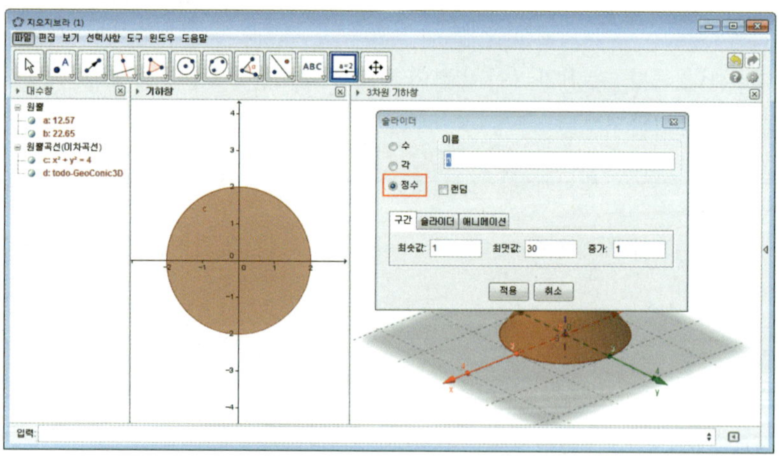

④ 기하창에 슬라이더 n 이 나타난다.

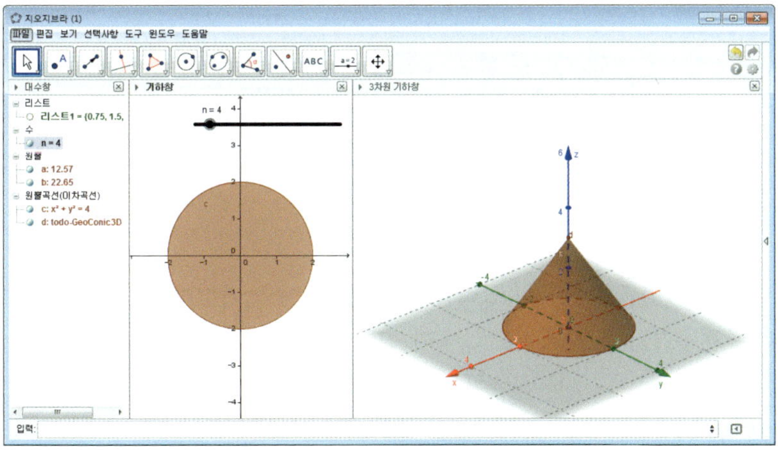

⑤ 높이가 일정한 원기둥을 쌓아 원뿔 내부에 접하게 하려면, 입력창에 다음과 같이 입력한다.

```
리스트1 = 수열( 원기둥( ( 0 , 0 , 3(k - 1) / (n + 1) ) , ( 0 , 0
, 3 k / (n + 1) ) , 2 - 2 k / (n + 1) ), k , 1 , n + 1 )
```

원기둥의 부피의 합을 구하려면, 입력창에 다음과 같이 입력한다.[1]

```
합( 리스트1 )
```

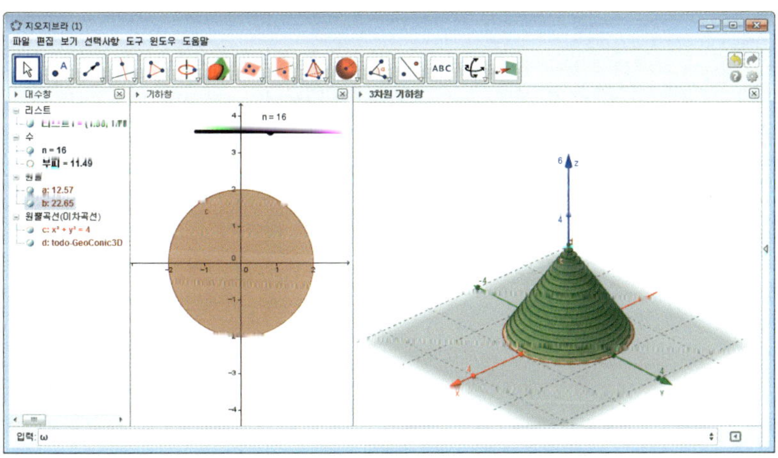

[1]위 명령을 실행하면, 원기둥의 수열이 나타난다. 합 명령을 이용하면 리스트의 원소의 합을 구할 수 있다.

구분구적법 예제 2

좌표공간에서 $0 \le x \le \frac{\pi}{2}$ 일 때, 두 점 $P(x, 0, \cos^2 x)$, $Q(x, 1-\sin x, 0)$ 을 연결하는 직선이 움직여 생기는 곡면과 세 좌표평면으로 둘러싸인 입체의 부피 V 를 구하여라.

[방법 1(자취 보이기)]

1 주어진 문제의 단면을 만들려면 입력창에 다음과 같이 입력한다. 이 때 지오지브라에서는 t라는 변수가 없는 상태이므로 슬라이더 만들기 대화상자가 나타나 슬라이더를 만들 것인가 물어본다. 슬라이더 만들기 를 클릭 한다.

```
R = ( t , 0 , 0 )
```

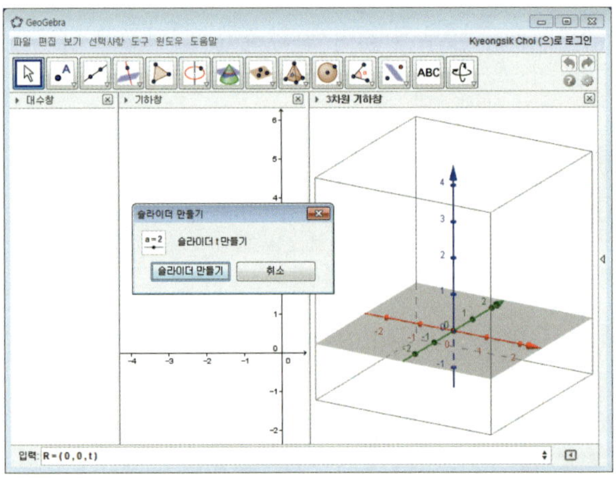

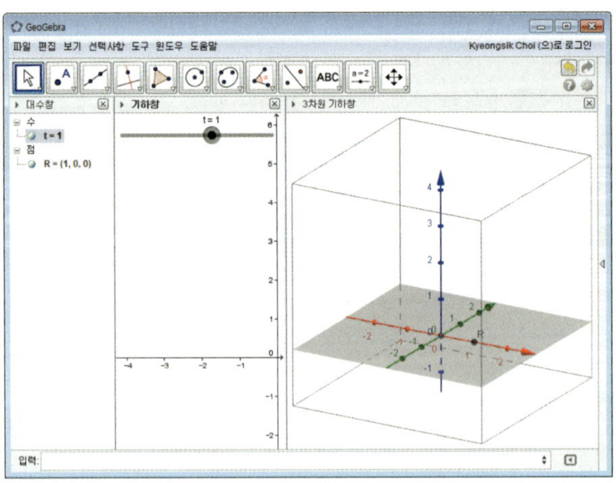

② 점 P, 점 Q를 만들고 다각형 PQR을 정의하려면 입력창에 다음과 같이 차례로 입력한다.

```
P = ( t , 0 , cos( t )^2 )
Q = ( t , 1 - sin( t ) , 0 )
다각형( P , Q , R )
```

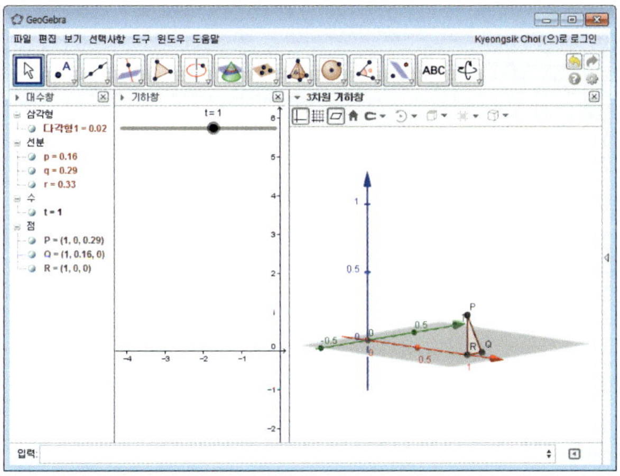

③ 제시된 예제에서 범위를 $0 \le x \le \frac{\pi}{2}$ 라고 제시하였으므로 슬라이더 t의 범위를 제한하는 것이 필요하다.

슬라이더 t 위에서 마우스 오른쪽 버튼을 클릭한 후 설정사항을 클릭하면 설정사항 대화상자가 나타난다.

설정사항 대화상자의 슬라이더 탭에서 최솟값을 0, 최댓값을 $\frac{\pi}{2}$ 로 설정한다. 이 때 최솟값, 최댓값 옆의 입력상자에는 0, pi / 2를 차례로 입력한다.

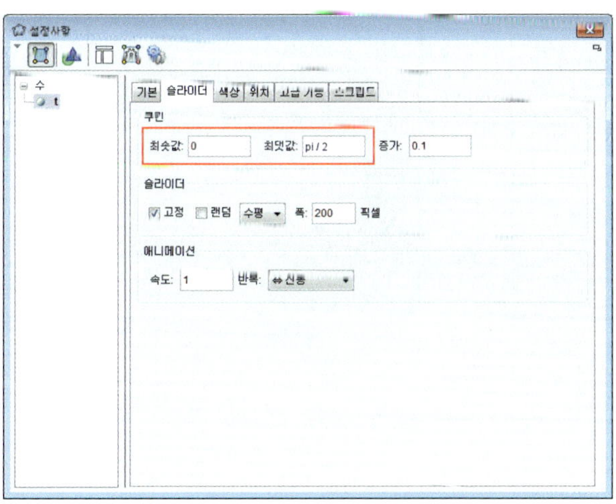

④ 단면의 자취를 관찰하기 위해 다각형 PQR 위에서 마우스 오른쪽 버튼을 클릭한 후 자취 보이기를 선택하고 슬라이더 t를 드래그한다.

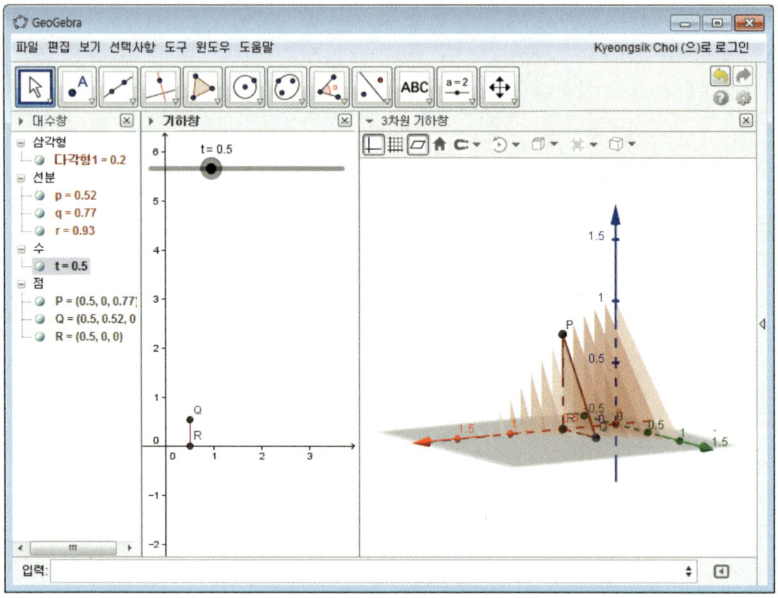

⑤ 다른 방향에서 도형을 관찰하려면 마우스 오른쪽 버튼을 클릭한 채 드래그한다.

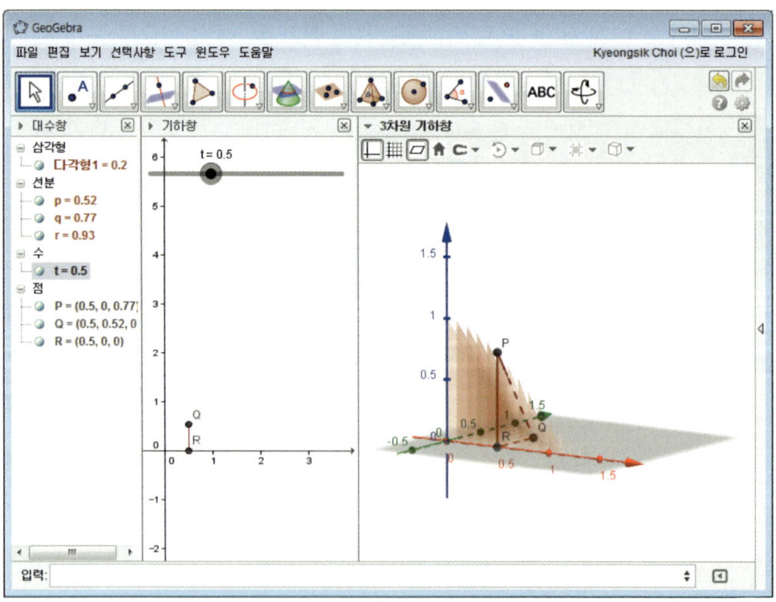

[방법 2(수열과 사상 명령)]

① n개로 주어진 구간 $0 \le x \le \frac{\pi}{2}$를 분할하기 위해 슬라이더 n을 정의한다. 슬라이더 a=2 도구를 선택한 후 기하창을 클릭하여 정수 n을 만든다.

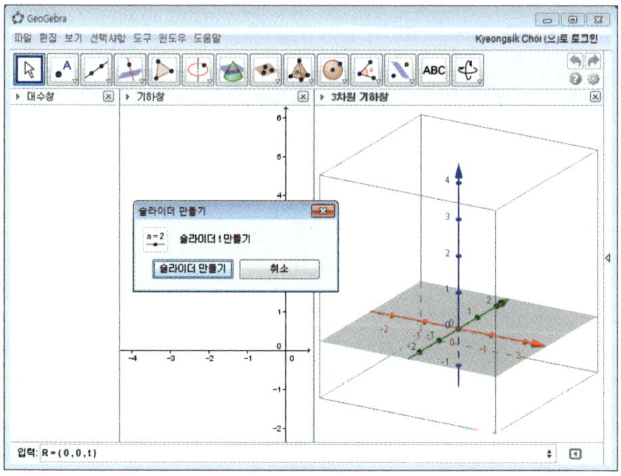

② 먼저 단면의 수열을 만들어 보자. 주어진 구간을 n 개로 분할했을 때 k번째 x값은 $\frac{\pi \cdot k}{2 \cdot n}$이며 이를 좌표로 나타내면 $X_k\left(\frac{\pi \cdot k}{2 \cdot n}, 0, 0\right)$이다.

이 때 $P_k\left(\frac{\pi \cdot k}{2 \cdot n}, 0, \cos^2 \frac{\pi \cdot k}{2 \cdot n}\right)$, $Q_k\left(\frac{\pi \cdot k}{2 \cdot n}, 1 - \sin \frac{\pi \cdot k}{2 \cdot n}, 0\right)$라는 점을 생각할 수 있으며 삼각형 $X_k P_k Q_k$의 수열을 정의할 수 있다.

이를 지오지브라 명령어로 나타내면 아래와 같다.

```
수열( 다각형( ( (pi k) / (2 n) , 0 , cos( (pi k) / (2 n) )^2 )
, ( (pi k) / (2 n) , 1 - sin( (pi k) / (2 n) ) , 0 ) , ( (pi
k) / (2 n) , 0 , 0 ) ) , k , 1 , n - 1 )
```

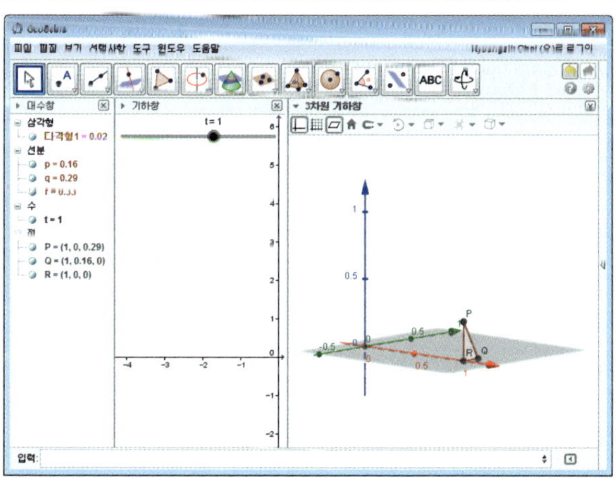

③ 밑면의 수열에서 항을 뽑아내어 각기둥[2]의 수열을 만들려면 사상[3] 명령을 사용해야 한다. 각기둥의 수열을 만들기 위해 입력창에 다음과 같이 입력한다.[4]

```
사상( 각기둥( A , ( pi / ( 2 n ) ) ) , A , 리스트1 )
```

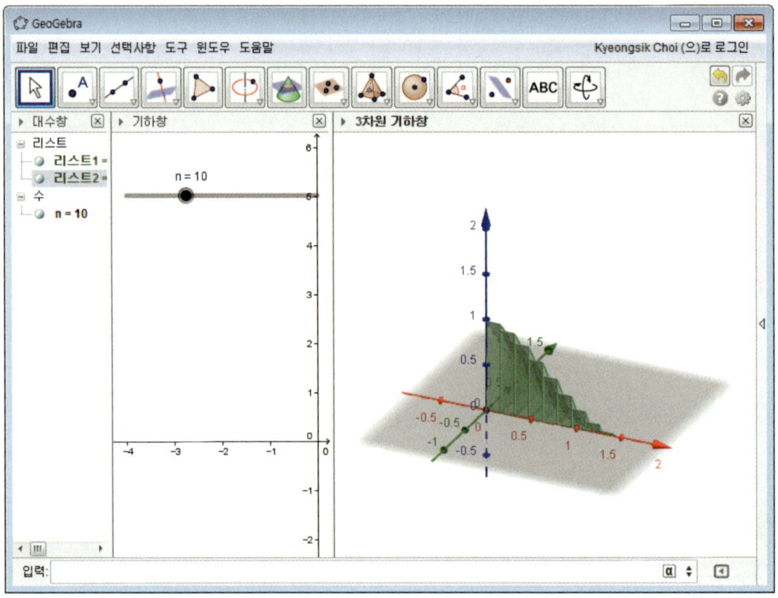

---

[2]각기둥[다각형 , 높이]

[3]사상[식 , 변수 1 , 리스트 1 , 변수 2 , 리스트 2 , . . .]

[4]밑면의 수열의 이름이 리스트1이라고 가정한다. 사상 명령에서 "A , 리스트1" 이라는 부분은 $A \in$ 리스트1이라고 이해하면 편리하다. 참고로 이와 같은 방식으로 여러 개의 자리지기 변수(dummy variable)와 리스트를 사용하는 것이 가능하다.

[방법 3(곡면 명령)]

1 곡면 명령을 사용하려면 두 변수 (u, v)에 대하여 곡면 위의 점을 정의해야 한다.

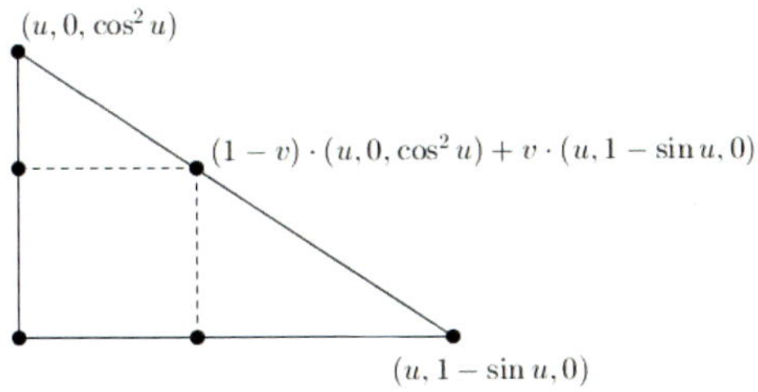

2 곡면 위의 점은 제시된 두 점을 연결한 선분 위에 있으므로 다음과 같이 제시할 수 있다.

$(1-v)\cdot(u, 0, \cos^2 u) + v\cdot(u, 1-\sin u, 0)$ (난, $u \in \left[0, \frac{\pi}{2}\right], v \in [0, 1]$)

이 때 각 점의 좌표는 다음과 같다.

```
x좌표: ( 1 - v ) u + u v
y좌표: v ( 1 - sin( u ) )
z좌표: ( 1 - v ) cos( u )^2
```

따라서 구하고자 하는 곡면을 그리려면 입력창에 다음과 같이 입력한다.

```
곡면( ( 1 - v ) u + u v , v ( 1 - sin( u ) ) , ( 1 - v ) cos(
u )^2 , u , 0 , pi / 2 , v , 0 , 1 )
```

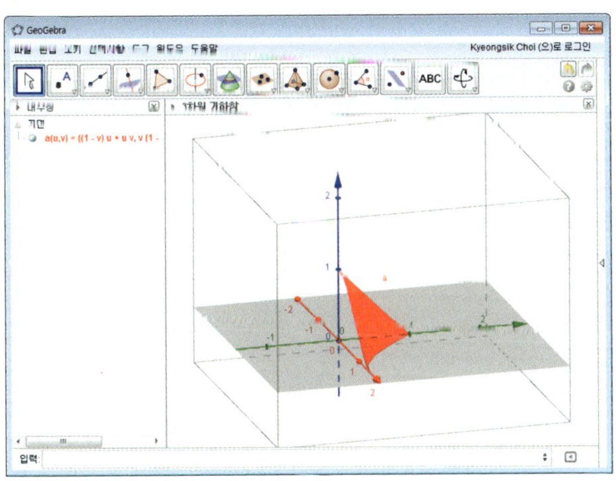

6.2 회전체

회전체 예제 1 (x축을 중심으로 회전한 회전체)

함수 $y = \sin x$, x축 , y축 , 직선 $x = 1$ 로 둘러싸인 도형을 x축을 회전축으로 하여 회전시킬 때 생기는 회전체의 모양을 3차원 기하창에 나타내시오.

① 주어진 부분에 대하여 x축 을 중심으로 회전한 도형을 그리려면, 입력창에 다음과 같이 입력한다.[5]

```
f(x) = sin(x)
곡면( f , 2 pi )
```

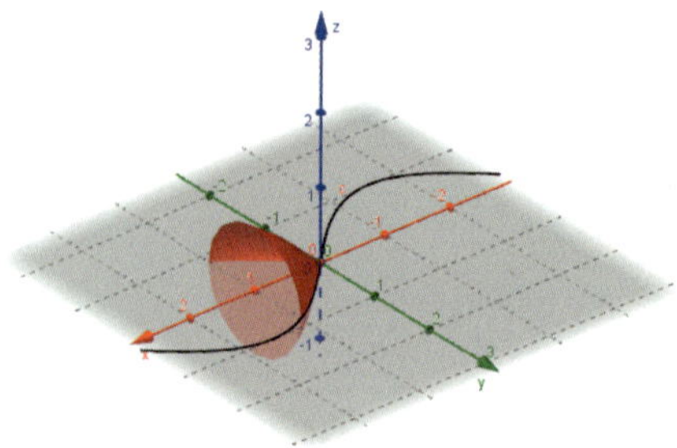

② 회전체가 만들어지는 과정을 관찰하려면, v의 범위를 0부터 t로 입력한다.[6]

```
곡면( u , f(u) cos(v) , f(u) sin(v) , u , 0 , 1 , v , 0 , t )
```

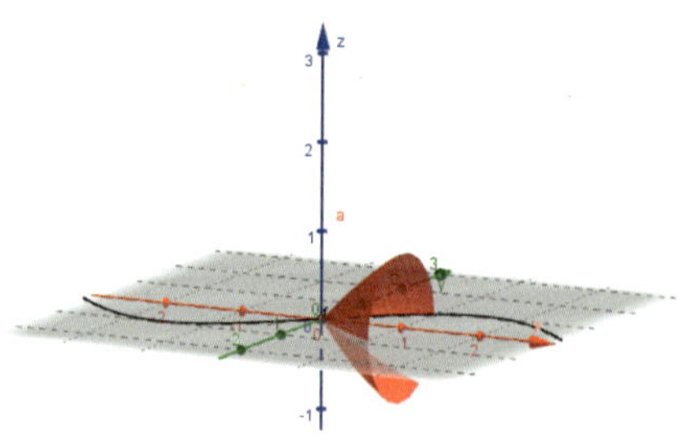

[5]여기 제시한 방법은 곡면 명령을 이용한 것이다. 직선 주위로 회전 도구를 사용하여 그래프를 회전하는 방법도 있다. 곡면(u , f(u) cos(v) , f(u) sin(v) , u , 0 , 1 , v , 0 , 2 pi) 와 같이 명령어를 입력해도 동일한 결과를 얻는다.

[6]슬라이더 t 가 미리 만들어지지 않은 경우, 슬라이더 만들기 대화상자가 나타난다.

회전체 예제 2 (y축을 중심으로 회전한 회전체)

함수 $y = \sin x$, x축 , y축 , 직선 $x = 1$ 로 둘러싸인 도형을 y축을 회전축으로 하여 회전시킬 때 생기는 회전체의 모양을 3차원 기하창에 나타내시오.

1. 주어진 부분에 대하여 y축 을 중심으로 회전한 도형을 그리려면, 입력창에 다음과 같이 입력한다.[7]

```
f(x) = sin(x)
곡면( u cos(v) , f(u) , u sin(v) , u , 0 , 1 , v , 0 , 2 pi )
곡면( f , 2 pi , y축 )
```

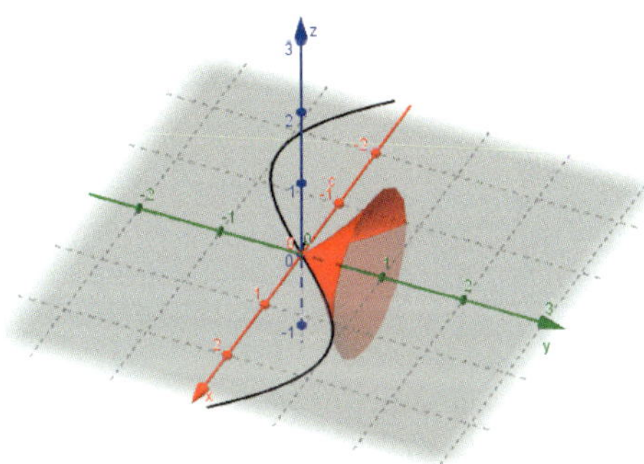

2. 회전체가 만들어지는 과정을 관찰하려면, v의 범위를 0부터 t로 입력한다.[8]

```
곡면( u cos(v) , f(u) , u sin(v) , u , 0 , 1 , v , 0 , t )
```

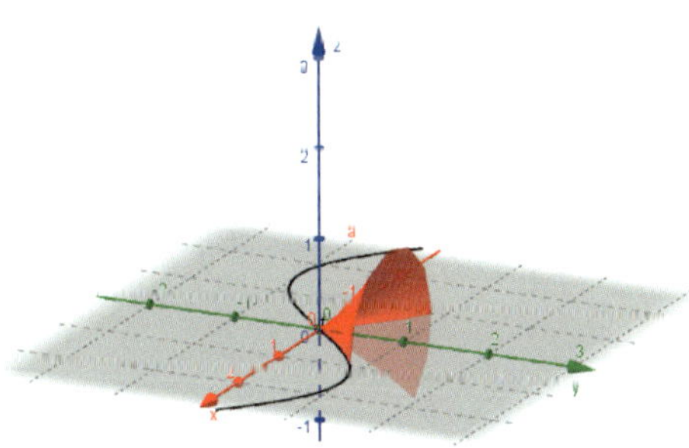

[7]여기 제시한 방법은 곡면 명령을 이용한 것이다. 직선 주위로 회전 도구를 사용하여 그래프를 회전하는 방법도 있다.

[8]슬라이더 t 가 미리 만들어지지 않은 경우, 슬라이더 만들기 대화상자가 나타난다.

회전체 예제 3 (두 함수의 그래프에 둘러싸인 부분의 회전체)

두 곡선 $\sin x$와 $\cos x$ 및 두 직선 $x = -3\pi/4$ 와 $x = \pi/4$ 로 둘러싸인 도형을 x축을 회전축으로 하여 회전시킬 때 생기는 회전체의 모양을 3차원 기하창에 나타내시오.

① 3차원 기하창에 구간 $\left[-\frac{3\pi}{4}, \frac{\pi}{4}\right]$에 대하여 함수 $f(x) = \sin x$와 $g(x) = \cos x$의 그래프를 그리려면 입력창에 다음과 같이 차례로 입력한다.[9]

```
f(x) = 함수( sin(x) , - 3 pi / 4 , pi / 4 )
g(x) = 함수( cos(x) , - 3 pi / 4 , pi / 4 )
```

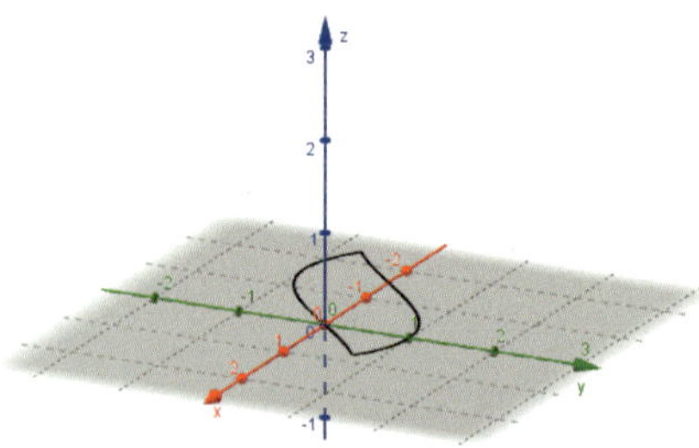

② 두 함수의 그래프를 함께 회전시킨 곡면을 만들려면 다음과 같이 차례로 입력한다.

```
곡면( u , f(u) cos(v) , f(u) sin(v) , u , -3 pi/4 , pi/4 , v ,
0 , 2pi )
곡면( u , g(u) cos(v) , g(u) sin(v) , u , -3 pi/4 , pi/4 , v ,
0 , 2pi )
```

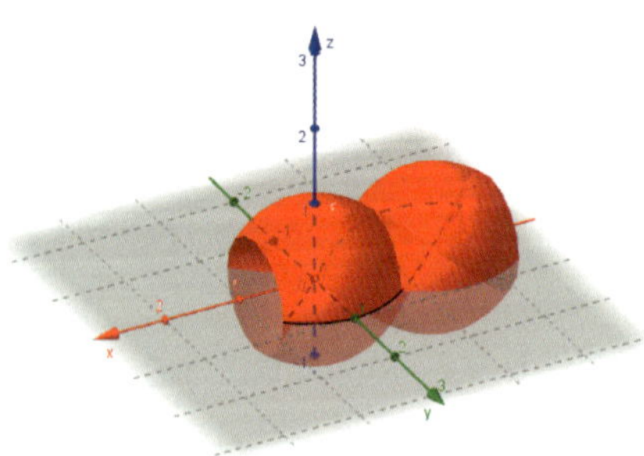

[9] 여기 제시한 방법은 곡면 명령을 이용한 것이다. 직선 주위로 회전 도구를 사용하여 그래프를 회전하는 방법도 있다.

CHAPTER 7

다변수 함수

요 약

지오지브라는 다변수 함수도 다룰 수 있다. 지오지브라의 CAS에서는 변수가 여러 개 존재하더라도 연산을 수행할 수 있으나 이를 3차원 공간에서의 그래프로 나타내려면 변수가 3개이어야 한다.[1] 이 장에서는 지오지브라의 다변수 함수 가운데 변수가 x, y, z에 관한 예제를 주로 제시한다.

7.1 다변수 함수

지오지브라에서는 **다변수 함수**를 정의할 수 있으며, 다변수 함수의 그래프는 3차원 기하창에서 곡면으로 나타난다. 이 절에서는 다변수 함수 그래프에 대한 이해를 돕기 위한 몇 가지 예제를 다룰 것이다.

다변수 함수 예제 1

아래 주어진 다변수 함수의 그래프를 3차원 기하창에 표현하시오.

```
(01) a( x , y ) = x y / ( x^2 + y^2 )
(02) b( x , y ) = x^3 - 3x + y^3 - 3y
(03) c( x , y ) = ( x^2 + 3 y^2 ) e^( -x^2 - y^2 )
(04) d( x , y ) = sin( x^2 + y^2 ) / ( x^2 + y^2 )
(05) e( x , y ) = x + 2y
```

[1] 3차원 공간 상에서 존재해야 인간이 그래프를 파악할 수 있다.

① 01 번 다변수 함수를 3차원 기하창에 표현하려면, 입력창에 다음과 같이 입력한다.

```
a( x , y ) = x y / ( x^2 + y^2 )
```

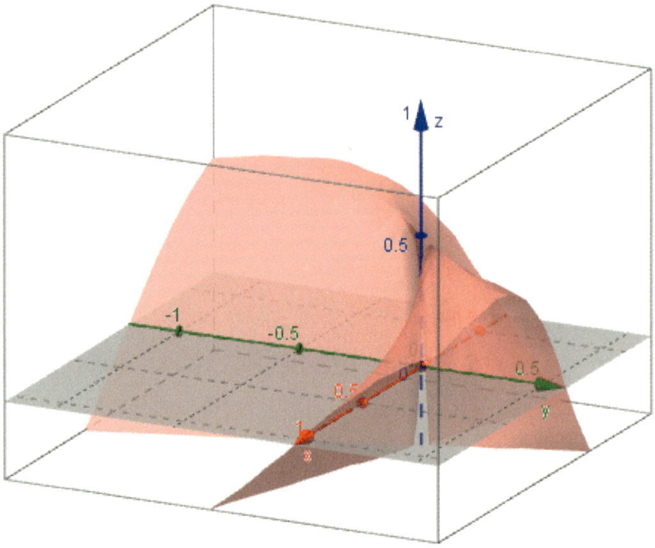

② 02 번 다변수 함수를 3차원 기하창에 표현하려면, 입력창에 다음과 같이 입력한다.

```
b( x , y ) = x^3 - 3x + y^3 - 3y
```

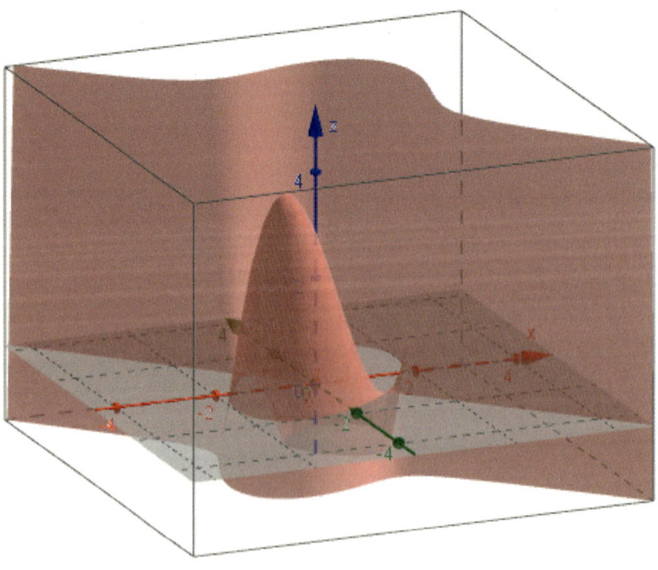

③ 03 번 다변수 함수를 3차원 기하창에 표현하려면, 입력창에 다음과 같이 입력한다.

```
c( x , y ) = ( x^2 + 3 y^2 ) e^( -x^2 - y^2 )
```

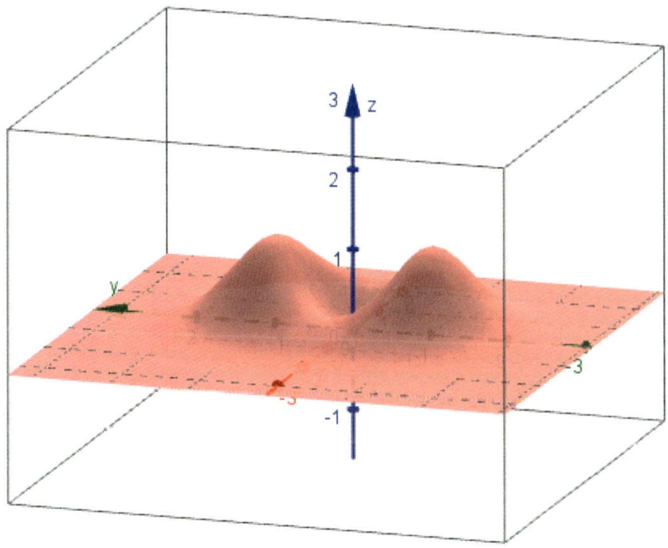

④ 04 번 다변수 함수를 3차원 기하창에 표현하려면, 입력창에 다음과 같이 입력한다.

```
d( x , y ) = sin( x^2 + y^2 ) / ( x^2 + y^2 )
```

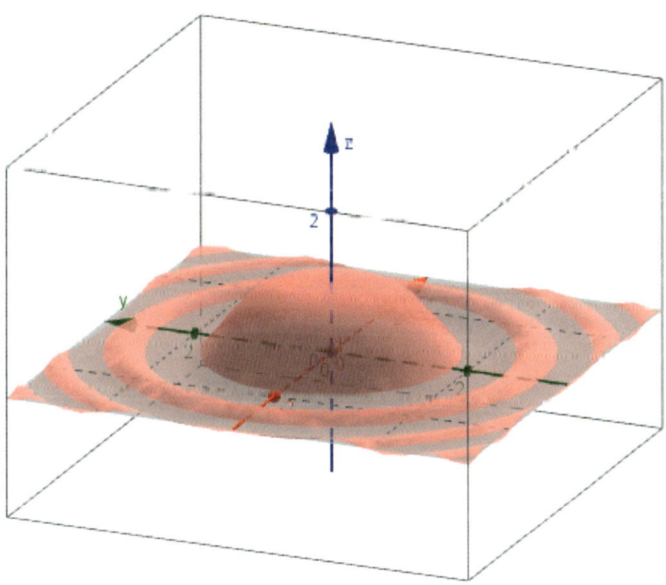

⑤ 05 번 다변수 함수를 3차원 기하창에 표현하려면, 입력창에 다음과 같이 입력한다.

```
e( x , y ) = x + 2y
```

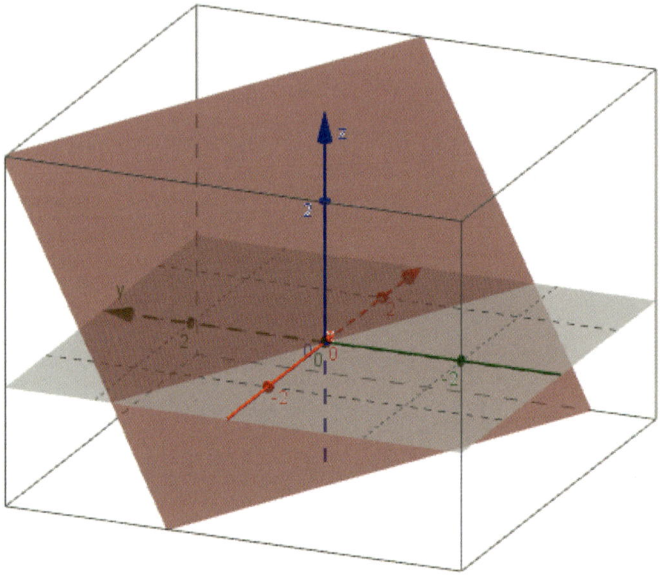

다변수 함수 예제 2 (등위선)

다변수 함수 $a(x,y) = x^2 + y^2$ 의 그래프와 xy평면에 평행한 평면의 교선을 3차원 기하창에서 관찰하시오.

① 3차원 기하창에 다변수 함수 $a(x,y) = x^2 + y^2$ 의 그래프를 그리려면, 입력창에 다음과 같이 입력한다.

```
a( x , y ) = x^2 + y^2
```

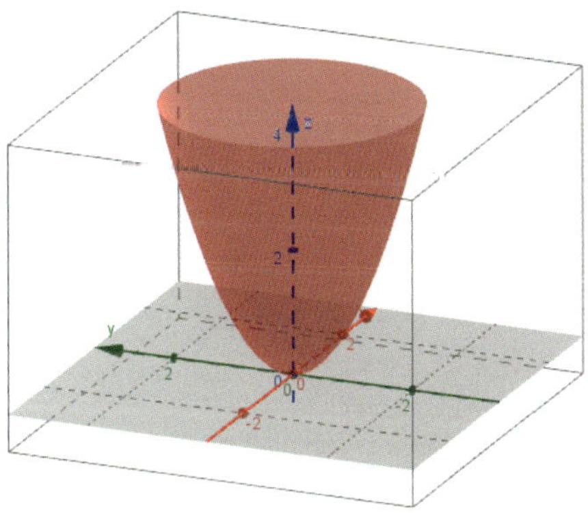

② 3차원 기하창에 xy 평면과 평행하고 높이가 k인 평면을 그리려면, 입력창에 다음과 같이 입력한다.[2]

```
b : z = k
```

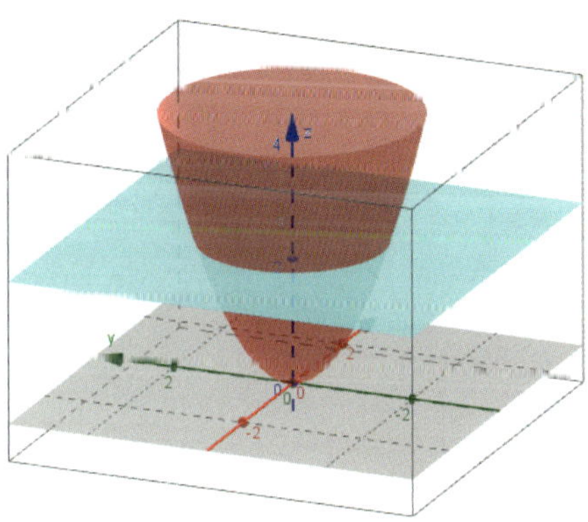

[2]슬라이더 k 가 미리 만들어지지 않은 경우, 슬라이더 만들기 대화상자가 나타난다.

③ xy 평면 위에 두 곡면의 교선과 같은 곡선을 표현하려면, 입력창에 다음과 같이 입력한다.

```
x^2 + y^2 = k
```

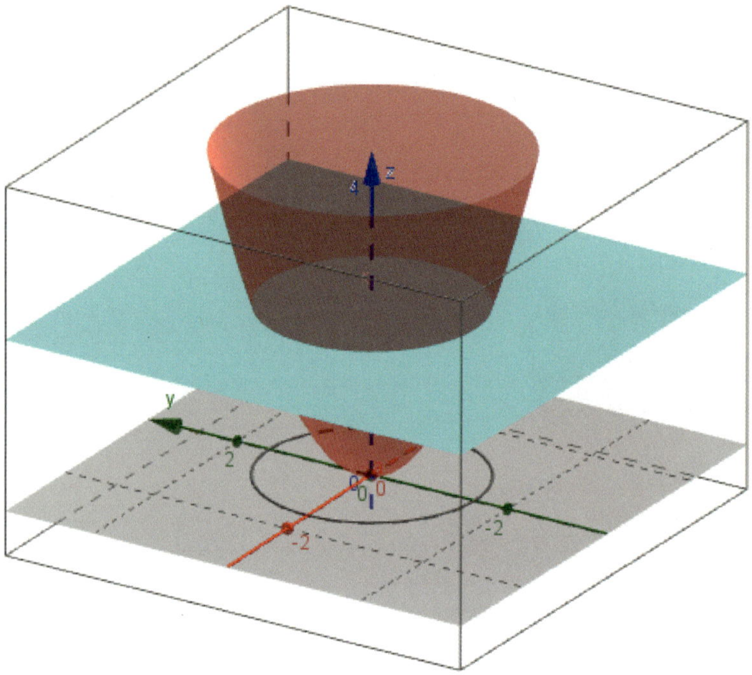

다변수 함수 예제 3 (접평면)

다변수 함수 $a(x,y)=x^2+y^2$ 의 그래프 위의 한 점에 대한 접평면을 구하시오.

1. 다변수 함수 $a(x,y)=x^2+y^2$ 의 그래프를 그리려면, 입력창에 다음과 같이 입력한다.

```
a( x , y ) = x^2 + y^2
```

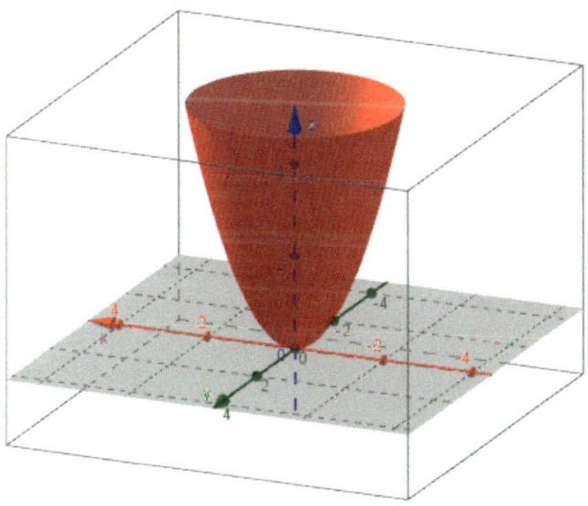

2. 점 [•A] 도구를 선택한 후, xy 평면을 클릭하면 점 A 가 나타난다. 점 A 의 x 좌표, y 좌표를 정의역의 원소로 하여 곡면 위의 점 B 를 정의하려면, 입력창에 다음과 같이 입력한다.

```
B = ( x(A) , y(A) , a( x(A) , y(A) ) )
```

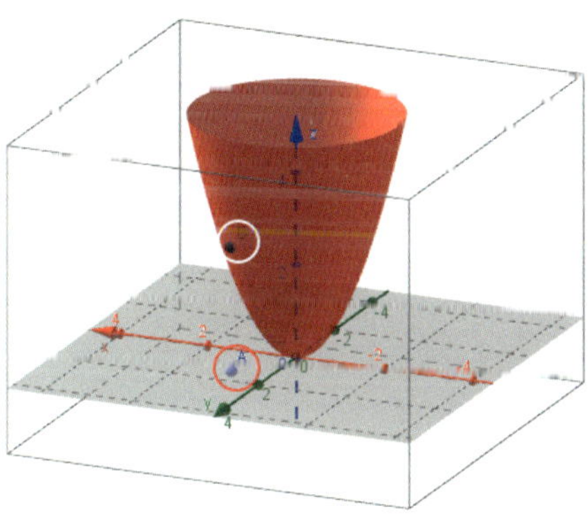

③ x , y 에 대한 편미분 함수를 구하기 위해, 입력창에 다음과 같이 입력한다.

```
b( x , y ) = 미분( a , x )
c( x , y ) = 미분( a , y )
```

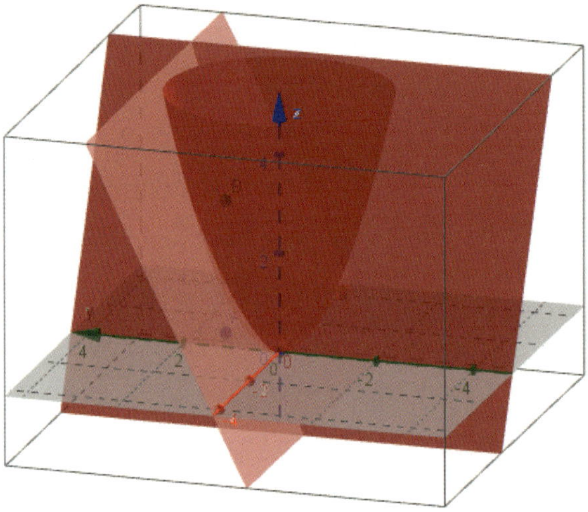

④ 곡면 위의 점 B 에서의 접평면을 구하려면, 점 B 에서의 수직벡터가 필요하다. 점 B 에서의 수직벡터 h 를 구하려면 입력창에 다음과 같이 입력한다.

```
h = ( b( x(A) , y(A) ) , c( x(A) , y(A) ) , -1 )
```

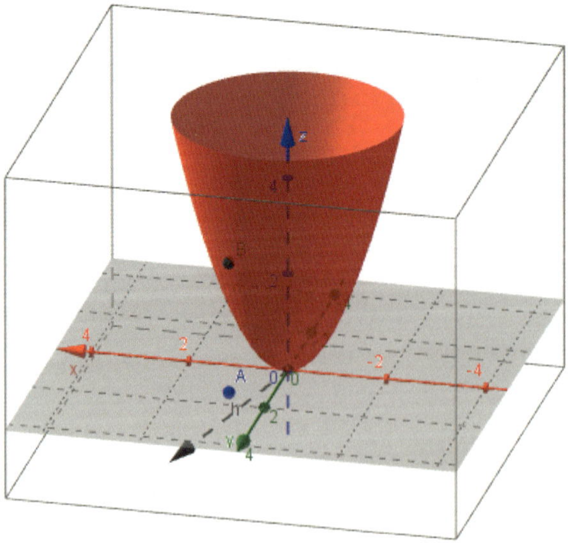

⑤ 곡면 위의 점 B 에서의 접평면을 구하려면, 입력창에 다음과 같이 입력한다.

```
수직평면( B , h )
```

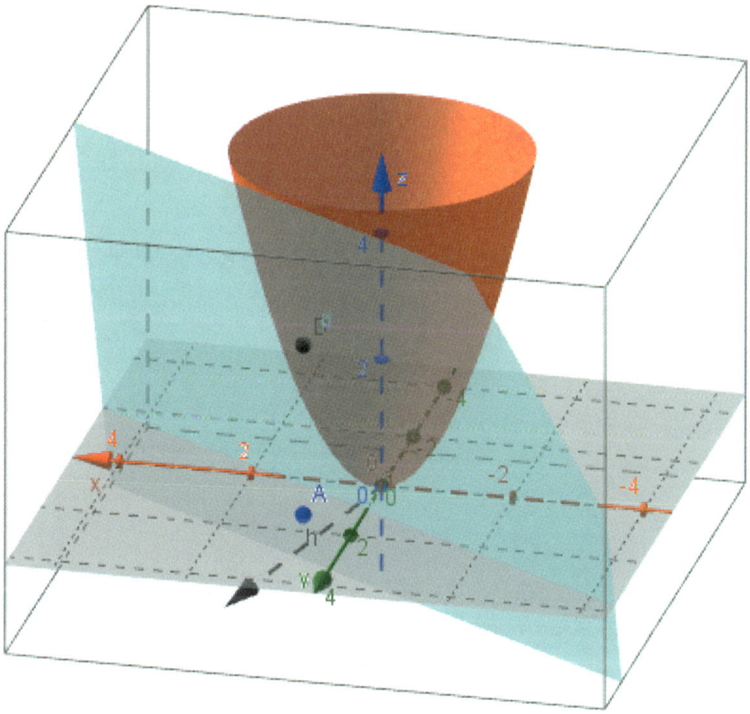

다변수 함수 예제 4 (최대와 최소)

정의역이 $x^2 + y^2 - 4 = 0$ 인 x, y의 함수 $f(x, y) = 9 - (x-1)^2 - y^2$ 의 최댓값과 최솟값을 갖는 지점을 알아보시오.

① 정의역이 $x^2 + y^2 - 4 = 0$이므로 입력창에 다음과 같이 입력한다.

```
x^2 + y^2 - 4 = 0
```

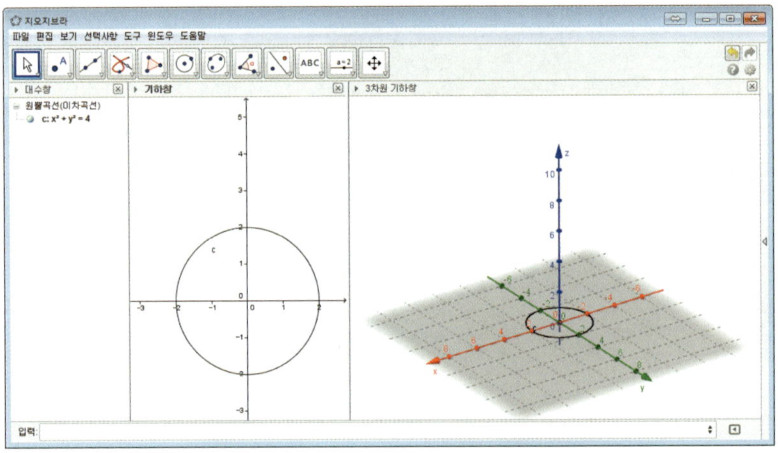

② 주어진 함수가 $f(x, y) = 9 - (x-1)^2 - y^2$이므로, 입력창에 다음과 같이 입력한다.

```
f( x , y ) = 9 - ( x - 1 )^2 - y^2
```

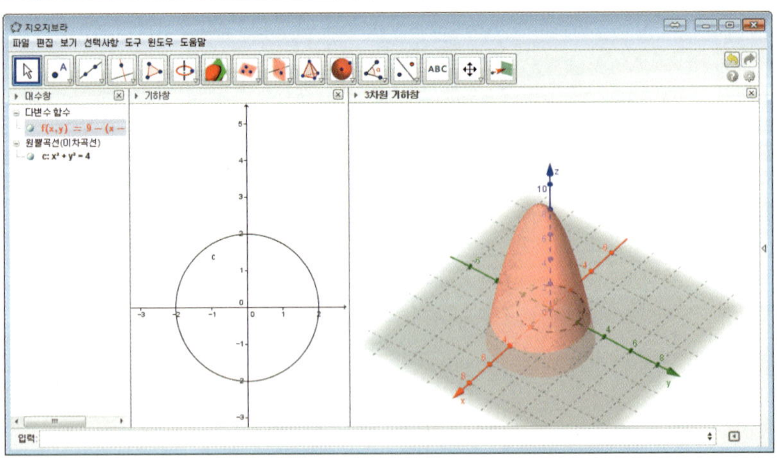

③ 점 •A 도구를 선택한 후, 기하창의 원을 클릭 하여 원 위의 점 A를 정의한다.

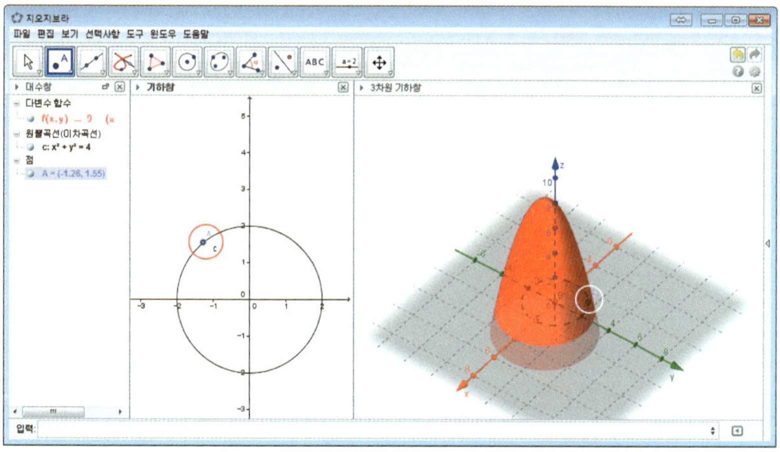

④ 점 B = (x , y , f(x , y))를 정의하기 위해 입력창에 다음과 같이 입력한다.

```
B = ( x(A) , y(A) , f( x(A) , y(A) ) )
```

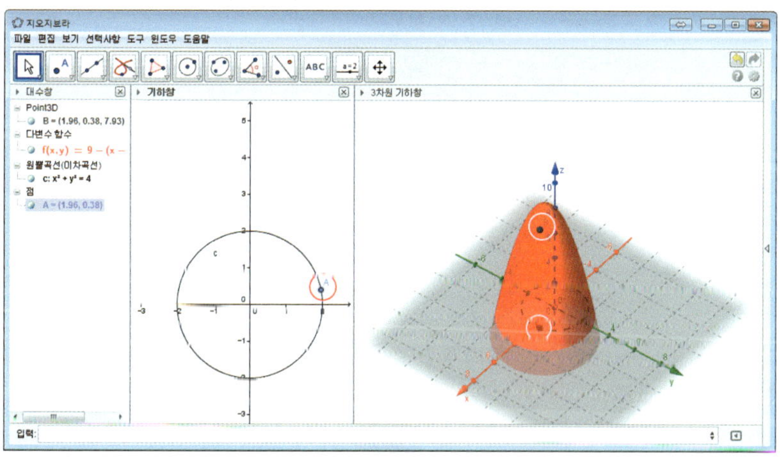

⑤ 점 B 위에서 마우스 오른쪽 버튼을 클릭한 후 자취 보이기 를 선택한다.

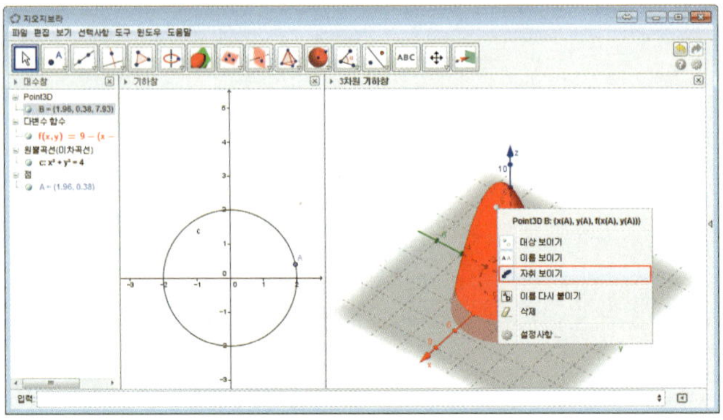

⑥ 점 A 위에서 마우스 오른쪽 버튼을 클릭한 후 애니메이션 시작 을 선택한다.

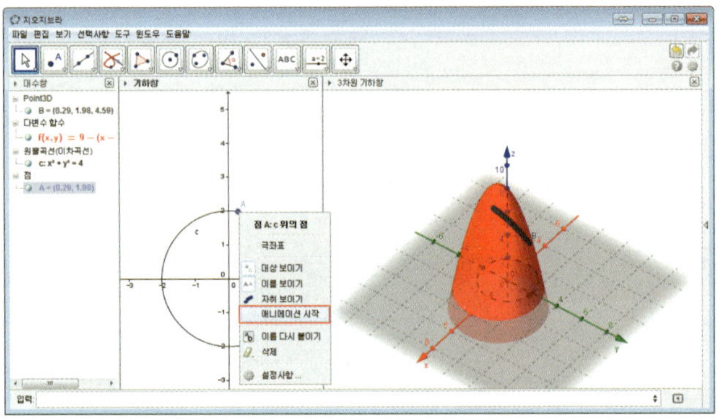

⑦ 그림에서 볼 수 있는 것과 같이 (2 , 0)에서 최댓값, (-2 , 0)에서 최솟값을 갖는다.[3]

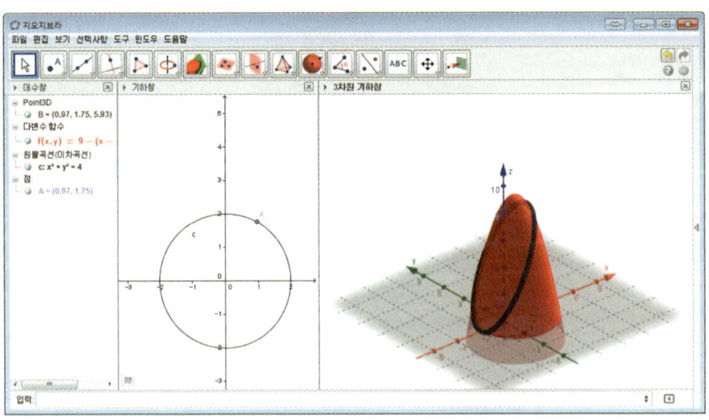

[3]마우스 오른쪽 버튼을 클릭한 채, 마우스를 드래그해도 3차원 기하창의 점의 자취는 사라지지 않는다.

CHAPTER 8

라그랑즈 승수법의 시각화

요 약

최댓값, 최솟값을 구하는 것은 수학에서 상당히 중요한 주제이다. 이 장에서는 주어진 정의역 안에서 다변수 함수의 최대, 최소를 구하는 문제를 다룬다. 이때 다변수 함수의 최대, 최소를 구할 때 사용되는 라그랑즈의 승수법(Lagrange's multiplier) 방법을 시각화하여 제시한다.[1]

8.1 Polya의 접하는 등위선

최댓값이나 최솟값을 구하는 문제는 일상생활에서 자주 접하는 문제 상황이다. 물건을 구입하거나 주어진 시간 내에 최대의 작업량을 얻는 것은 우리의 삶과 매우 밀접한 관련을 갖고 있으며, 이 상황을 수학적으로 바꾸어 해결할 수 있기 때문에 많은 관심을 받는다.[2] 따라서 최대-최소 문제를 해결하는 것은 상당한 의미를 갖는다.

Polya는 수학에서의 개연적 추론에 대하여 논의하면서 이를 설명하기 위해 최대-최소 문제를 제시하였다. 다음은 Polya가 제시한 문제 상황이다.

> 평면 위에 직선과 두 점이 있으며, 두 점은 직선에 대하여 같은 쪽에 있다. 주어진 직선 위에서 두 점을 잇는 선분을 가장 큰 각으로 볼 수 있는 점을 찾으시오(Polya, 1954).[3]

[1] 이 글은 Choi, K. (2015). A Study on teaching and learning problem solving of the optimization problems in regional inequalities using GeoGebra. Research Institute for Mathematical Sciences, 1951, 25-33. 의 일부를 발췌한 것이다.

[2] Polya, G. (1954). Induction and Analogy in Mathematics: Vol. 1 of Mathematics and Plausible Reasoning. Princeton University Press.

[3] Given two points and a straight line, all in the same plane, both points on the same side of the line. On the given straight line, find a point from which the segment joining the two given points is seen under the greatest possible angle.

그림 8.1에서 볼 수 있는 것과 같이 A와 B는 주어진 두 점을 나타내며 l은 주어진 직선을 나타낸다. X는 직선 l 위에서 움직이는 점이다. 제시된 문제는 주어진 선분 AB와 움직이는 점 X에 의해 결정되는 $\angle AXB$를 관찰하여 이 각이 최대가 될 수 있는 점 X의 위치를 찾는 것이다.

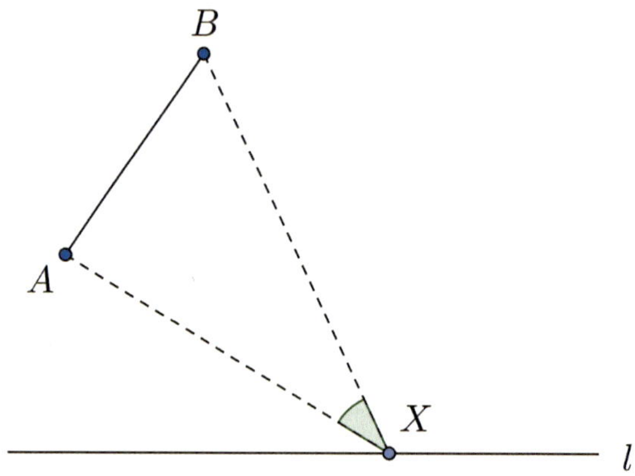

그림 8.1: 점 X에서 선분 AB를 바라본 각

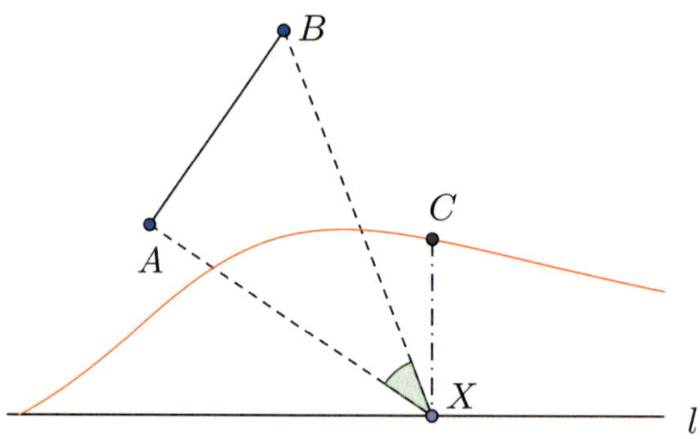

그림 8.2: 점 X의 위치변화에 따른 각의 변화를 나타낸 그래프

그림 8.2와 같이 점 X의 x좌표를 점 C의 x좌표로, $\angle AXB$의 크기를 점 C의 y좌표로 한 후 점 C의 그리는 자취를 시각화하면 개연적인 사고 전개에 도움이 된다.[4] Polya는 문제에 제시된 상황을 다음과 같이 설명한다.

직선 l을 따라 걸으며 선분 AB를 본다고 상상하자. 직선 l과 점 AB를 통과하는

[4]공학적 도구를 활용하면 각의 변화를 쉽게 시각화할 수 있다.

직선이 교차하는 점에서 출발하여 오른쪽으로 나아갈 때 출발점에서의 각은 0이다. 각은 증가하며 최종적으로 점 X가 AB로부터 아주 멀리 떨어지면 각은 다시 감소하다가 무한의 거리로 멀어지면 각은 0이 된다. 이 두 가지 극단적인 경우 사이에 각은 어디에선가 최댓값을 갖는다. 그것은 어디인가?(Polya, 1954)

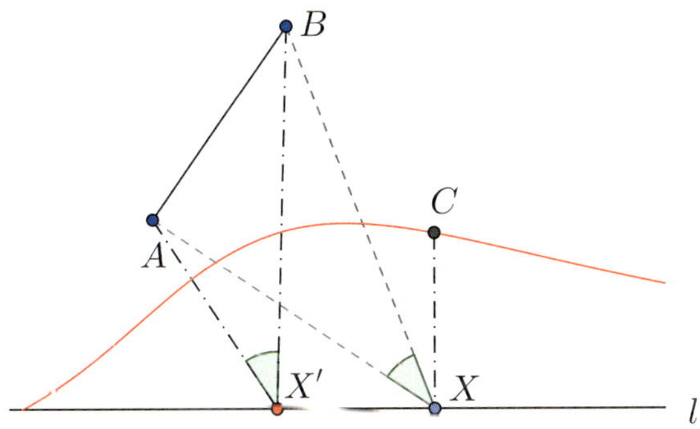

그림 8.3: 점 X의 위치변화에 따른 점 C의 자취

각의 극한값이 0으로 수렴하므로 그 사이에 각의 최댓값이 존재하는 것을 알 수 있다. 따라서 $\angle AXB$의 크기가 동일한 각의 크기를 갖는 점 X'이 존재하며(그림 8.3), 점 A, B, X, X'은 원주각의 성질에 의하여 동일한 원 위에 존재하게 되는 데 이와 같은 원을 등위선이라고 하자(그림 8.4).

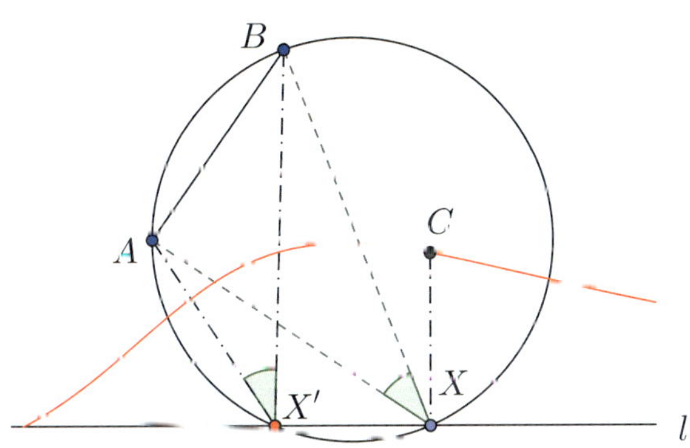

그림 8.4: 점 A, B, X, X'가 동일한 원 위에 있는 모습

주어진 점 A, B를 통과하는 몇 개의 원을 그릴 때 그 원이 그림 8.5와 같이 직선과 두 점에서 만나면, 선분 AB는 두 점에서 같은 각도로 보이므로 이 각은 가장 큰 각이 아니다. 최대인 각의 꼭짓점은 A, B를 통과하는 원과 직선 l이 접하는 점이다(그림 8.5). 즉, 주어진

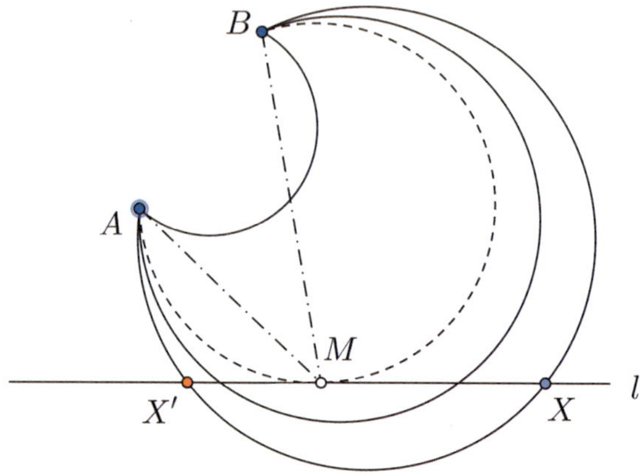

그림 8.5: 접하는 등위선 호 AMB

문제를 해결하기 위해서는 등위선이 직선 l에 접하는 점을 구해야 한다. 만일 등위선이 직선 l을 가로지르게 되면 그 때 만들어지는 등위선과 직선 l의 교점에서는 최대의 각을 얻을 수 없다.

8.2 라그랑즈 승수법의 시각화

다변수 함수에 대하여 최대, 최소 문제를 다루면서 등위선을 이용하여 설명하는 경우가 많다.

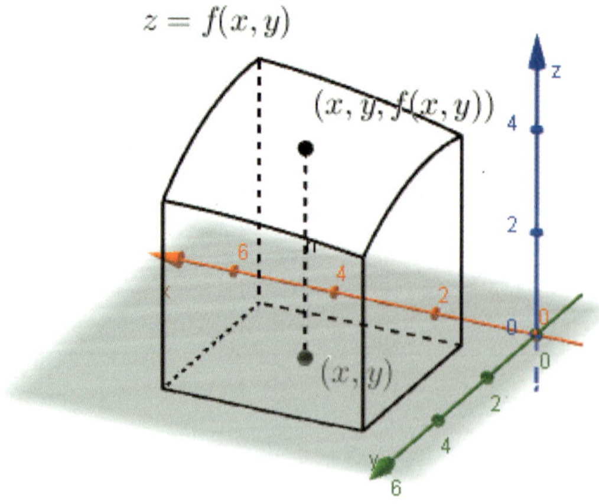

그림 8.6: $z = f(x, y)$의 그래프

실수 전체의 집합을 R이라 할 때, 곱집합 $R^2 = \{(x\,,\,y) \mid x \in R\,,\ y \in R\,\}$는 좌표

평면을 나타낸다. D를 R^2의 부분집합이라 할 때, D의 각 원소 $(x,\ y)$에 대하여 하나의 실수 z를 대응시켜 주는 함수 $f : D \longrightarrow R$을

$$z = f(x\,,\,y)\,,\ (x\,,\,y) \in D$$

와 같이 나타내고 f 또는 z를 변수 x, y의 다변수 함수라 한다. 이 때 두 변수 x, y를 독립변수, z를 종속변수라 하며 D를 이 함수의 정의역이라 한다. 정의역이 평면의 부분집합 D인 함수 $z = f(x, y)$가 주어졌을 때,

$$\{(\,x\,,\,y\,,\,f(x,y)\,) | (\,x\,,\,y\,) \in D\}$$

는 공간에서 하나의 곡면을 나타낸다(그림 8.6).

한편 곡면 $z = f(x, y)$와 평면 $z = k$ (k는 상수)와의 교선을 xy 평면에 정사영시키면 곡선 $f(x, y) = k$를 얻는다(그림 8.7). 이 곡선을 곡면 $z = f(x, y)$의 k–등위선이라 하며, k–등위선을 통틀어 등위선이라 한다.

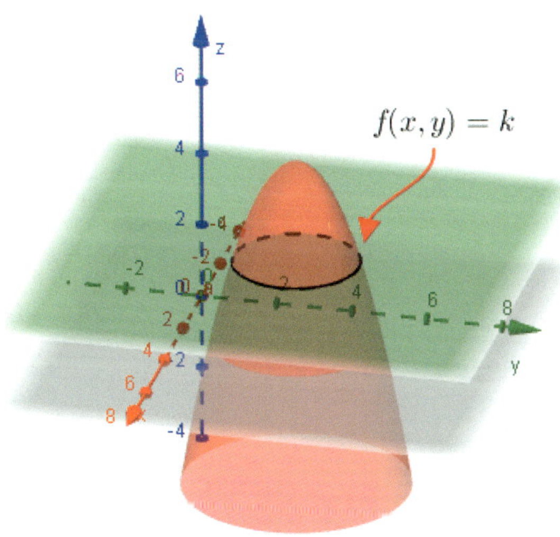

그림 8.7: 곡면과 평면의 교선인 $f(x, y) = k$

일반적으로 함수 $z = f(x, y)$의 두 변수 x, y가 제약조건 $g(x, y) = 0$을 만족할 때, 이 함수가 (x_0, y_0)에서 극값을 가질 필요조건을 구해보자. 여기서 $z = f(x, y)$와 $g(x, y) = 0$은 모두 연속인 편도함수를 갖는다고 가정하며, 조건 $g(x, y) = 0$은 평면에서 한 곡선을 나타낸다고 생각한다.

함수 $z = f(x, y)$의 등위선을 z의 값이 감소(또는 증가)하는 방향으로 이동시키면, 곡선 $g(x, y) = 0$과 $z = f(x, y)$의 등위선이 접하는 점에서 z가 극값을 갖는 것을 알 수 있다. 이를 Polya가 제시한 **접하는 등위선(tangent level curve)**을 이용하여 설명할 수 있다. 주어진 정의역 $g(x, y) = 0$에 대하여 접하는 등위선 $f(x, y) = k$를 찾으면 그 때

$z = f(x, y)$가 최댓값 또는 최솟값을 갖게 되는 것이다. 접하는 등위선을 찾는 방법에 대하여 함수의 그래디언트를 이용하여 설명하면 다음과 같다. f의 그래디언트는 등위선 $f(x, y) = k$에 수직이고, g의 그래디언트는 $g(x, y) = 0$에 수직이므로 이 두 그래디언트는 접하는 점에서 서로 같은 방향이거나 반대 방향이어야 한다.[5] 즉,

$$\nabla f = -\lambda \nabla g$$

를 만족하는 실수 λ가 존재한다. 따라서 (x_0, y_0)에서 극값을 가지기 위한 필요조건은

$$\nabla f(x_0, y_0) + \lambda \nabla g(x_0, y_0) = 0$$
$$g(x_0, y_0) = 0$$

임을 알 수 있다.

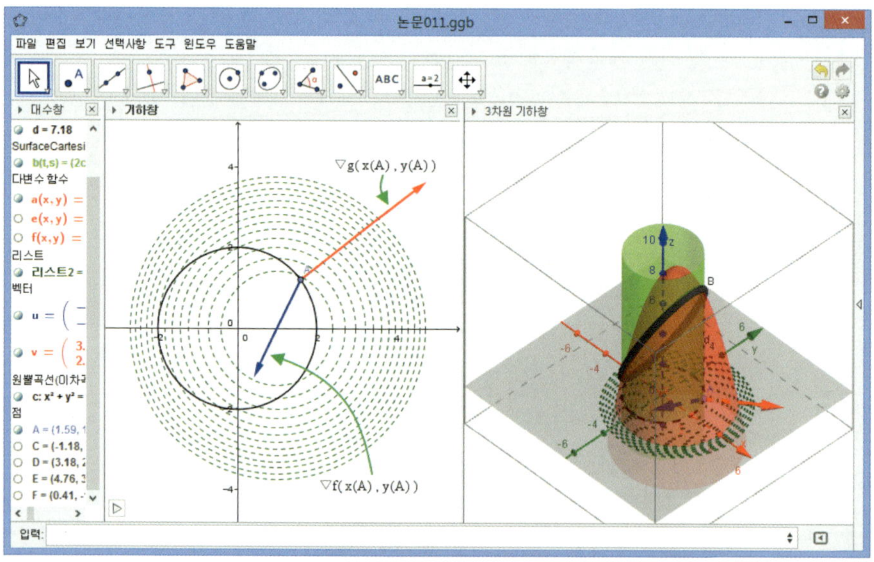

그림 8.8: 등위선과 곡면 위에 나타난 함수의 상

예를 들어 다음과 같은 문제를 생각할 수 있다.

> 조건 $x^2+y^2-4=0$을 만족하는 x, y에 대하여 함수 $f(x, y) = 9-(x-1)^2-y^2$의 최댓값과 최솟값을 구하여라.

최댓값과 최솟값은 극값이므로 극값을 먼저 구해보자. $g(x, y) = x^2 + y^2 - 4$라 하고, (x, y)가 극점이 되려면 x, y는 다음 연립방정식의 해이어야 한다.

$$\nabla f(x, y) + \lambda \nabla g(x, y) = 0$$

[5] 이것이 Lagrange 승수법(Lagrange's multiplier)를 지칭하는 것이다.

$$g(x, y) = 0$$

주어진 방정식에 의하여 $-2(x-1)+\lambda 2x = 0$, $-2y+\lambda 2y = 0$이다. 따라서, $(\lambda-1)x = -1$, $(\lambda-1)y = 0$ 이고 $\lambda \neq 1$이므로[6] $y = 0$, $x = \pm 2$이다. 즉, 위에 제시된 방정식의 해는

$$\begin{cases} x = 2, & y = 0, \quad \lambda = \frac{1}{2} \\ x = -2, & y = 0, \quad \lambda = \frac{3}{2} \end{cases}$$

이다.

앞에서 설명한 문제에 대하여 지오지브라를 활용하여 문제 상황을 시각화하면 그림 8.8과 같다. 그림 8.8의 오른편에는 정의역과 곡면을 3차원 공간에 시각화한 것이다. 왼편에는 2차원 평면 상에 정의역과 곡면에 대한 등위선을 표현한 것이다. 등위선을 참고하여 관찰할 때 정의역에서 최댓값을 갖는 점과 최솟값을 갖는 점을 파악할 수 있다.

마지막으로 하나 더 살펴보고자 한다. 그림 8.8에서는 정의역인 평면 상의 영역에서 정의된 곡면을 평면 상의 등위선으로 나타내고 있다. 많은 사람들이 선은 점으로 이루어져 있고, 평면은 선으로 채워져 있다고 생각한다. 하지만 실제로 평면이 선으로 이루어져 있다는 것을 그림으로 나타내도록 한다면 많은 경우 직선이 평면에 채워져 있는 것을 그린다.[7] 앞에서 다룬 해결 방법에서는 평면이 직선이 아닌 다양한 모양의 곡선(등위선)으로 채워져 있으며 이런 상황에서 그 값의 최대, 최소를 구하였다. 따라서 이 장에서 제시한 문제 해결 방법의 의미를 이해하기 위해서는 기존에 가지고 있던 "평면이 직선으로 채워져 있다"는 일종의 선입관을 버리고 "다양한 형태의 곡선"으로 채워질 수 있다는 것을 인식하는 것이 선행되어야 한다.

---

[6] $\lambda = 1$인 경우 $(\lambda-1)x = -1$을 만족시키는 x가 존재하지 않는다.

[7] 이에 대해서는 검증이 필요할 수도 있지만 교과서에서 이와 유사한 내용에 대하여 그와 같이 표현하는 경우가 종종있다.

CHAPTER 9

정사영

요 약

정사영 개념은 우리나라 교육과정에서 상당히 중요한 역할을 담당하고 있는 개념이다. 지오지브라에서는 3차원 공간에서의 도형을 평면상에 그림자를 나타내는 도구가 존재하지는 않으나 이 장에서 이와 유사한 결과를 얻도록 하는 사례를 제시한다.

9.1 정사영

그림 9.1a에서는 벽면에 원판이 세워져 있고 투영되는 방향으로 직선이 그려져 있다. **선택방향으로 보기** 도구를 선택하고 직선을 클릭하면 그림 9.1b와 같이 공간 상의 도형에 대한 그림자가 벽면에 드리웠을 때의 모습을 볼 수 있다. 그림 9.1과 같이 투영되는 평면의 수직 방향으로 그림자가 비춰지는 모습이 정사영이다.

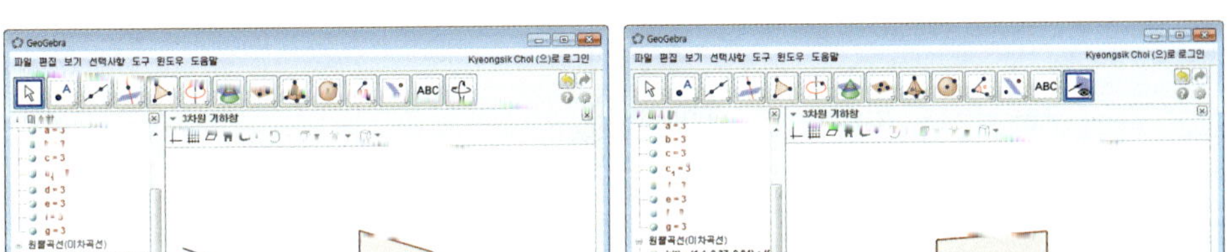

(a) 공간상의 원판 (b) 정사영

그림 9.1: 선택방향으로 보기 도구를 이용한 정사영

일반적으로 정사영은 다음과 같이 정의된다.

정사영의 정의

공간의 점 P에서 평면 α에 내린 수선의 발 P'을 점 P의 평면 α위로의 정사영이라고 한다. 또한 공간도형 F의 각 점에서 평면 α에 내린 수선의 발이 그리는 도형 F'을 도형 F의 α위로의 정사영이라고 하고 평면 α를 투영면이라고 한다.

9.2 정사영 예제

정사영 예제 1

그림 9.2와 같이 한 모서리의 길이가 6인 정사면체 $OABC$와 모서리 BC에 평행한 평면 α가 있다. 모서리 BC를 회전축으로 하여 정사면체 $OABC$를 회전시킬 때, 평면 α에 수직인 방향으로 비추는 태양광선에 의해 생기는 정사면체 $OABC$의 그림자의 모양을 알아보시오.[a]

[a]출처: 2013 EBS 수능완성 기하와 벡터, p.59 <문제 16>

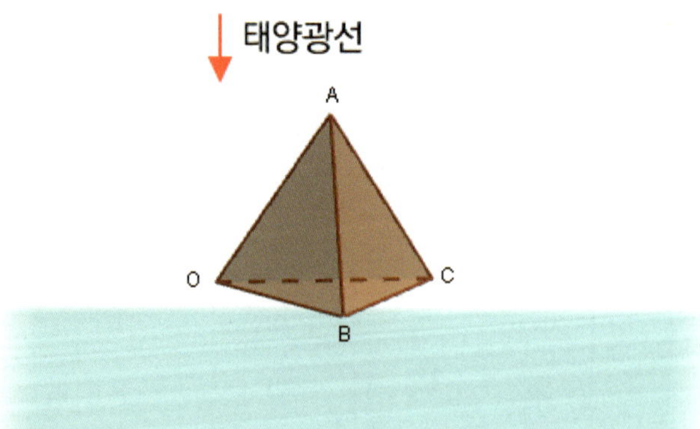

그림 9.2: 사면체의 정사영

위의 제시된 상황을 지오지브라에서 구현하려면 정사면체의 한 변을 중심으로 정사면체가 회전하도록 해야 한다. 이를 쉽게 구현하기 위해 정사면체의 한 변 BC가 z축 위에 있다고 가정하자.

1 z축 위에 정사면체의 두 꼭짓점(점 B, 점 C)을 만들기 위해 입력창에 다음과 같이 차례로 입력한다.

```
B = ( 0 , 0 , 1 )
C = ( 0 , 0 , -1 )
```

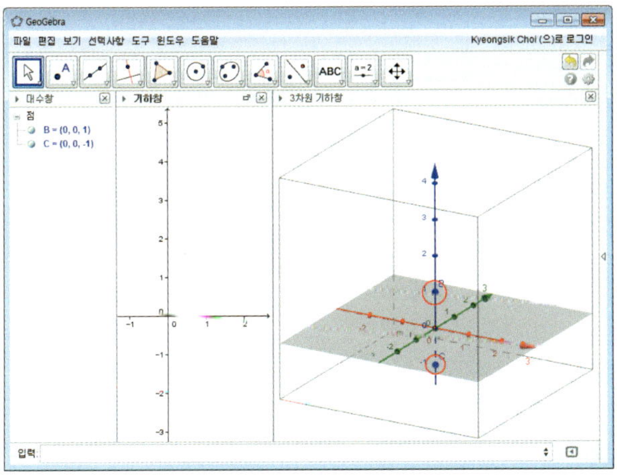

2 xy평면 위에 있는 나머지 두 꼭짓점이 움직이는 자취(원)를 만들기 위해 입력창에 다음과 같이 입력한다.[1] 이 때 (2차원) 기하창을 마우스로 클릭하고 입력해야 한다.[2]

```
x^2 + y^2 = 3
```

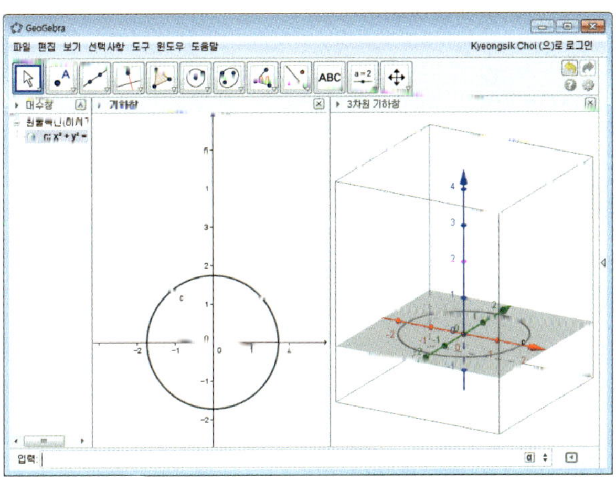

[1]정사면체의 나머지 두 점은 xy평면에서 반지름이 $\sqrt{3}$인 원 위에 있다.

[2]지오지브라에서 (2차원) 기하창을 클릭하면 2차원 기하창에서 대상을 다루겠다는 것이다.

③ 점 [점 도구] 도구를 선택한 후 (2차원) 기하창 위의 원을 클릭하여 원 위에서만 움직이는 점(A)을 만든다.

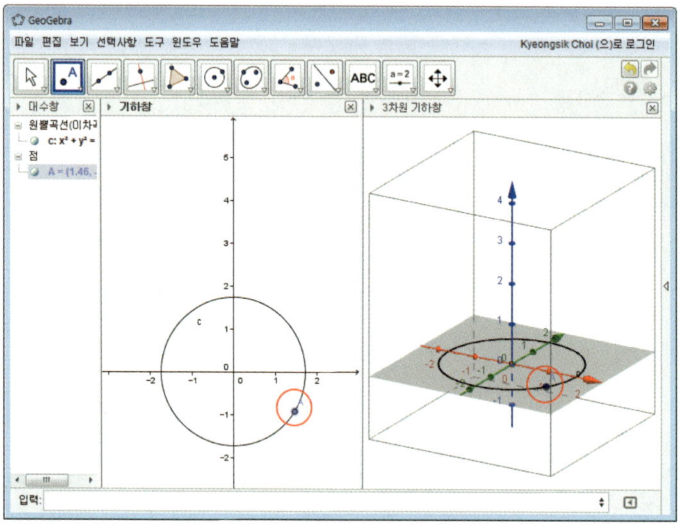

④ 방향을 나타낼 벡터로 $(0, 0, 0)$을 시작점으로 하고 점 A를 끝점으로 하는 벡터(u)를 정의하기 위해 입력창에 다음과 같이 입력한다.

```
u = 벡터( ( 0 , 0 , 0 ) , A )
```

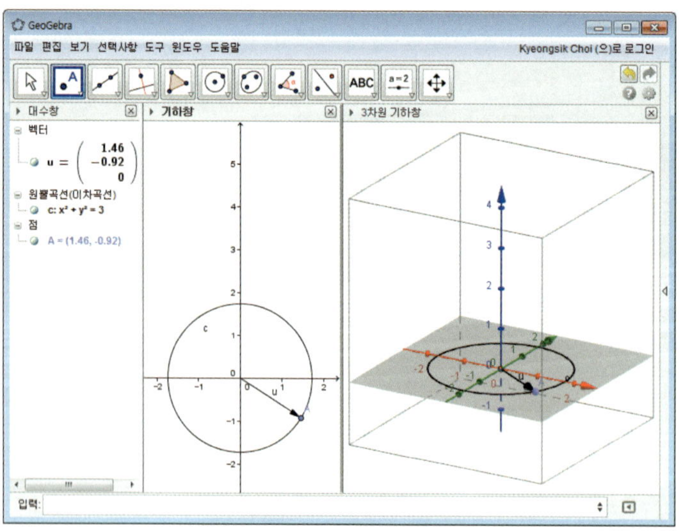

⑤ 정사면체를 정의하기 위해 입력창에 다음과 같이 입력한다.

```
정4면체( B , C , u )
```

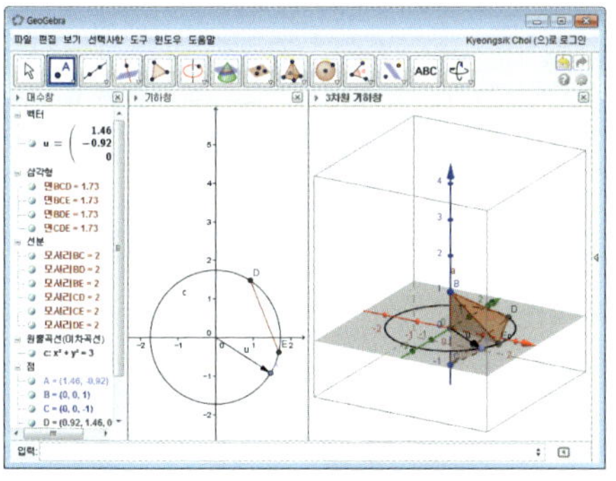

⑥ 투영면 xz 평면을 나타내기 위해 그림에서 표시된 스타일바의 아이콘을 클릭한다.

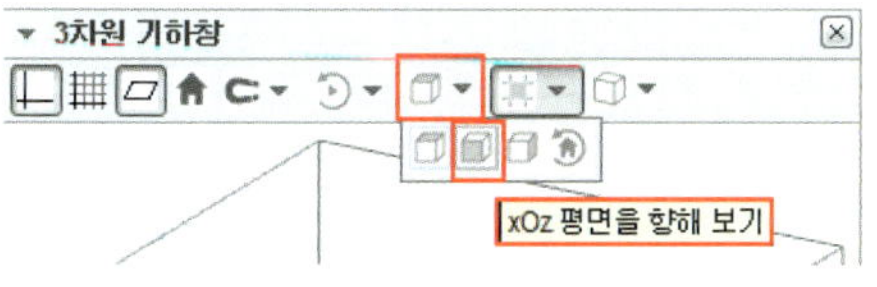

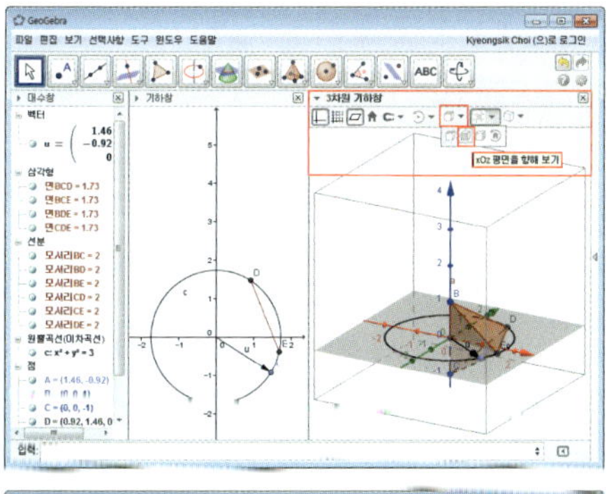

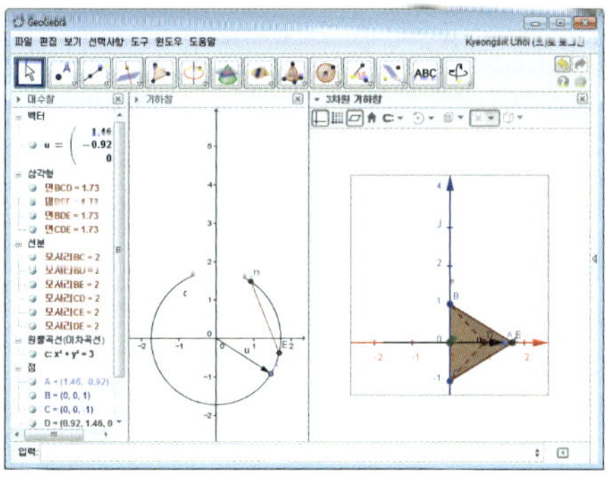

⑦ 점 A를 드래그하면 정사면체가 정사영된 모습을 볼 수 있다.

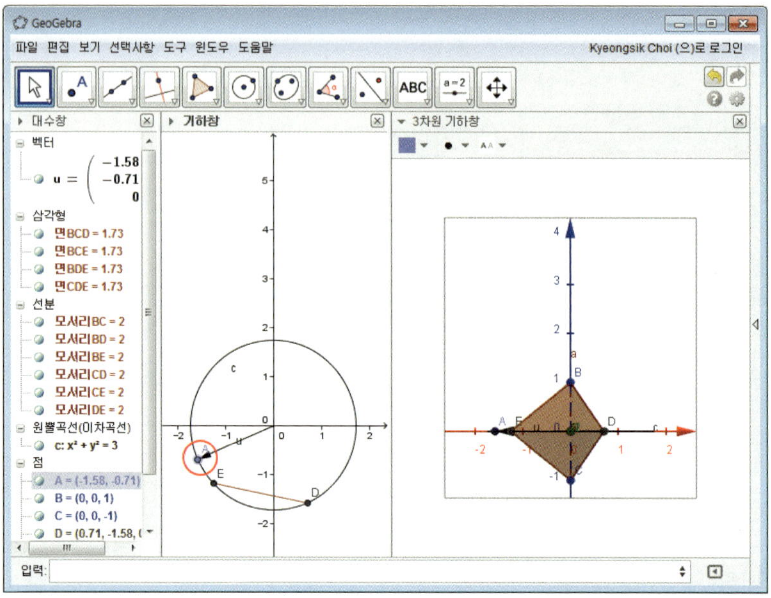

지오지브라 3D 바이블

제 4 편

지오지브라와 3차원 그림

CHAPTER 10

자료 작성

요 약

이 장은 지오지브라의 3차원 기하창에서 그린 그림을 캡쳐하거나 저장하는 방법을 제시하고 있다.

10.1 3차원 기하창 내보내기

이 절에서는 지오지브라의 3차원 기하창 화면을 활용하여 자료를 작성하는 방법에 대해 알아보고자 한다.

먼저, 그림 10.1과 같이 지오지브라의 3차원 기하창에 4면체를 하나 만들었다고 가정하자.

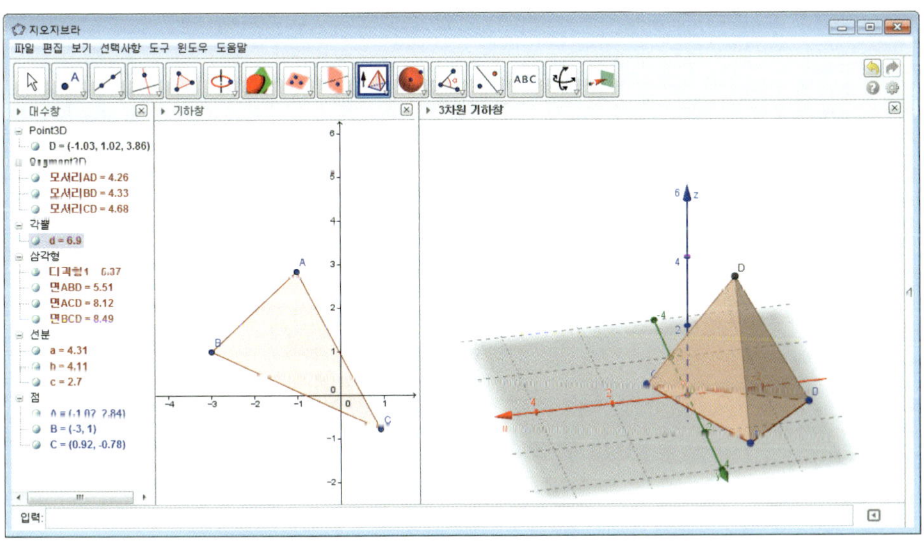

그림 10.1: 3차원 기하창에 그려진 4면체

기하창을 클립보드로 복사

지오지브라에서 **3차원 기하창**을 **클립보드로 복사**하려면 이동 모드[1]에서 3차원 기하창을 클릭한 후[2] 메뉴에서 편집 - 기하창을 클립보드로 복사 를 선택하거나 키보드 단축키로 Ctrl + Shift + C 를 누른다(그림 10.2).

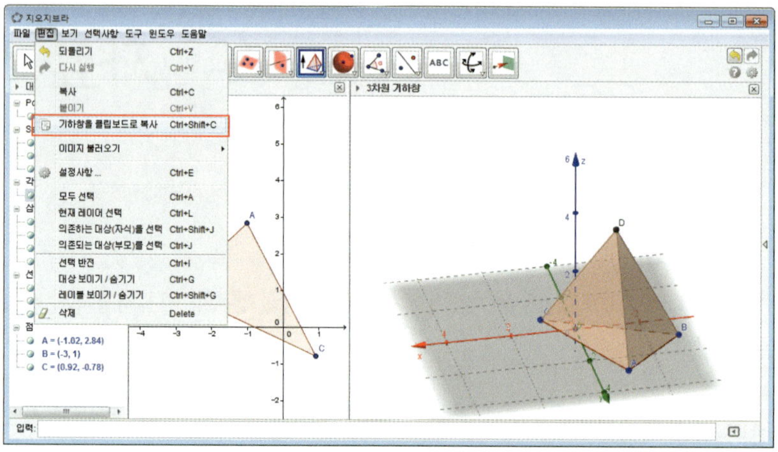

그림 10.2: 편집 - 기하창을 클립보드로 복사 메뉴

그 다음 문서작성 프로그램을 실행하고 Ctrl + V 키를 누르면 클립보드에 저장된 그림이 문서에 포함된다(그림 10.3).

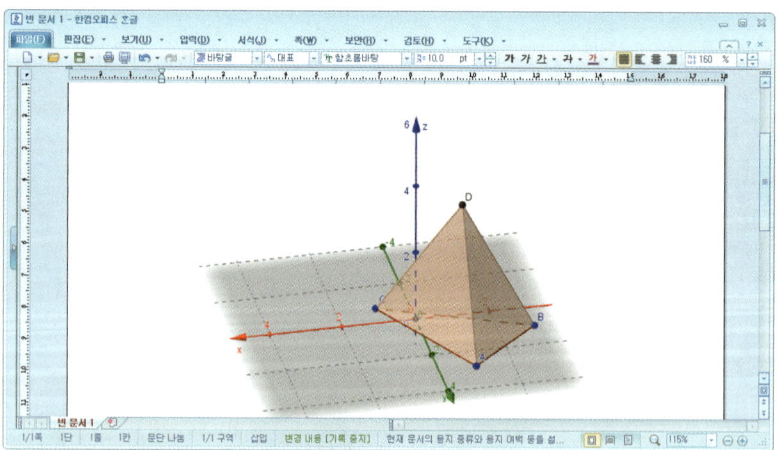

그림 10.3: 3차원 기하창 그림을 문서에 포함시킨 모습

[1]이동 도구가 선택된 상태를 말하며, ESC 키를 눌러도 된다.

[2]**3차원 기하창**의 제목이 굵은 글씨로 표시된다.

10.2 설정사항

설정사항 창

지오지브라에서는 각 대상의 **설정사항**을 수정할 수 있는 **설정사항 창**을 제공한다. 설정사항 창을 이용하려면 지오지브라 실행화면의 오른쪽 상단 톱니바퀴를 클릭한 후 대상 을 클릭한다.

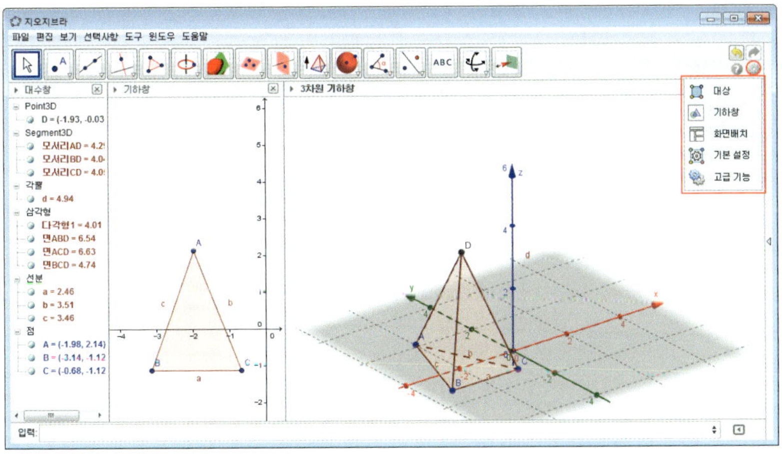

그림 10.4: 설정사항 버튼을 누른 모습

이 때, 설정사항 창을 지오지브라의 **실행화면에 결합**하려면 설정사항 창 오른쪽 상단의 작은 버튼을 클릭한다(그림 10.5, 10.6).

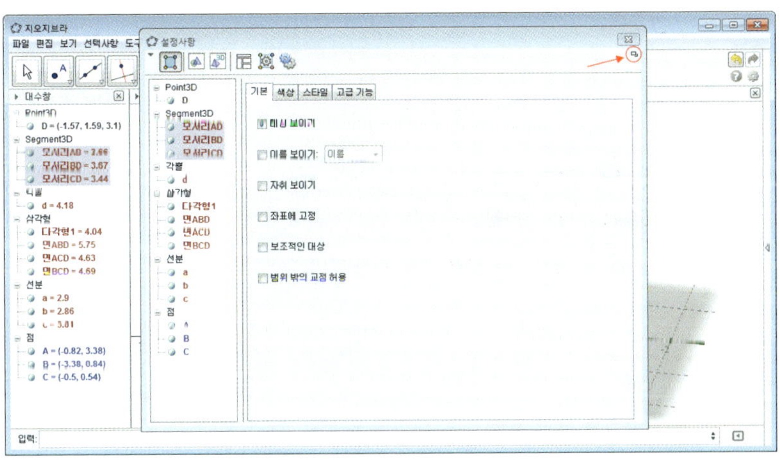

그림 10.5: 설정사항 창이 나타난 모습

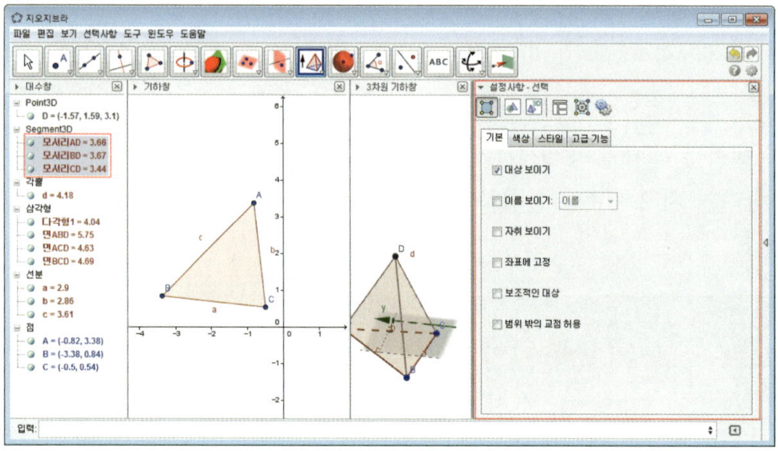

그림 10.6: 설정사항 창이 실행화면에 결합된 모습

탭

설정사항 창에는 다양한 **탭**이 나타난다. 이 탭들은 3차원 기하창이나 대수창에서 선택된 대상에 따라 달라진다. 예를 들어, 그림 10.6과 같이 선분을 선택하면 선분에 대한 설정사항이 나타난다. 설정사항 탭의 사용법에 대하여는 **지오지브라 바이블**[3]을 참고하라.

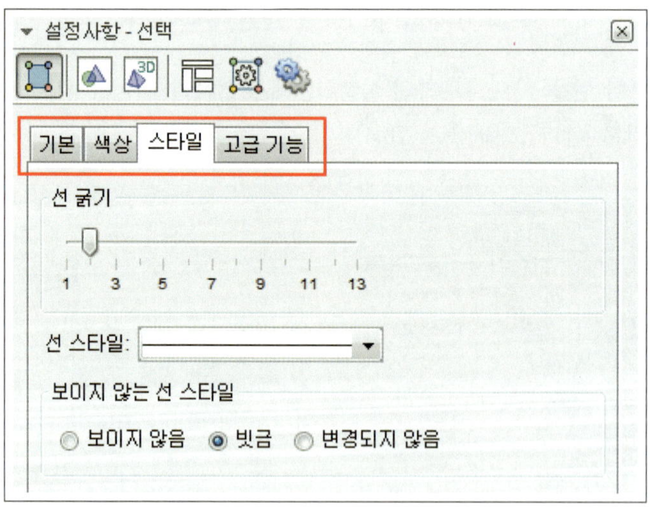

그림 10.7: 선분에 대한 탭

[3]최경식 (2017). 지오지브라 바이블 (제2판). 서울: 지오북스.

CHAPTER 11

LATEX 사용자를 위한 3D 그림 작성

요 약

지오지브라의 2차원 기하창에서는 LATEX에서 자주 사용되는 TikZ 코드로 내보내기를 할 수 있다. 그러나 아직 지오지브라의 3차원 기하창에서는 그와 같은 기능이 구현되어 있지 않다. 이 장에서는 임시적으로 2차원 상에 3차원 기본 기저 V_1, V_2, V_3 를 정의하고 이를 바탕으로 2차원 상에서 3차원 수학적 대상을 그릴 수 있는 방안을 제시한다. 이를 통해 3차원 수학적 대상의 TikZ 코드로의 내보내기를 시도한다.

11.1 3차원 도형을 그리기 위한 환경

이 절에서는 3차원 도형을 그리기 위한 환경을 소개할 것이다. 이 환경은 지오지브라의 2차원 기하창에서 만들어졌다. 현재까지 지오지브라의 2차원 기하창에서만 TikZ 코드로 내보내기가 되기 때문이다. 3차원 상에서 그림을 그린 후에는 그대로 저장하여 LATEX 문서에 집어넣어야 하므로 코드를 이용하여 '아름다운' LATEX 문서를 작성하고 싶은 분들의 입맛에는 맞지 않는다. 그래서 필자는 별도로 2차원에서 구현한 3차원 환경을 제공하기로 하였다.(https://ggbm.at/hvuwp6uw)

이 환경에서는 3차원 기저가 V_1, V_2, V_3 로 정의되어 있다. 이를 이용하는 방안에 대하여 몇 가지 사례를 제시한다.

11.1.1 정사면체

정사면체를 구성하기 위해 다음과 같이 네 점을 정하여 입체를 만든다.

```
P_1 = 0 V_1 + 0 V_2 + 0 V_3
P_2 = 2 V_1 + 0 V_2 + 0 V_3
P_3 = 1 V_1 + sqrt(3) V_2 + 0 V_3
P_4 = 1 V_1 + sqrt(3)/3 V_2 + 2*sqrt(6)/3 V_3
```

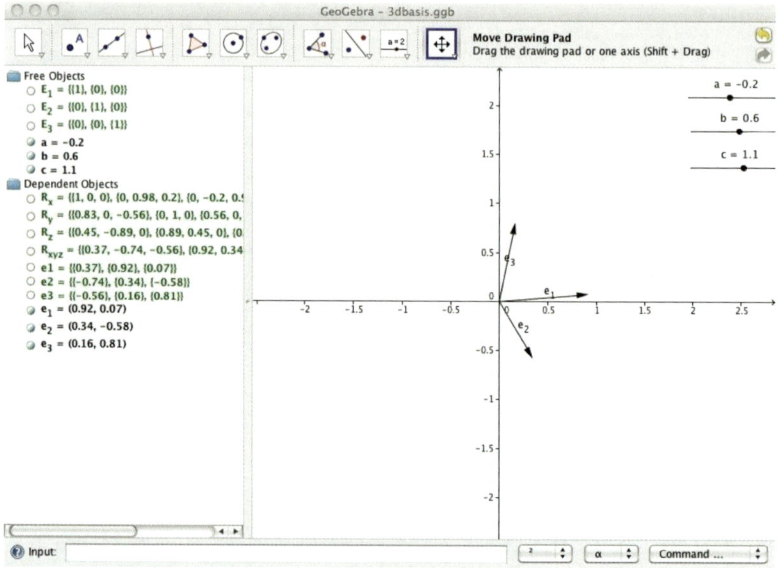

그림 11.1: 2차원 지오지브라에서 정의된 3차원 환경

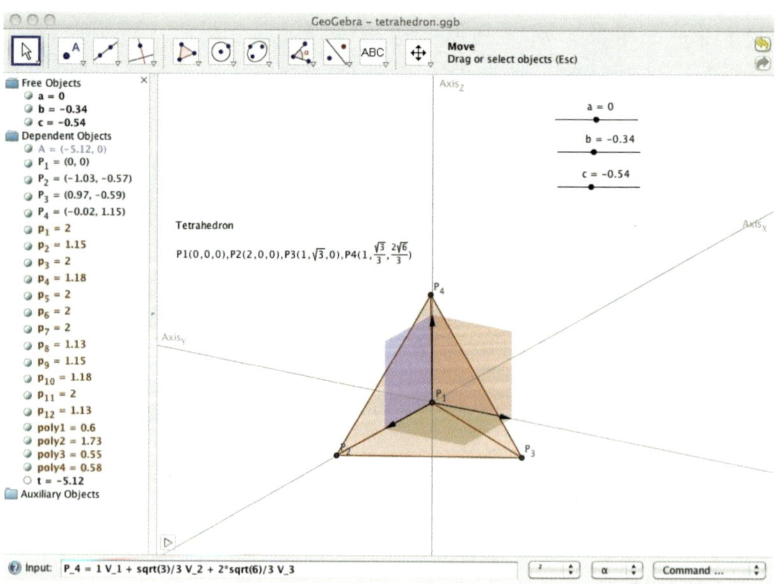

그림 11.2: 지오지브라에서 구현한 정사면체

11.1.2 곡면

곡면을 그리기 위해 다음과 같이 몇 개의 점을 연결한 곡선의 움직임으로 곡면을 표현한다.

```
P_1 =  sqrt(1 + 1/u) V_1 + u V_3
P_2 =  sqrt(1 + 1/u) V_2 + u V_3
P_3 =  -sqrt(1 + 1/u) V_2 + u V_3
P_4 =  -sqrt(1 + 1/u) V_1 + u V_3
P_5 =  (sqrt(1 + 1/u) V_1 + sqrt(1 + 1/u) V_2)/sqrt(2) + u V_3
```

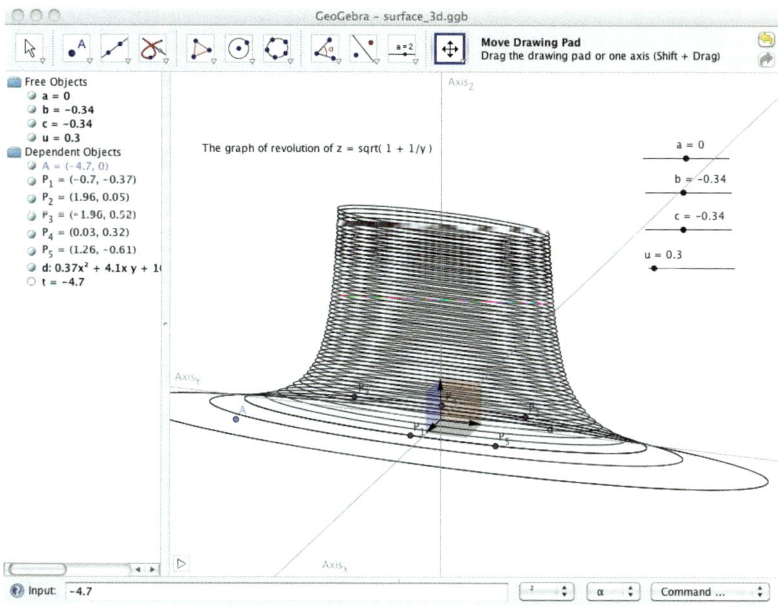

그림 11.3: 회전면 ($z = \sqrt{1 + 1/y}$)

11.2 LaTeX 코드로 내보내기 메뉴

다음으로 LaTeX에서 지오지브라 그림을 포함시키는 방법을 알아보자.[1] 지오지브라는 LaTeX 사용자를 위하여, 기하창을 PSTricks로 저장, 기하창을 PGF/TikZ로 저장, 기하창을 Asymptote로 저장 이 세 가지 기능을 제공한다. 이 절에서는 기하창을 PGF/TikZ로 내보내기에 대해서 설명하고자 한다.

[1] LaTeX은 일반적으로 이공계 논문을 작성하기 위해 사용되는 경우가 많은 조판 소프트웨어이다. LaTeX의 설치 방법 및 자세한 설명은 한국 텍 학회 홈페이지인 `http://www.ktug.or.kr/`에서 제공한다.

11.2.1 기하창을 PGF/TikZ로 저장

지오지브라의 기하창 화면을 LaTeX에서 사용되는 PGF/TikZ 코드로 생성하는 메뉴이다. 지오지브라의 메뉴에서 파일 - 내보내기 - 기하창을 PGF/TikZ로 저장을 선택하면 지오지브라를 PGF로 내보내기 대화상자가 나타난다. 대화상자의 PGF/TikZ 코드 생성 을 클릭 하면 자동으로 코드가 생성되며 이 코드를 복사하여 LaTeX에서 활용하면 된다.

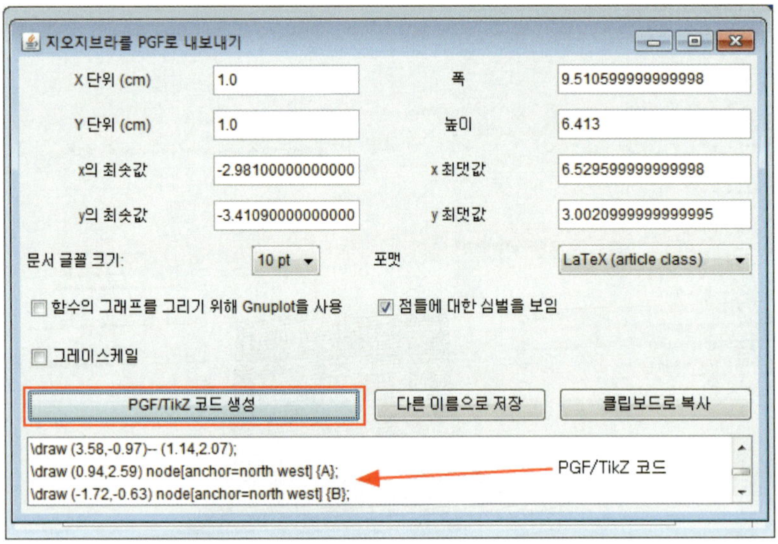

그림 11.4: 지오지브라를 TikZ로 내보내기

11.2.2 기하창을 비머(Beamer)용 코드로 내보내기

지오지브라를 PGF로 내보내기 대화상자의 포맷을 LaTeX(beamer class)로 선택하면 지오지브라 기하창의 화면을 비머(Beamer)[2]에 적합한 코드로 내보낼 수 있다.

[2]비머(Beamer)는 LaTeX에서 프리젠테이션용 PDF를 생성할 수 있게 하는 클래스이다.

```
\documentclass[10pt]{article}

\usepackage{pgf,tikz}
\usetikzlibrary{arrows}
\pagestyle{empty}
\begin{document}

\definecolor{uuuuuu}{rgb}{0.27,0.27,0.27}
\definecolor{zzttqq}{rgb}{0.6,0.2,0}
\definecolor{qqqqff}{rgb}{0,0,1}
\begin{tikzpicture}[line cap=round,line join=round,>=triangle 45,
x=1.0cm,y=1.0cm]
\clip(-1.92,-1.64) rectangle (5.2,5.52);
\fill[color=zzttqq,fill=zzttqq,fill opacity=0.1] (1.58,4.4) --
(-0.9,1.5) -- (3.9,0.36) -- cycle;
\draw [color=zzttqq] (1.58,4.4)-- (-0.9,1.5);
\draw [color=zzttqq] (-0.9,1.5)-- (3.9,0.36);
\draw [color=zzttqq] (3.9,0.36)-- (1.58,4.4);
\draw [dash pattern=on 5pt off 5pt,domain=-1.92:5.2]
plot(\x,{(--9.4-2.48*\x)/2.9});
\draw [dash pattern=on 5pt off 5pt,domain=-1.92:5.2]
plot(\x,{(-6.14--4.8*\x)/1.14});
\draw(1.7,1.78) circle (2.62cm);
\draw (1.3,5) node[anchor=north west] {$\mathrm{A}$};
\draw (-1.45,1.75) node[anchor=north west] {$\mathrm{B}$};
\draw (4,0.6) node[anchor=north west] {$\mathrm{C}$};
\draw (1.8,2.1) node[anchor=north west] {$\mathrm{O}$};
\begin{scriptsize}
\fill [color=qqqqff] (1.58,4.4) circle (1.5pt);
\fill [color=qqqqff] (-0.9,1.5) circle (1.5pt);
\fill [color=qqqqff] (3.9,0.36) circle (1.5pt);
\fill [color=uuuuuu] (1.7,1.78) circle (1.5pt);
\end{scriptsize}
\end{tikzpicture}
\end{document}
```

그림 11.5: 지오지브라에서 생성된 코드의 예

```
\documentclass[10pt]{beamer}
\usepackage{pgf,tikz}
\usetikzlibrary{arrows}
\pagestyle{empty}
\begin{document}
\definecolor{uuuuuu}{rgb}{0.27,0.27,0.27}
\definecolor{zzttqq}{rgb}{0.6,0.2,0}
\definecolor{qqqqff}{rgb}{0,0,1}
\begin{frame}
\begin{tikzpicture}[line cap=round,line join=round,>=triangle 45,
                    x=1.0cm,y=1.0cm]
\clip(-4.36,0.6) rectangle (4.34,5.9);
\onslide<4->{\fill[color=zzttqq,fill=zzttqq,fill opacity=0.1]
  (-0.56,5.4) -- (-2.46,2.42) -- (1.66,2.06) -- cycle;}
\onslide<4->{\draw [color=zzttqq] (-0.56,5.4)-- (-2.46,2.42);}
\onslide<4->{\draw [color=zzttqq] (-2.46,2.42)-- (1.66,2.06);}
\onslide<4->{\draw [color=zzttqq] (1.66,2.06)-- (-0.56,5.4);}
\onslide<5->{\draw [domain=-4.36:4.34]
   plot(\x,{(--8.78-1.9*\x)/2.98});}
\onslide<6->{\draw [domain=-4.36:4.34]
   plot(\x,{(--2.45--4.12*\x)/0.36});}
\onslide<8->{\draw(-0.32,3.15) circle (2.26cm);}
\begin{scriptsize}
\onslide<1->{\fill [color=qqqqff] (-0.56,5.4) circle (1.5pt);}
\onslide<1->{\draw[color=qqqqff] (-0.58,5.7) node {$A$};}
\onslide<2->{\fill [color=qqqqff] (-2.46,2.42) circle (1.5pt);}
\onslide<2->{\draw[color=qqqqff] (-2.68,2.48) node {$B$};}
\onslide<3->{\fill [color=qqqqff] (1.66,2.06) circle (1.5pt);}
\onslide<3->{\draw[color=qqqqff] (1.88,2.16) node {$C$};}
\onslide<7->{\fill [color=uuuuuu] (-0.32,3.15) circle (1.5pt);}
\onslide<7->{\draw[color=uuuuuu] (-0.16,3.46) node {$D$};}
\end{scriptsize}
\end{tikzpicture}
\end{frame}
\end{document}
```

그림 11.6: 지오지브라에서 생성된 비머(Beamer)용 코드의 예

지오지브라 3D 바이블

제5편

지오지브라와 실제 세계와의 만남

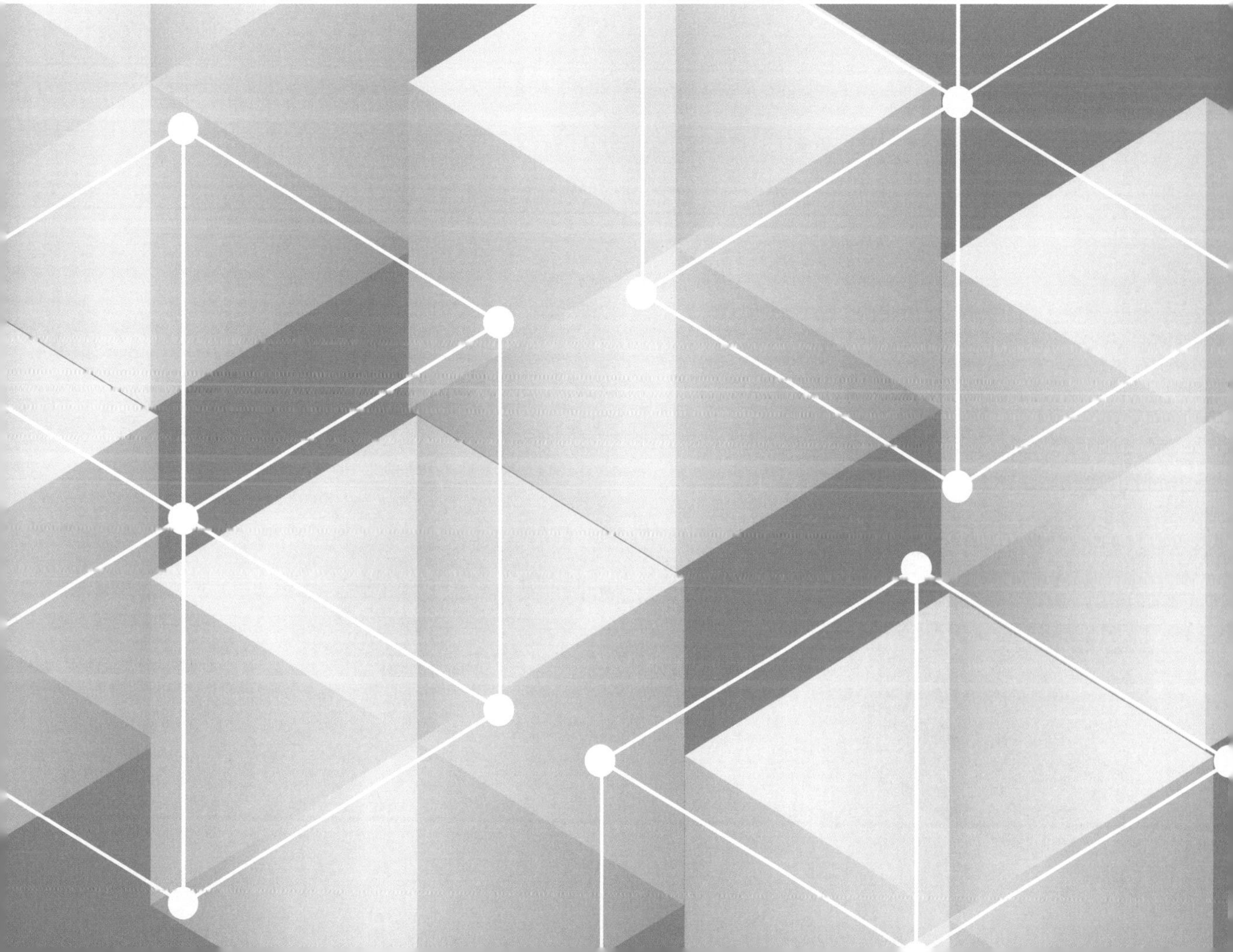

CHAPTER 12

지오지브라와 3D 프린팅

요 약

이 장은 지오지브라 3차원 기하창에서 작성한 결과를 3D 프린팅하는 방법에 대하여 제시하고 있다. 지오지브라 3차원 기하창의 결과물을 3D 프린팅 하게 되면서 가상 공간으로만 접하던 3차원 수학적 대상을 실물로 만지고 느끼면서 수학의 아름다움을 한층 더 가까이 느낄 수 있게 되었다는데 큰 의의가 있다.

이 장은 '전국수학교사모임'에서 발간하는 '수학과 교육'에 게제된 글이다. 본문의 내용을 변형하지 않기 위해 수정하지 않고 그대로 실었음을 일러둔다.

12.1 들어가면서

몇 년 전 일이었습니다. 제가 근무하던 학교에 설치된 '무한 상상실'[1]을 운영하시던 선생님께서 제게 지오지브라를 이용하여 3D 프린터에서 출력할 수 있는 입체도형을 디자인 할 수 있는지 문의하셨습니다. 당시에는 지오지브라의 3차원 기하창으로 입체 도형을 자유롭게 그릴 수는 있었으나 3차원 기하창에서 만들어진 도형을 3D 프린터에서 출력하는 것은 별개의 문제였습니다. 그래서 (정말 아쉬웠지만) 시원하게 답변해 드리지 못한 기억이 있습니다.

2017년에는 지오지브라의 베타 버전[2]을 통해서 3차원 기하창의 도형을 3D 프린터에서 출력할 수 있는 방법을 미리 보았습니다. 저는 이 사실만으로도 너무나 기뻤고 뿌듯했습니다. 저는 수학 도형이 실물로 제공될 수 있다는 데에 큰 가치를 둘 수 있다고 생각합니다. 뿐만 아니라 이것이 누구나 자유롭게 사용하고 마음껏 자료를 만들 수 있는 지오지브라를 통해서 이루어진다는 사실을 알게 되면서 이 기능의 공개를 무척이나 기다려 왔습니다.

바로 어제[3] 저는 지오지브라에서 만들어진 도형을 3D 프린터에서 보편적으로 사용되는

[1] 몇 년에 걸쳐 막대한 예산이 지원된 사업으로 기억합니다. 무한 상상실에 3D 프린터는 당연히 갖추어져 있었습니다.

[2] 일부 사용자들에게 제공되어 기능을 테스트하는 시험 버전

[3] 2018년 9월 7일

STL 파일로 저장할 수 있으며 이 기능이 정식버전ㄴ 공개되었다는 소식을 듣게 되었습니다. 그래서 떨리는 마음을 간신히 가라앉히고 지오지브라에서 3D 프린팅을 어떻게 할 수 있는지에 대한 설명 문서를 바로 작성하였습니다. 1분 1초라도 더 빨리 이 소식을 들려드려서 저와 같은 기다림을 가진 분들의 갈증을 해소해 드리고 싶었습니다.

지오지브라의 작품을 3D 프린터로 출력하는 것은 최신의 테크놀로지를 교육에 접목시킬 수 있다는 것 이상의 의미를 담고 있습니다. 지오지브라는 모든 사람이 수학과 친해질 수 있도록 많은 노력을 기울여 왔습니다.[4] 매우 어린 학생부터 대학생, 일반인까지 지오지브라는 약간의 안내를 받으면 쉽게 활용할 수 있습니다. 따라서 지오지브라에서 3D 프린팅을 쉽게 할 수 있다는 것은 수학에 관심이 있는 누구나 3D 프린팅을 위해 별도의 프로그램을 다시 배우는 부담이 사라지게 되는 것입니다. 자신이 생각하는 수학적 도형을 쉽게 출력하고 그 아름다움을 다른 사람들과 함께 감상할 수 있게 된 것입니다.

이제 지오지브라에서 3D 프린팅하는 과정을 소개하고 제가 직접 3D 프린터로 지오지브라 로고를 출력한 경험을 공유하고자 합니다.

12.2 지오지브라로 3D 프린터 출력하기 위한 방법

① http://www.geogebra.org 에서 3차원 그래픽 계산기를 선택합니다.

---

[4] 이에 대해서는 많은 분들이 동의하실 수 있을 것이라고 감히 생각해 봅니다.

[2] 왼편 위쪽에 **메뉴**를 열고 **새로 만들기** 또는 **열기**를 선택합니다.

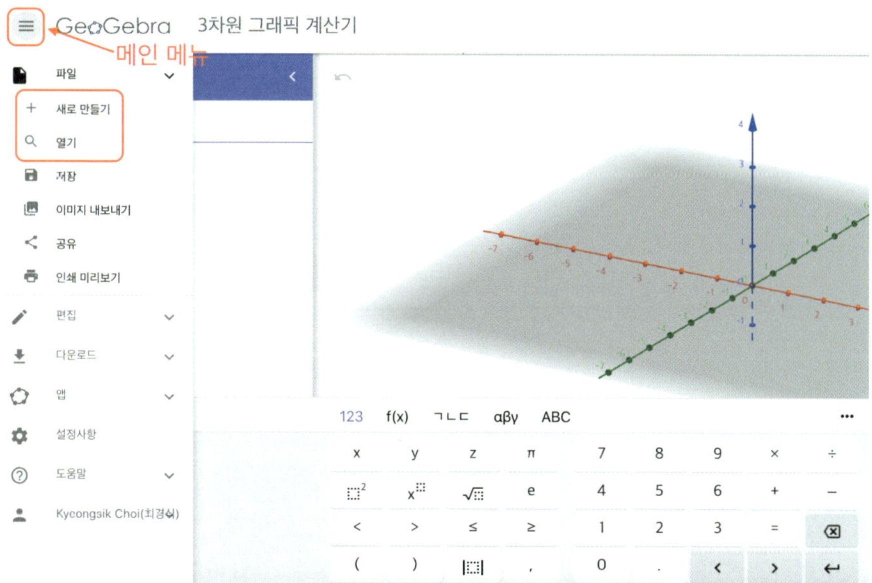

[3] 새로운 파일을 만들었다면 **대수창**(왼쪽), **기하도구**(오른쪽)을 사용하여 도형을 만듭니다.

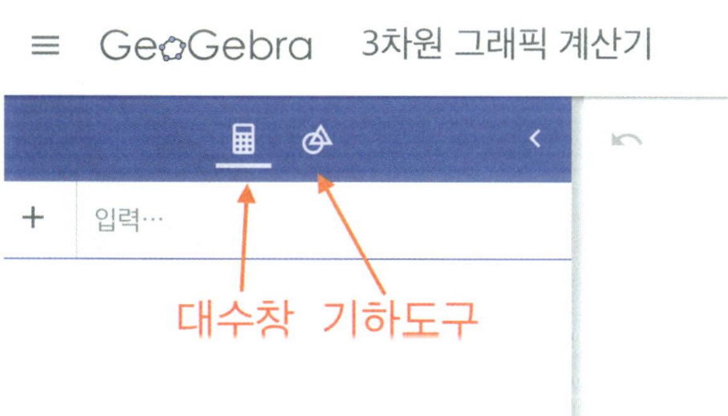

④ **열기**를 선택한 경우 여러 파일 가운데 하나를 선택하여 **편집**을 클릭합니다.

⑤ 파일을 다 만든 후에 STL 파일로 내보내기를 해야 합니다. **메뉴**로 가서 **다운로드**를 선택하고 STL을 선택하면 파일을 다운로드 받을 수 있습니다.

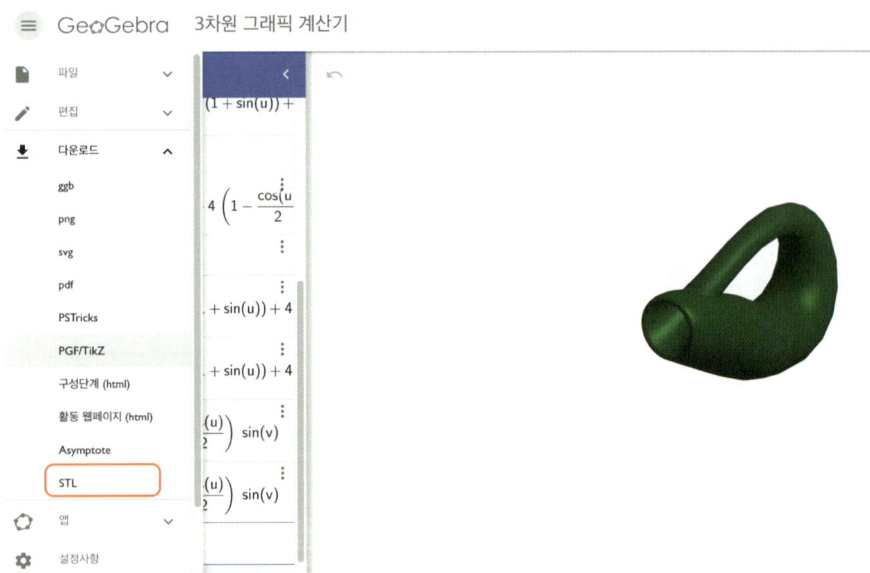

⑥ 3D 프린터에서 제공하는 소프트웨어에서 STL 파일을 엽니다. 인쇄하기 전에 3D 소프트웨어에서 최종 조정을 위해 이미지를 열고 3D 프린터에서 인쇄를 시작합니다.

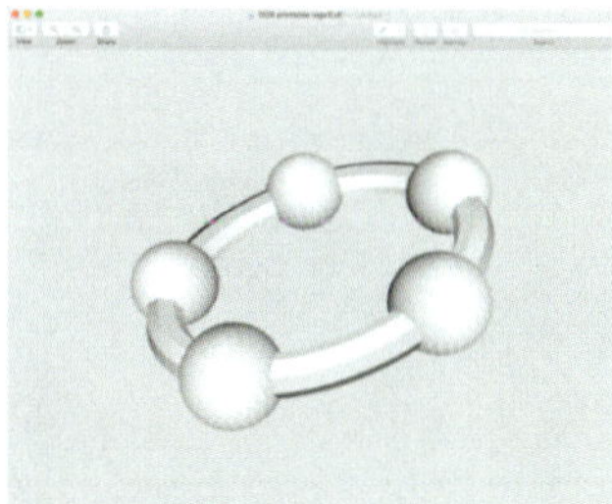

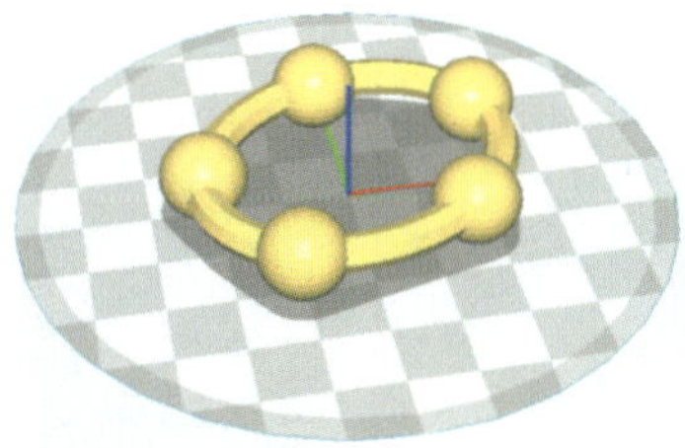

12.3 3D 프린터의 최소 사양

국제지오지브라연구소에서는 https://www.geogebra.org/m/bxwztzax 와 같은 매뉴얼을 제공하였습니다. 이 내용에서 제공하는 다양한 예제는 매우 '저가'의 3D 프린터를 사용하여 인쇄된 것입니다. 구체적으로는 "BIQU 3D magician"[5]라는 제품을 사용한 것으로 매우 저렴(199달러 정도)하며 국내에서는 중국으로부터 수입을 통해 구입할 수 있습니다.

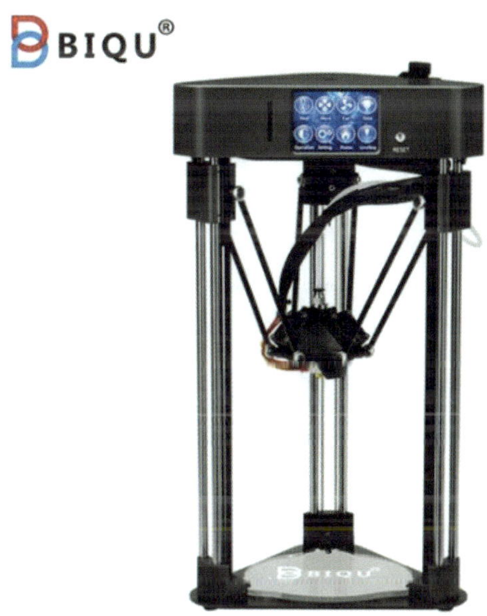

그림 12.1: BIQU 3D magician

[5]https://www.biqu.equipment/products/biqu-magician-3d-printer-new-diy-kit-mini-kossel-delta-printing

여기서는 이 제품을 홍보하고자 하는 것이 아닙니다. 단지 지오지브라를 통한 3D 프린팅 결과물을 얻기 위해서는 고가의 3D가 필요하지는 않다는 것을 말씀드리는 것입니다. 국내에서도 3D 프린터를 검색하면 저가의 다양한 제품을 선택하여 구매하실 수 있습니다.

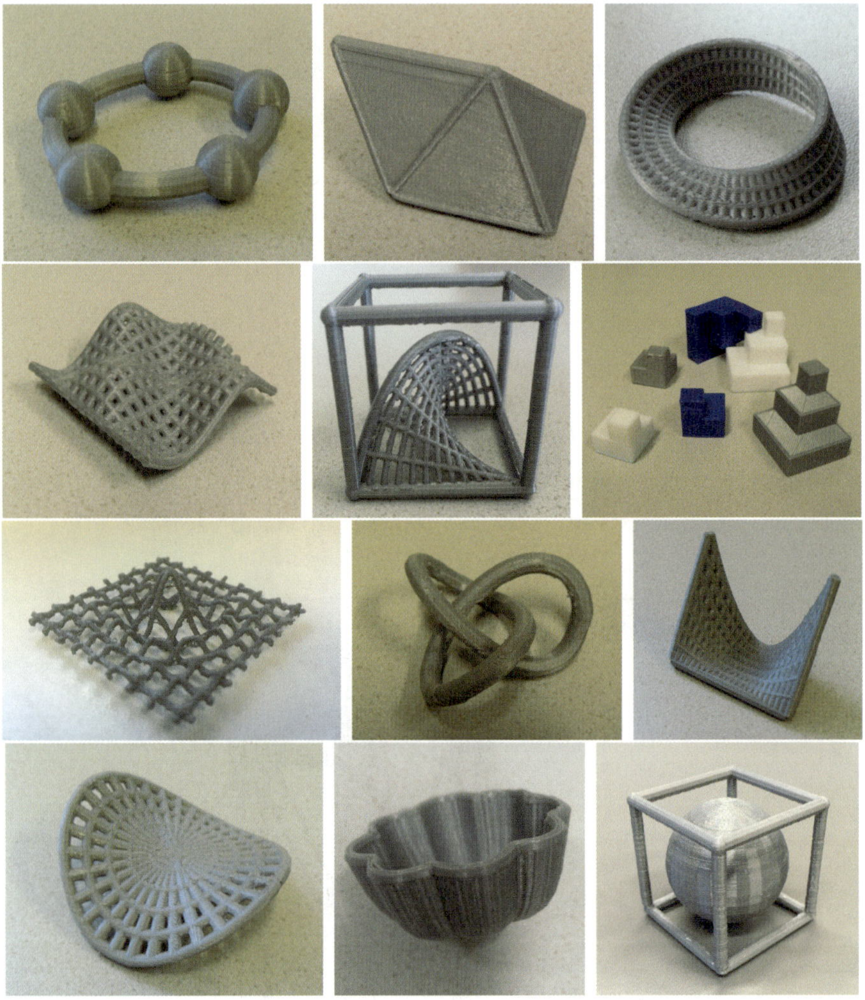

그림 12.2: 지오지브라에서 디자인되고 3D 프린터로 출력된 결과물

12.4 3D 프린팅 지오지브라 그룹

지오지브라를 활용한 3D 프린팅에 대하여 함께 고민하고 기여하고 싶으신 분은 https://www.geogebra.org/groups 에서 그룹코드 “NHEHJ”를 입력하고 지오지브라 그룹에 가입하세요.

그림 12.3: 지오지브라 그룹의 웹페이지 화면

12.5 지오지브라 로고를 3D 프린팅하기

이제 제가 지오지브라의 로고를 3D 프린팅한 경험을 말씀드리고자 합니다.
저는 https://ggbm.at/bxwztzax 에 제시된 “예제” 가운데 맨 처음에 제시된 “지오지브라 로고를 3D 프린팅하기”를 직접 해 보기로 했습니다. 학교에는 신도리코(www.sindoh.com)의 3D WOX라는 3D 프린터가 설치되어 있었습니다.

그림 12.4: 지오지브라 로고를 3D 프린팅하기 자료(https://ggbm.at/bxwztzax)

① 웹페이지에 제시된 대로 https://www.geogebra.org/3d/aacxrptu 에서 접속하였고 STL 파일을 다운로드 받았습니다.

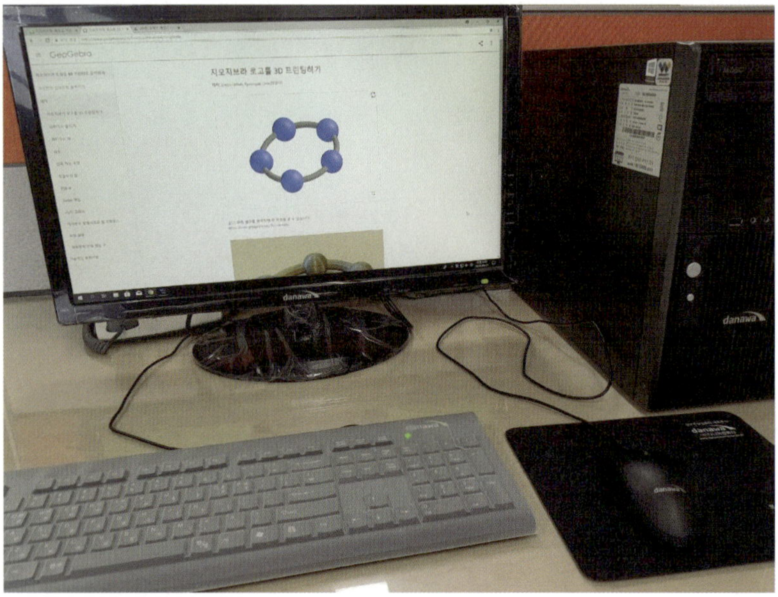

② 그 다음 3D 프린터에서 제공한 자체 소프트웨어를 실행하고 실행화면에 STL 파일을 드래그 앤 드롭하였습니다. 그 다음 "출력" 버튼을 누르자 출력이 시작되었습니다. 시간은 약 18분 정도 소요된다고 3D 프린터 창에 나타났습니다.

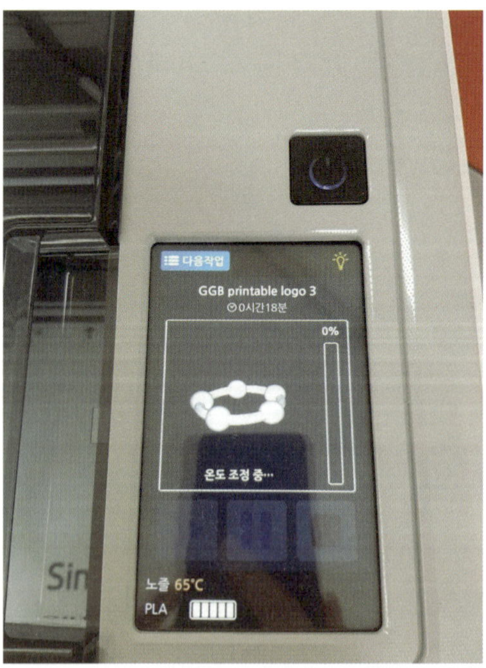

③ 18분이면 상당히 짧은 시간입니다. 저는 그 앞에서 멍하니 출력되는 과정을 보다가 사진을 몇 장 찍었습니다.

④ 아래 사진은 지오지브라 입체 로고가 완성된 모습입니다.

12.6 마치면서

사실 마음을 가라앉히고 생각해 보면 이것이 별 것 아닌 일이 될 수도 있습니다.

"이것을 통해서 뭘 어쩌겠다는 것이냐? 이것이 수학이냐?"

이렇게 제게 물으실 수도 있습니다. 전에는 이런 질문을 받으면 저도 주춤했습니다. 하지만 이제는 이와 같은 질문을 하시는 분들에게 당당히 말씀드리고 싶습니다.

"수학일 수도 있고 아닐 수도 있습니다. 사실 도구는 누가 어떻게 쓰느냐에 달린 것이니까요. 하지만 수많은 기호에 매몰되어 수학의 참뜻과 아름다움을 느끼지 못했던 많은 사람들에게 수학을 보고, 만지고, 언제든 자신이 원하는 것을 만들 수 있는 방법을 선물로 드리는 것입니다."

앞으로 지오지브라 3D 프린팅을 통해 우리의 생활 속에서 수학과 좀 더 친해질 수 있는 많은 방법들이 생겨나기를 기대하며 이 글을 마칩니다.

12.7 추가 자료: 구분구적법

① 지오지브라에서 **구분구적법**을 나타내는 3차원 도형입니다.

$0 \le x \le \frac{\pi}{2}$ 일 때, 두 점 $P(x, 0, cos^2 x)$, $Q(x, 1 - sin(x), 0)$ 을 연결하는 직선이 움직여 생기는 곡면과 세 좌표평면으로 둘러싸인 입체의 모양을 관찰할 수 있습니다.

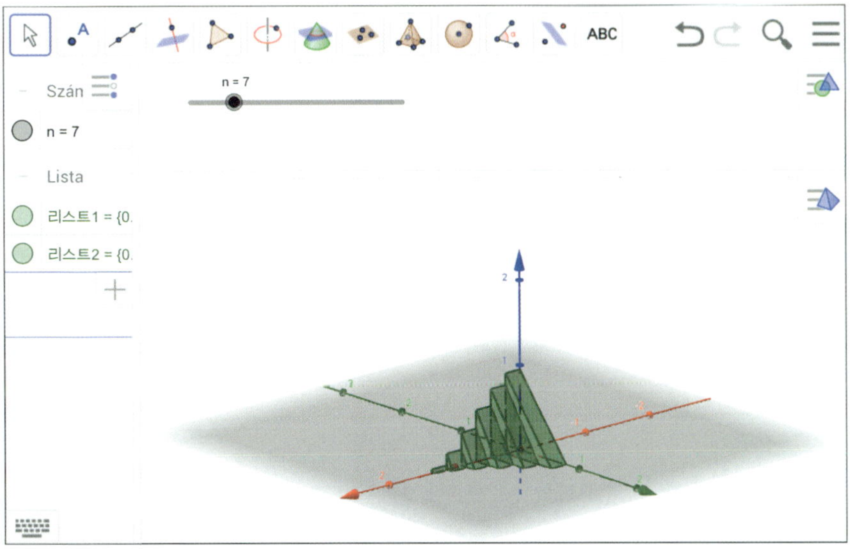

② 구간 분할 수에 따라 3D 출력하는 모습입니다.

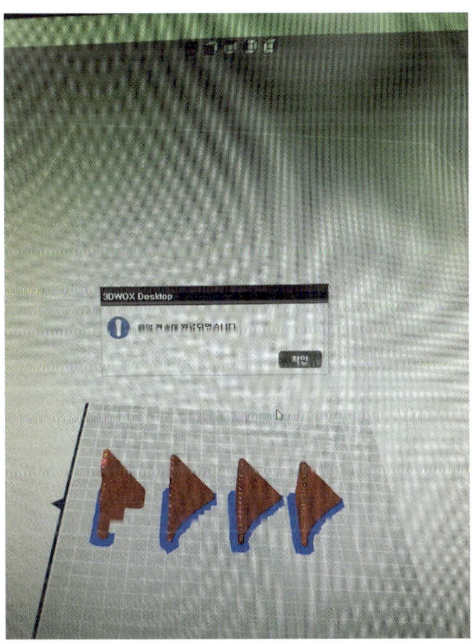

12.8 추가 자료: 클라인병

① 지오지브라에서 클라인병을 나타내는 3차원 도형입니다.[6]

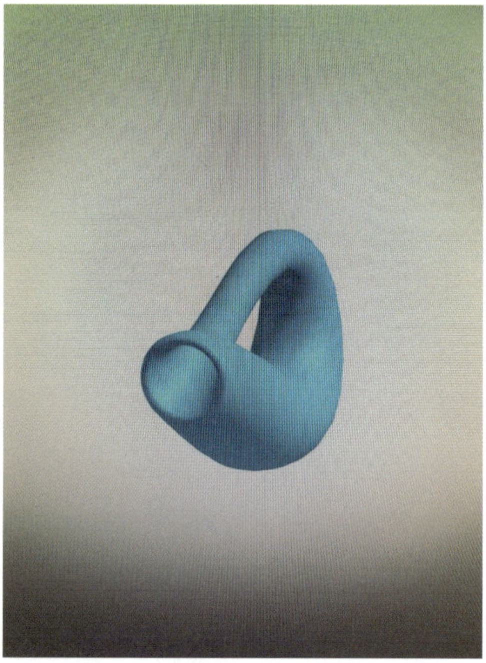

② 3D 프린터 프로그램에 클라인병 STL 파일을 열어 프린팅을 시작합니다.

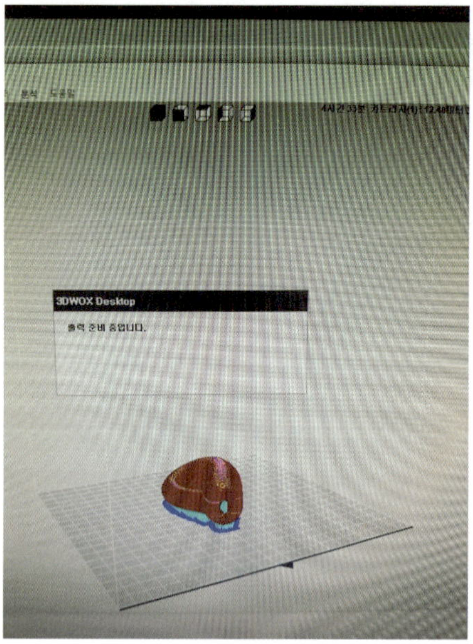

[6] 5.2를 참고하세요.

③ 3D 프린터에서 클라인병이 출력되는 모습입니다.

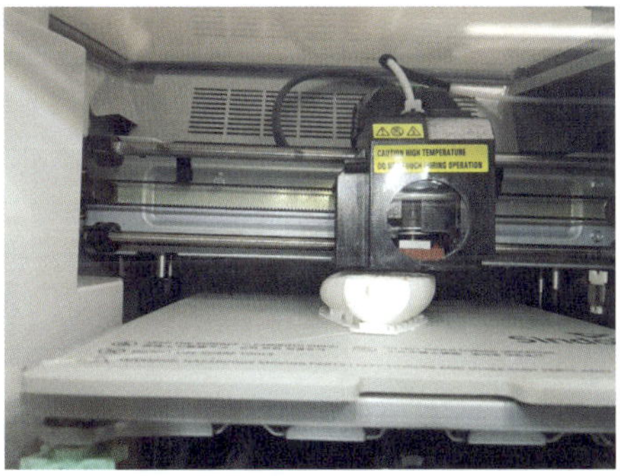

④ 클라인병이 완성된 모습입니다.

CHAPTER 13

지오지브라와 건축 설계

요 약

우리 주변에서 찾아볼 수 있는 다양한 건물의 디자인은 수학 도형으로 이루어져 있다. 지오지브라 3차원 기하창에서는 공간에 입체 도형을 배치할 수 있으며 이를 통하여 간단한 건물을 설계해 볼 수 있다. 이 장에서는 지오지브라 3차원 기하창에서 입체 도형을 이용하여 건물을 설계하고 이를 3D 프린터에서 출력해 보고자 한다.

13.1 시작하면서

세상의 모든 건물은 수학적 도형으로 이루어져 있다고 말할 수 있지만 세세하게 어떤 도형으로 이루어져 있는지 따져본 적은 없을 것입니다. 또한 같은 건물에 대해서도 사람의 시각에 따라 다른 도형으로 구성되어 있다고 할 수 있을 것입니다.

전 세계에는 다양한 모양의 건물이 있습니다. 주변의 많은 건물이 직육면체 모양이지만 가끔은 우리가 살고 있는 곳 주변에도 다양한 모양의 건물이 있습니다. 우리는 다양한 모양의 건물을 보면서 아름답다거나 독특하다는 느낌을 받습니다. 그림 13.1, 13.2, 13.3 13.4에 제시된 건물 사진에서도 다양한 수학 도형을 찾아볼 수 있습니다.

13.2 건물 설계하기

이번에는 지오지브라를 사용하여 건물을 설계해 보고자 합니다. 지오지브라의 점, 기둥, 뿔을 이용해 자신이 살고 싶은 집이나 멋진 건물을 지오지브라의 3차원 기하창에서 설계해 보세요. https://ggbm.at/agndHF9u를 클릭 하면 지오지브라를 이용해 설계된 건물을 볼 수 있습니다.

그림 13.1: 파르테논 신전(그리스)

그림 13.2: 산토리니(그리스)

그림 13.3: 킹 루드비히 궁전(독일)

그림 13.4: 타지마할(인도)

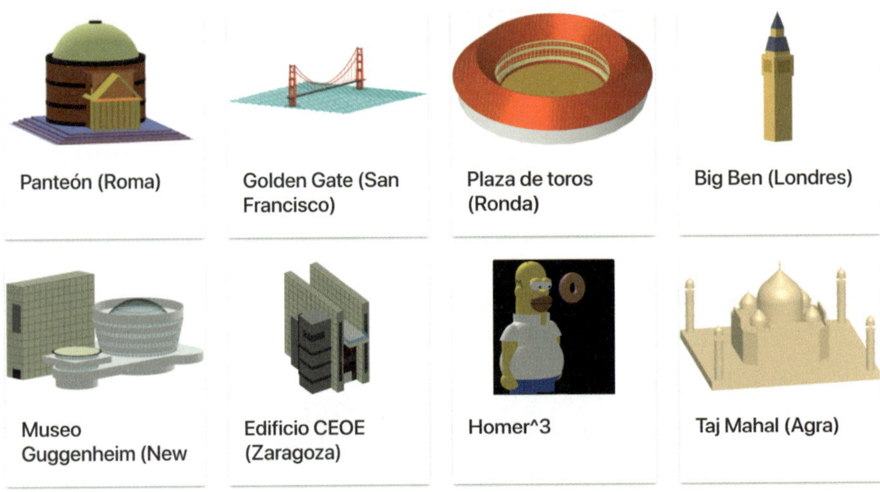

그림 13.5: https://ggbm.at/agndHF9u

13.3 지오지브라에서 설계된 건물을 3D 출력하기

지오지브라에서 설계된 건물은 3D 출력할 수 있는 STL 형식의 파일로 변환할 수 있습니다. 예를 들어 https://ggbm.at/agndHF9u의 맨 처음 것은 판테온 신전입니다. 다음의 순서를 따라 판테온 신전을 3D 출력할 수 있습니다.

① **판테온 신전**을 지오지브라 웹에서 엽니다. 그 다음 메뉴에서 [다운로드]를 선택하고 STL 파일을 클릭하면 파일을 다운로드 받을 수 있습니다.

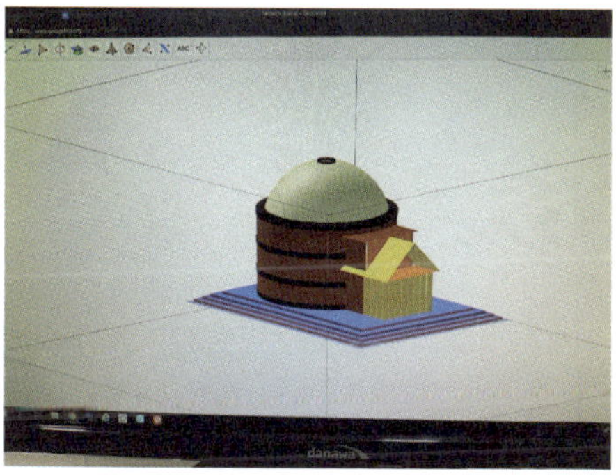

② STL 파일을 3D 프린터 프로그램에 집어넣은 모습입니다. 3D 프린터 전용 프로그램에서는 STL 파일을 gcode로 변환해 줍니다.

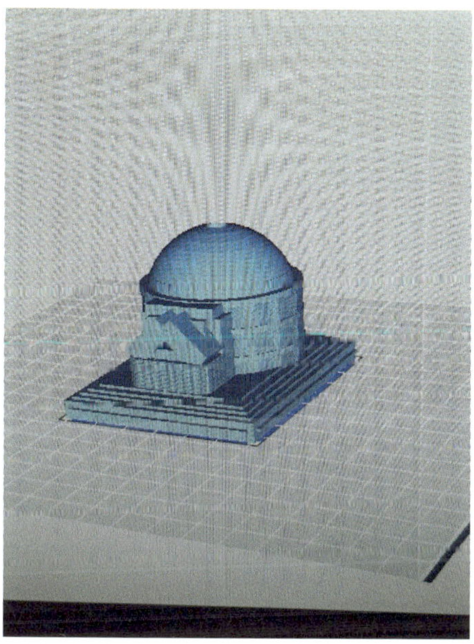

③ 3D 프린터에 출력 시간이 5시간으로 표시되었습니다. 3D 프린터 전용 프로그램에서는 출력물의 크기를 조절할 수 있는데 이때 약간만 확대해도 출력시간은 많이 늘어납니다.

④ 3D 프린터에서 출력되는 모습을 위에서 촬영했습니다.

⑤ 옆에서 촬영한 모습입니다.

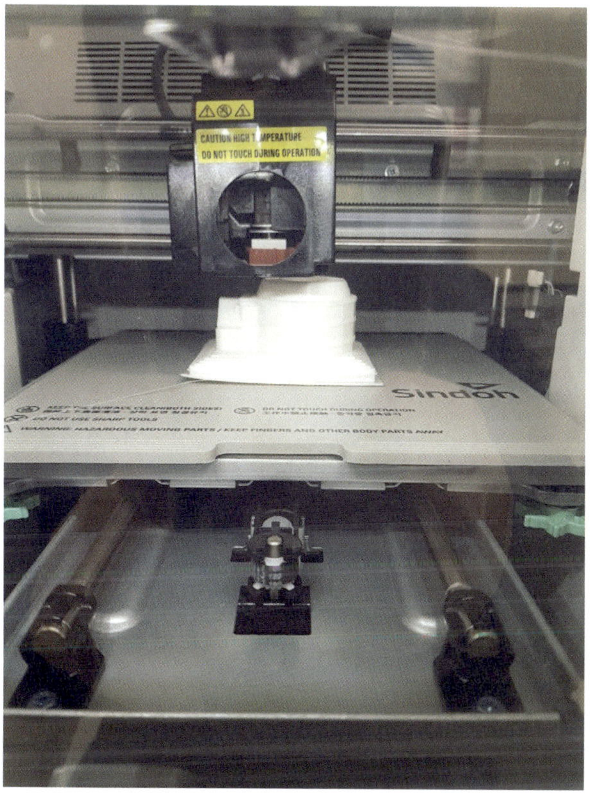

⑥ 최종 결과물입니다.

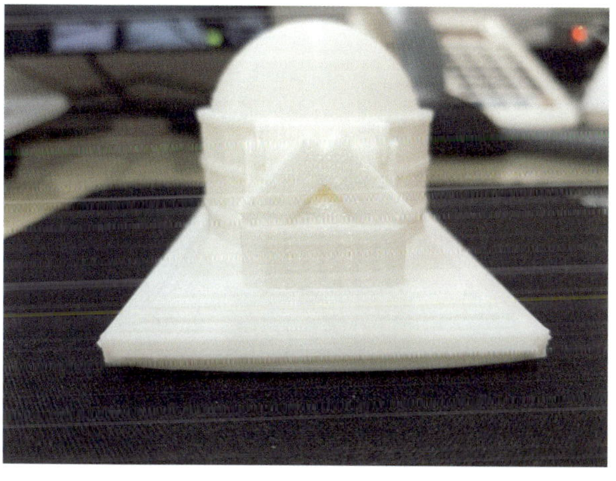

13.4 마치면서

비록 지오지브라가 전문적인 CAD 프로그램은 아니지만 건축 설계에 있어 그 나름의 장점을 갖고 있습니다. 지오지브라의 경우에는 설계를 위해서 수 많은 수식과 계산을 수행하여 수학적인 언어로 지오지브라 안에 입력해야 합니다. 이를 통해 수학에 대하여 더 많은 시간동안 접하고 이해할 수 있는 기회를 얻게 해 준다는 데에서 큰 도움이 될 수 있습니다.

다양한 집의 모양과 내부를 지오지브라에서 설계한 작품을 제시하는 주소를 소개하면서 이 장을 마칩니다. Steve Phelps의 자료(https://ggbm.at/P5sx72NX)에서는 다양한 집의 내부 설계까지도 보여줍니다.

그림 13.6: Steve Phelps의 지오지브라를 이용한 설계

CHAPTER 14

지오지브라 3차원과 증강현실

요 약

이 장은 지오지브라 3차원에서의 대상이 증강현실로 현실과 결합되는 것을 소개하고 있다. 증강현실(Augmented Reality)은 지오지브라 3차원 앱을 통하여 경험할 수 있다.

이 장은 '전국수학교사모임'에서 발간하는 '수학과 교육'에 게제된 글이다. 본문의 내용을 변형하지 않기 위해 수정하지 않고 그대로 실었음을 일러둔다.

14.1 들어가면서

몇 년 전 불었던 포켓몬 고(Pocketmon Go) 열풍을 기억하시나요? 당시 저는 직접 포켓몬 사냥을 하지는 않았지만 뉴스로 보도되었던 그 당시의 일을 기억합니다. 특히 우리나라의 모든 지역은 포켓몬 고를 할 수 없었지만 속초에서는 가능했기에 많은 사람들이 속초로 몰려들었던 일은 매우 인상적이었습니다. 다음은 당시의 한 신문기사입니다.

> **`포켓몬 고' 가능한 속초는 지금**[a]
>
> 14일 오후 강원도 속초 엑스포공원은 스마트폰 화면을 들여다보며 돌아다니는 사람들로 가득했다. 모바일 게임 '포켓몬 고(Pokemon Go)' 속 가상의 괴물(포켓몬)이 잘 잡히는 '명당'으로 소문이 나면서다. 10대 청소년부터 20~30대 젊은이들까지 100명이 넘는 사람들이 포켓몬 사냥에 여념이 없었다. 50대로 보이는 중년 남성도 있었다. 대부분 서울과 수도권에서 일부러 온 사람들이었다. 대학생 ○○○(21)씨는 "서울에서 아침 9시 40분 버스를 타고 속초에 도착, 지금까지 포켓몬 50마리를 잡았다"고 했다.
>
> (후략)

[a]출처: http://news.chosun.com/site/data/html_dir/2016/07/19/2016071901747.html

그림 14.1: 포켓몬 고 실행 화면

증강현실은 현실 상황에 가상적인 대상을 덧입혀 나타내는 것입니다. 하지만 가상 속의 대상만 바라보게 된다면 그 자체가 현실이라고 할 수 있습니다. 이를 수학과 관련지어 생각하면, 수학이라는 것은 현실의 대상에 수학적인 해석을 덧붙이는 것으로 우리의 필요에 따라 거리를 재기 위해 좌표축도 덧붙이고 도넛을 토러스로 해석하기도 하는 것입니다.

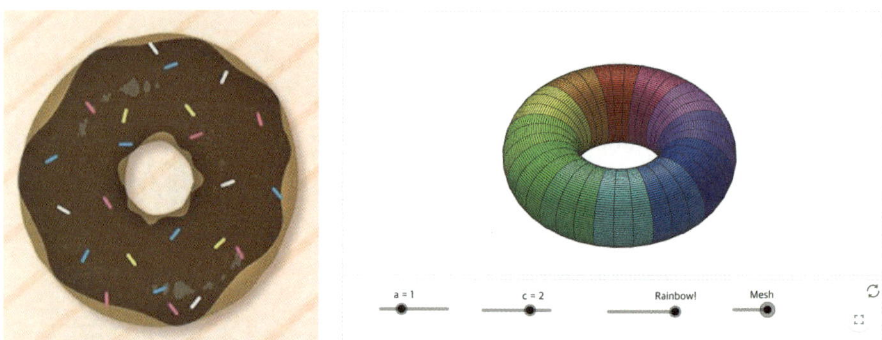

그림 14.2: 도넛과 토러스(https://ggbm.at/xacwukxu)

비록 포켓몬 고와 같은 게임은 아니지만 얼마전[1] 지오지브라 3차원 안드로이드 앱에서 증강현실을 사용할 수 있게 되었습니다. 그 전까지는 아이폰과 아이패드, 마이크로소프트 계열의 컴퓨터[2]에서만 지오지브라 증강현실을 사용할 수 있었습니다. 지오지브라 3차원 안드로이드 앱에서까지 증강현실을 적용할 수 있게 되면서 증강현실은 지오지브라 앱의 공식적인 기능이 되었습니다. 이 장에서는 지오지브라 3차원 앱에서 증강현실을 어떻게 활용할 수 있는지 소개하도록 하겠습니다.

[1] 2018년 10월경

[2] 마이크로소프트 앱의 경우 증강현실(Augmented Reality)가 아닌 혼합현실(Mixed Reality)입니다.

14.2 지오지브라 스마트폰 앱

지오지브라 스마트폰 앱은 지오지브라 클래식(데스크톱, 웹 버전)과 달리 기하창, 대수창, CAS 창, 스프레드시트 창, 3차원 기하창의 기능을 분할하여 제공합니다. 이는 앱의 화면은 작은데 너무 방대한 기능이 하나의 앱에 집약되어 있는 것은 효율적이지 못하기 때문입니다. 지오지브라의 앱은 현재 베타버전까지 포함하여 5가지(그래픽 계산기, 기하, 3차원 그래픽 계산기, CAS 계산기, 공학용 계산기)가 있으며 공식적으로는 3가지(그래픽 계산기, 기하, 3차원 계산기)가 지원됩니다. 지오지브라 안드로이드 앱을 작동하는 방법은 쉽습니다. 앱을 구동하는 방법은 아이콘을 터치하는 것이죠.

그림 14.3: Playstore에 나타난 지오지브라 안드로이드 앱(베타버전 포함)

14.3 지오지브라 3차원 앱

지오지브라 3차원 그래픽 계산기 앱의 화면은 그림 14.4와 같습니다. 기본적으로 지오지브라 스마트폰 앱은 **대수탭** 과 **기하탭** 으로 나뉘어 있습니다. 대수탭을 터치하면 수식이나 명령을 입력할 수 있습니다. 기하탭을 터치하면 기하 도구가 나타납니다.

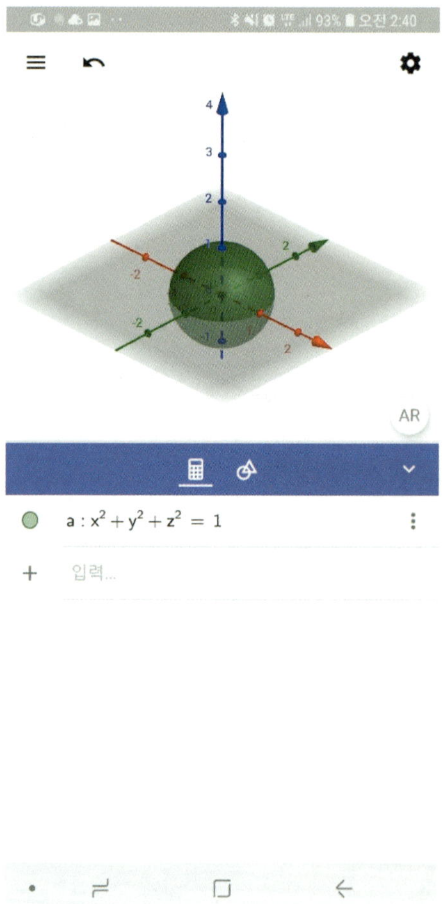

그림 14.4: 지오지브라 3차원 그래픽 계산기 앱 화면

14.4 증강현실을 적용해 보자!

앞에서 그린 3차원 예제를 우리 현실 속으로 끌어와 보겠습니다. 3차원 그래픽 계산기 화면의 AR 버튼(오른쪽 하단)을 터치하면 곧바로 증강현실 모드로 전환됩니다.

예를 들어 저는 제 스마트폰에서 지오지브라 3차원 앱을 실행하고 구를 하나 그렸습니다. 그 다음 AR 모드를 실행하고 구를 노트북 키보드 위에 위치시켰습니다. 스마트폰을 이동시켜 구 안쪽을 들여다 볼 수 있었습니다.

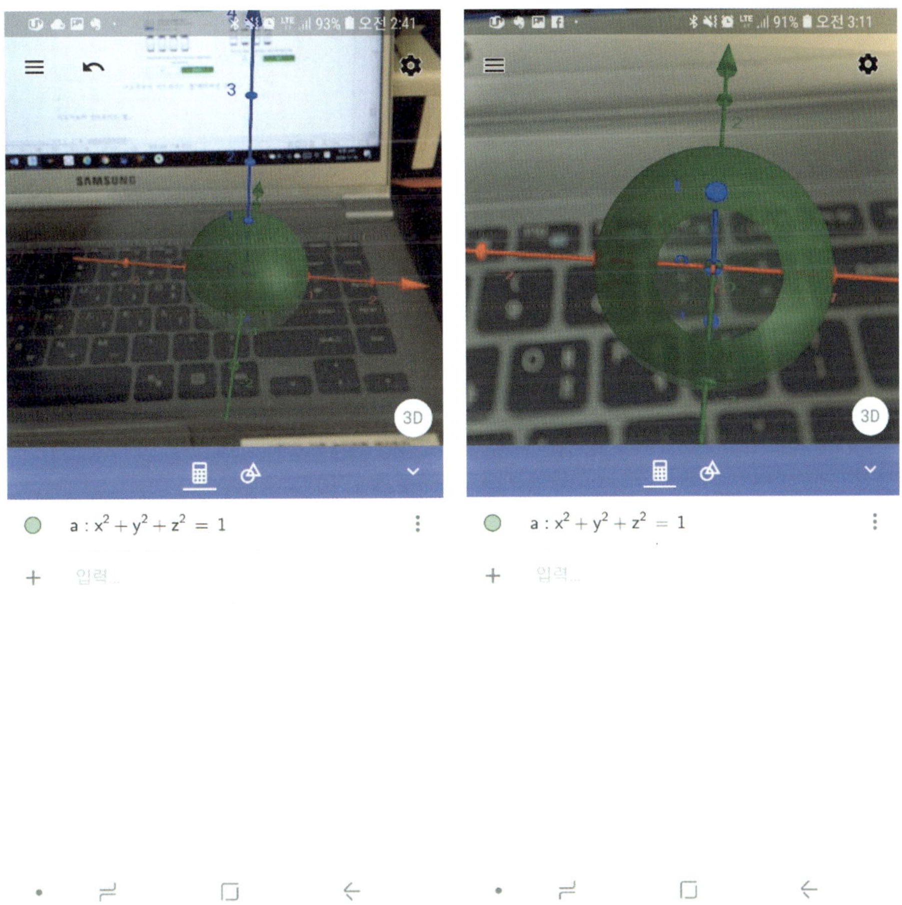

그림 14.5: 지오지브라 3차원 앱의 증강현실(AR) 모드에서는 지오지브라 대상의 여러 부분을 들여다보면서 관찰하는 것이 가능합니다.

14.5 마치면서

지오지브라 동적 자료 제작으로 유명한 Tim Brzezinski는 최근 지오지브라 AR을 적극적으로 활용하고 있습니다.[3]

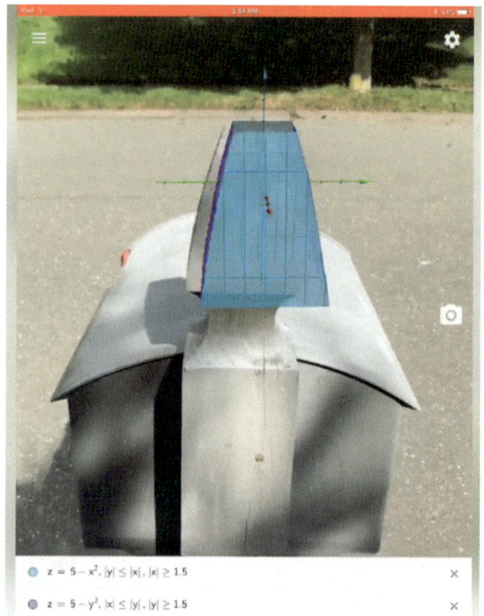

그림 14.6: 우체통을 지오지브라 AR로 모델링하는 모습

지오지브라 증강현실은 최근에 개발된 기능이고 앞으로 우리의 창조적인 발상에 유용하게 사용될 것이라는 생각이 듭니다. 앞으로 지오지브라 증강현실과 함께 모든 사람이 수학을 더 즐길 수 있게 되기를 기대합니다.

[3]https://www.facebook.com/BrzezinskiMath/videos/150082112601240/

14.6 참고자료: Tim Brzezinski의 AR 자료

최근 지오지브라 세계에 몇몇 고수가 나타나고 있습니다. 이분들이 만드는 지오지브라 '작품'은 어느 누가 보아도 참신하고 신기할 따름입니다. 그 가운데 Tim Brzezinski의 활약이 두드러집니다.

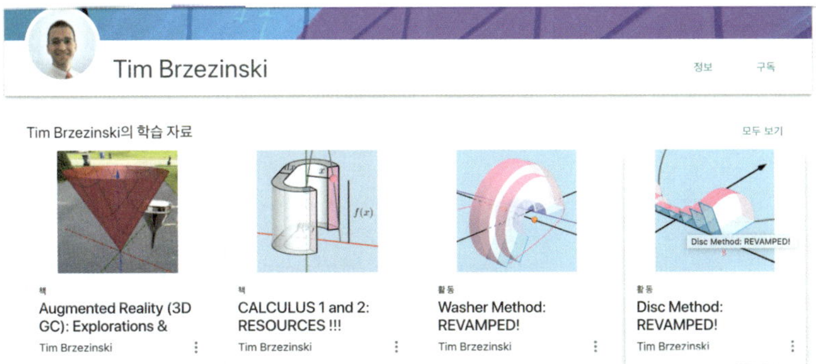

그림 14.7: Tim Brzezinski의 지오지브라 홈페이지 (https://www.geogebra.org/u/tbrzezinski)

Brzezinski가 만든 자료는 주로 시간의 흐름에 따라 순차적으로 논증이 이루어지는 자료입니다. 그야말로 '말이 필요없는 증명'이라고 볼 수 있습니다.

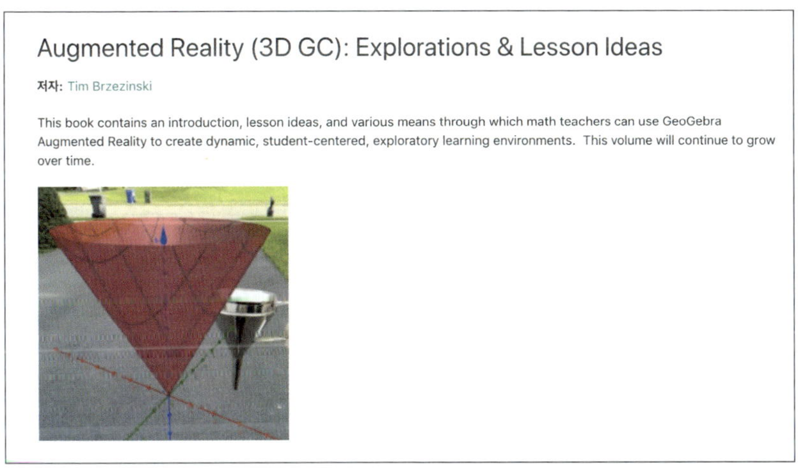

그림 14.8: Tim Brzezinski의 AR 자료 (https://ggbm.at/qbxbcmqw)

Tim Brzezinski는 수많은 자료를 만들어서 인터넷 상에 공유하고 있습니다. 그의 자료는 필자에게도 많은 영감을 줍니다. 이 글을 읽는 여러분에게도 영감을 주어 좋은 지오지브라 자료가 개발되고 공유되기를 기대합니다.

14.7 참고자료: 애너글리프(Anaglyph)

애너글리프(Anaglyph 3D)는 빨간색(Red)과 파란색(Cyan)의 필터를 사용하여 양 눈의 이미지를 서로 다르게 보이게 하여 입체감을 느끼게 하는 효과를 말합니다. "색으로 구분된" 애너글리프 안경을 통해 보았을 때, 각각의 두 이미지는 눈에 도달하여 통합된 입체 영상을 나타냅니다. 뇌의 시각 피질은 이를 3차원 대상으로 입체감있게 인식하게 됩니다.

애너글리프 이미지는 웹, 블루레이 디스크, CD, 인쇄물에 이미지를 표시하는 데 활용될 수 있으며 최근 다시 인기를 얻고 있습니다. 애너글리프를 위한 안경은 값이 무척 저렴합니다. 안경의 재질은 종이 또는 플라스틱이며 색상 조합은 Red/Cyan 안경이 표준입니다.[4]

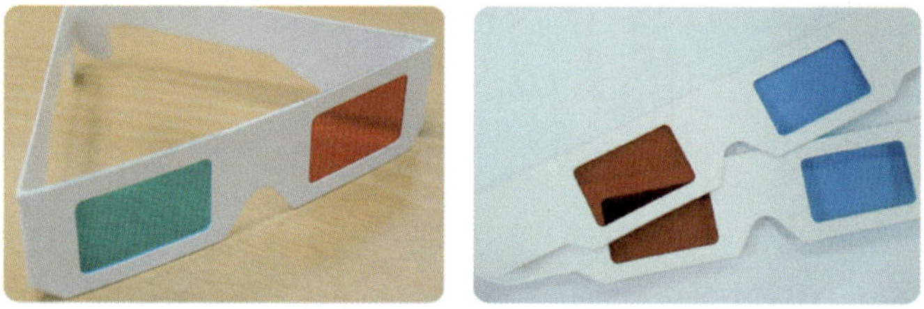

그림 14.9: Red/Cyan 안경

2012년 이후로 지오지브라에서는 **3차원 안경 모드**를 지원하고 있습니다. **안경 모드**가 바로 **Red/Cyan 안경**을 위한 기능으로 3차원 기하창의 입체 화면을 애너글리프로 바꿔줍니다.

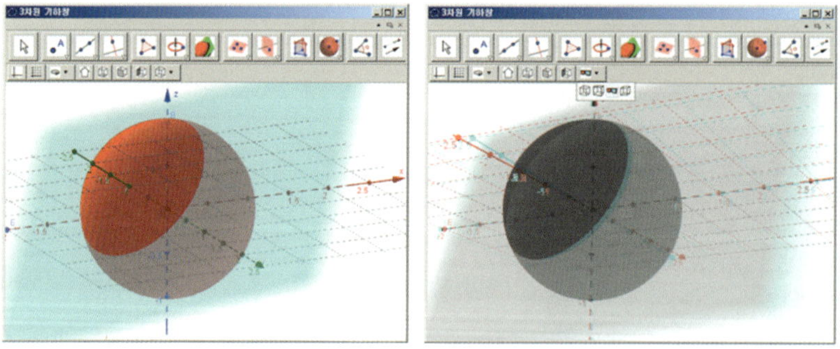

그림 14.10: (좌) 일반 3차원 기하, (우) Red/Cyan 안경을 통해 보는 애너글리프

지오지브라의 스타일바에서 투영방식을 [안경모드 투영방식]으로 선택하고 Red-Cyan 안경을 착용하면 애너글리프 3D 영상을 관찰할 수 있습니다.

---

[4]Green/Margenta 색상 조합도 있다. Red/Cyan 색상 조합이 더 선명한 영상을 만들어 내는 것으로 알려져 있습니다.

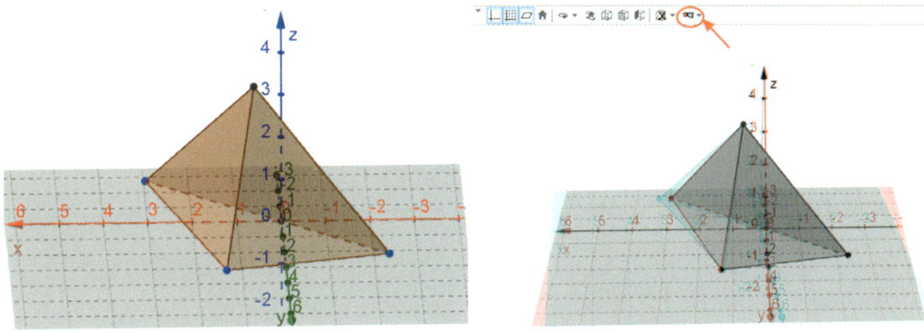

그림 14.11: 정사면체 애너글리프 영상

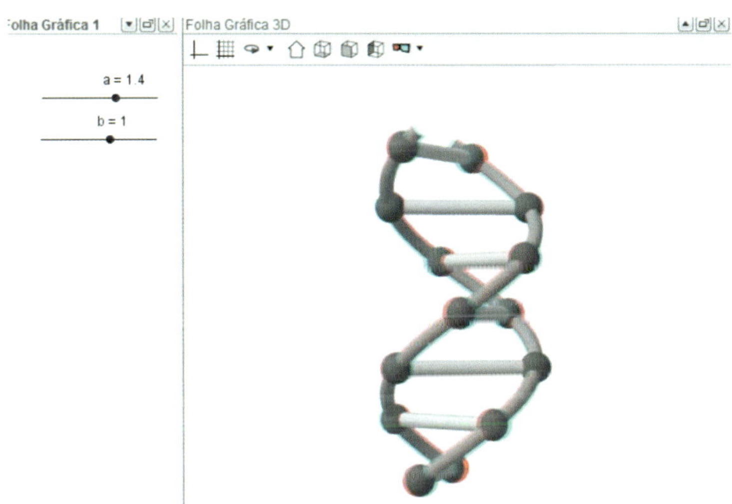

그림 14.12: DNA 애너글리프 영상

CHAPTER 15

지오지브라와 커팅 프린터

요 약

이 장은 최근 종이를 도안대로 커팅하여 아름다운 작품을 만드는 데 널리 활용되고 있는 커팅 프린터와 지오지브라를 연계하는 방안을 제시하고 있다. 특히 지오지브라에서 디면체의 진개도를 쉽게 생성할 수 있기 때문에 약간의 편집을 거치면 커팅 프린터에서 활용될 수 있는 도안으로 변환될 수 있다.

이 장의 내용은 이대영 선생님(hyeelang@naver.com)이 쓰신 "커팅 프린터의 활용을 위한 지오지브라 작도"(https://band.us/band/57566088/post/711) 원고를 참고하여 작성하였다. 원고의 내용을 활용할 수 있도록 허락해 주신 이대영 선생님께 진심으로 감사를 드린다.

15.1 커팅 프린터를 활용한 3차원 대상 제작

최근 **커팅 프린터**를 이용하여 미적요소를 가진 입체 도형을 만드는 일이 많아졌습니다. 예를 들어 그림 15.1과 같은 IQ 램프는 상당히 많은 수의 종이 조각을 연결하여 만든 것입니다. 이때 필요한 많은 조각들은 서로 모양이 동일하기 때문에 반복적인 가위질이 필요합니다. 커팅 프린터는 컴퓨터에 도안(그림 15.2)을 입력하면 그 도안에 따라 잘라주기 때문에 그와 같은 반복적인 작업을 줄여주어 작품의 미적요소에 집중할 수 있도록 하는 기기입니다.

커팅 프린터에서도 자체 프로그램을 통하여 도안을 작성할 수 있지만 이 장에서는 지오지브라에서 작성한 도형을 커팅 프린터에서 출력하는 방법에 대하여 알아보겠습니다. 결국 이 장에서 제시하고자 하는 것은 지오지브라에서 작성한 도형을 어떻게 커팅 프린터의 자체 프로그램에 인식하도록 변환하는가에 대한 것입니다.

현재 국내에서는 실루엣 브랜드의 커팅프린터(그림 15.3)가 주로 판매되고 있습니다. 따라서 이 장에서 제시하는 방법은 지오지브라의 도형을 실루엣 스튜디오(그림 15.4)에 적합하도록 변환하는 과정임을 밝힙니다.

그림 15.1: 커팅 프린터를 활용하여 제작한 IQ 램프(플라워 램프)

그림 15.2: 플라워 램프의 도안

그림 15.3: 커팅 프린터(제품명: 실루엣 포트레이트)

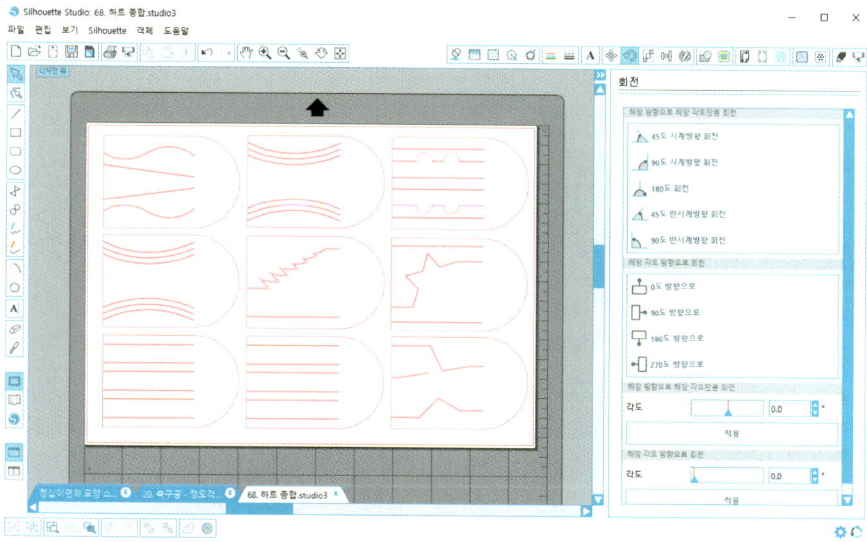

그림 15.4: 설치 후 실행한 실루엣 스튜디오의 모습

실루엣 스튜디오는 기존의 그래픽 편집 프로그램과 상당히 유사합니다. 왼쪽에는 [커팅선]을 그리기 위한 도구들이 있고, 왼쪽 위 상단에는 [새로운 작업], [저장] 등의 메뉴가 있습니다. 오른쪽에는 도형들의 대칭, 확장, 복사, 채우기 등의 작업이 가능한 메뉴와 함께 실제로 자르기 위해 커팅 프린터의 설정을 조정하는 메뉴로 이루어져 있습니다. 자세한 내용은 지오지브라로 작도한 후 설명하겠습니다.

15.2 지오지브라를 이용한 도형의 작도와 설계

지오지브라를 이용해서 커팅 프린터에서 활용할 정8면체의 전개도를 그리고자 합니다.

① 점 A, B를 만들기 위해 다음과 같이 입력합니다.

```
A = ( 0 , 0 , 0 )
B = ( 2 , 0 , 0 )
```

② 정8면체를 정의하기 위해 입력창에 다음과 같이 입력합니다.

```
정8면체( A , B )
```

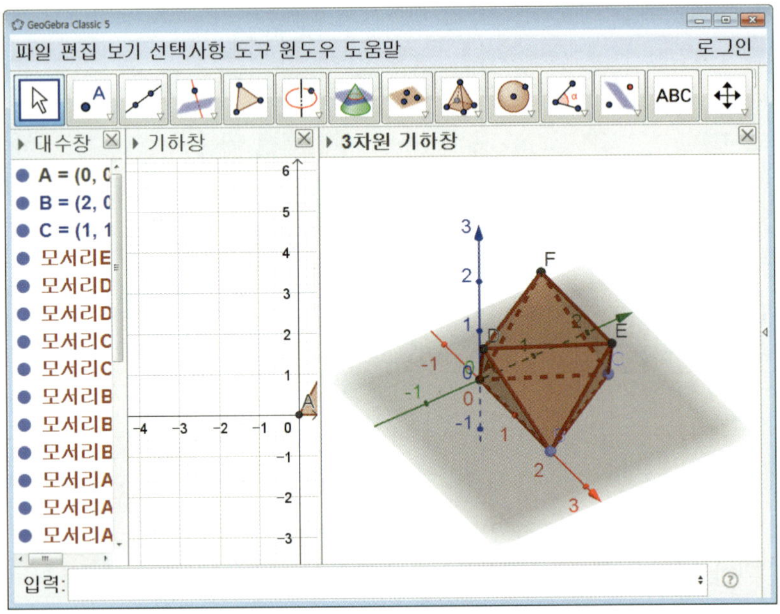

③ 전개도 도구를 선택하고 3차원 기하창의 정8면체를 클릭 합니다. 전개도가 xy 평면과 2차원 기하창에 동시에 나타납니다.

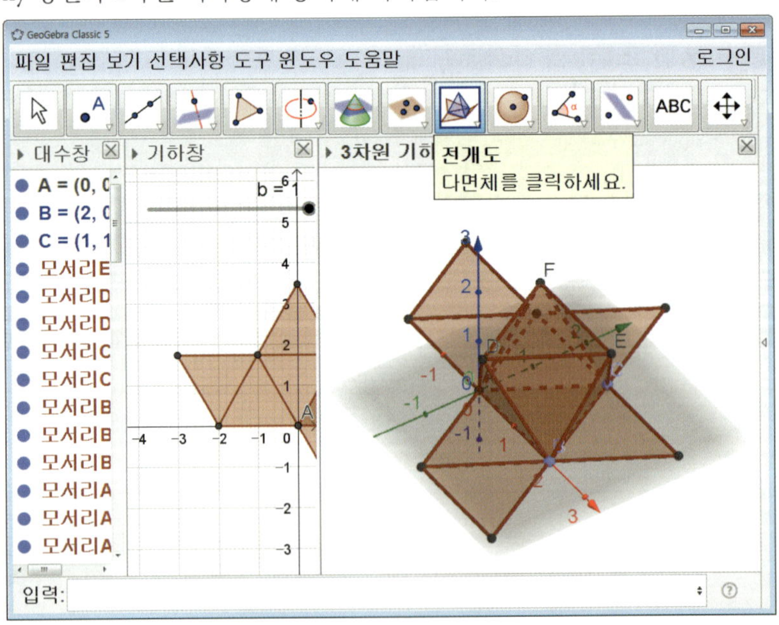

④ 3차원 기하창을 끄고 2차원 기하창만 남깁니다. 2차원 기하창에서 각각 삼각형을 선택하고[1] 설정사항 대화상자를 열어 불투명도를 0으로 조절합니다.

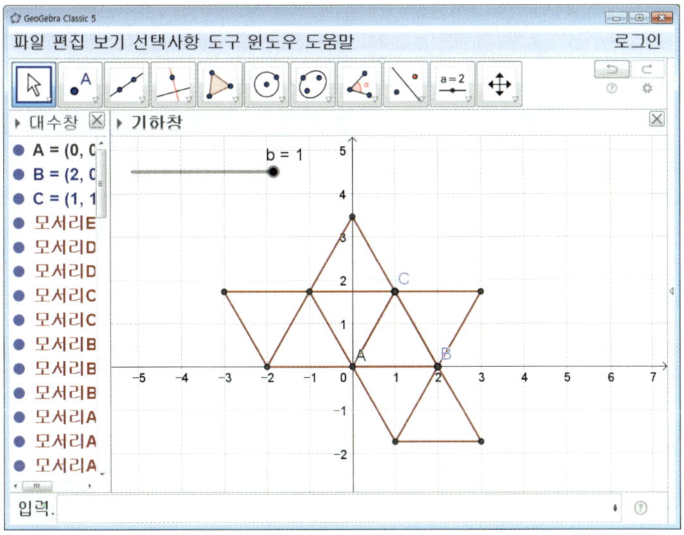

⑤ 만들어진 전개도 내부의 선을 점선으로 바꿉니다.[2]

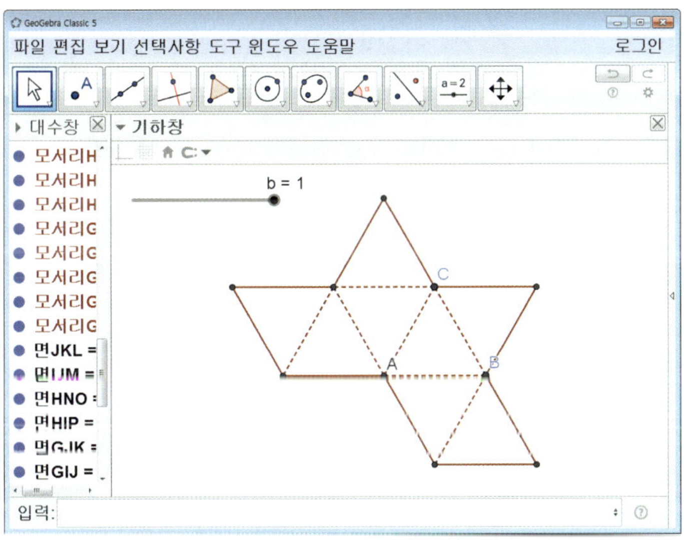

[1] Ctrl 키를 누르면 여러 면을 동시에 선택할 수 있습니다.

[2] 스타일바를 이용하면 쉽게 바꿀 수 있습니다. 만일 한 번에 바뀌지 않는 경우에는 두 선분이 겹쳐져 있기 때문입니다. 점선으로 바뀌지 않는 선분을 클릭한 후 대수창에서 보이지 않도록 하고 나머지 선분을 점선으로 바꾸면 바뀝니다.

15.3 지오지브라 도형을 커팅 도안으로 변환하기

이제 지오지브라 도형을 커팅 도안으로 변환하고자 합니다. 앞에서는 정8면체의 전개도를 만들었지만 간결한 설명을 위해 정4면체 전개도로 설명하도록 하겠습니다.

① 지오지브라에 그려진 정4면체 전개도를 마우스 오른쪽 버튼 드래그하여 영역을 선택합니다.

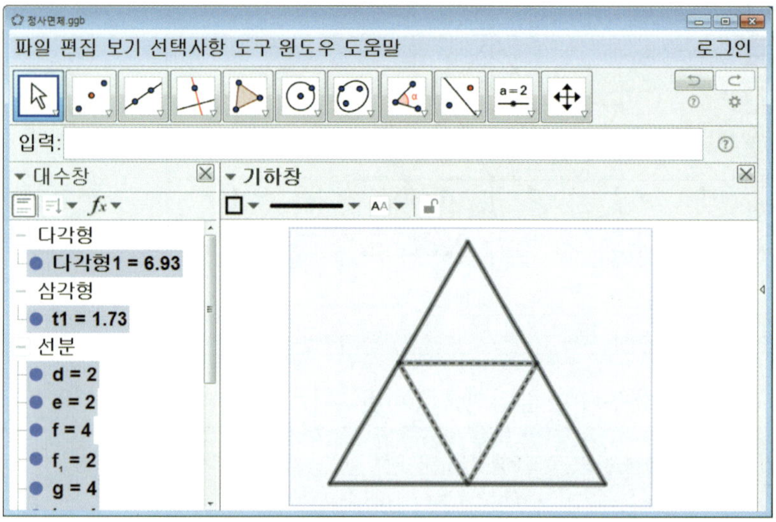

② [메뉴]에서 [파일] → [내보내기] → [기하창을 그림으로 저장] 메뉴를 차례로 선택하여 정4면체 전개도를 그림 파일로 저장합니다.[3]

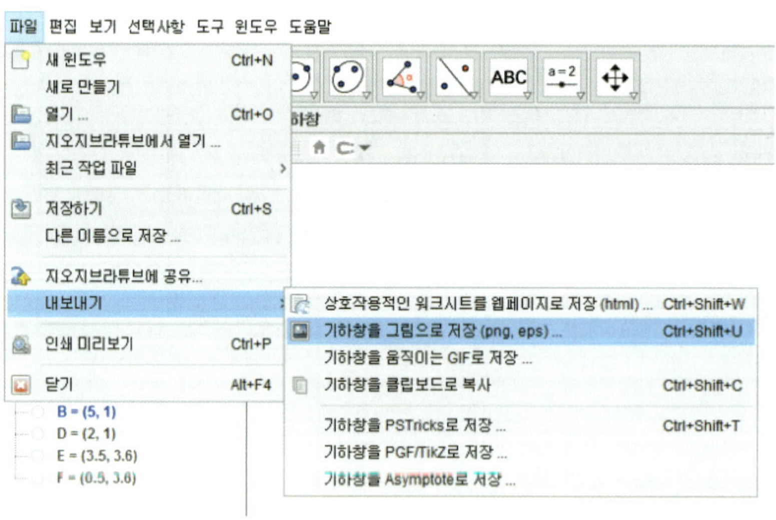

[3] 저장형식은 상관없습니다.

③ 실루엣 스튜디오 프로그램으로 그림을 불러옵니다. [파일]의 [열기] 메뉴를 사용하거나 실루엣 스튜디오로 파일을 드래그 앤 드롭하면 됩니다.

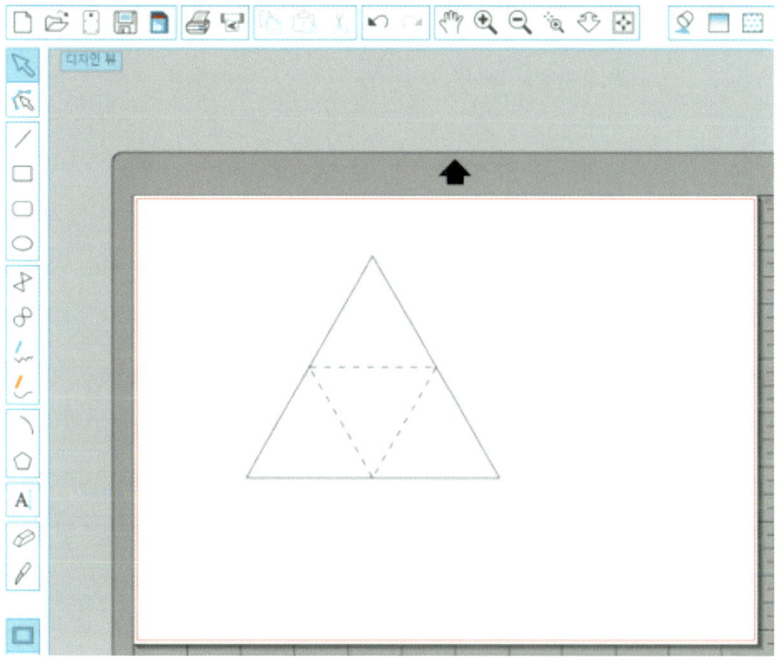

④ 실루엣 스튜디오 오른편 위쪽의 [추적창] 도구를 누릅니다. [추적영역 선택하기]를 누른 후 정4면체 전개도를 드래그하여 모두 선택합니다. 선택된 전개도가 노란색으로 바뀝니다.

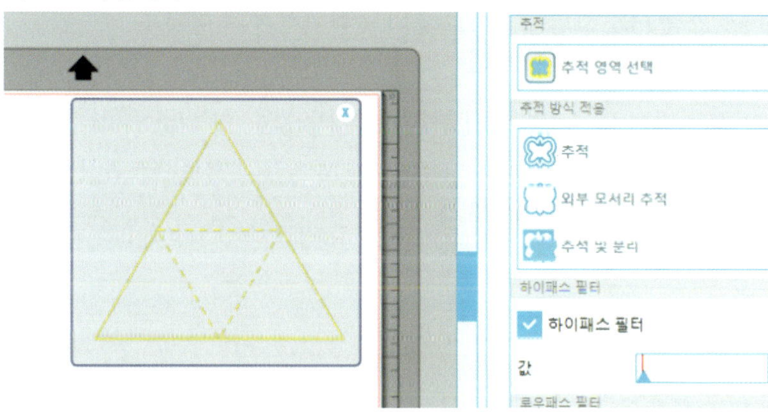

⑤ [외부 모서리 추적]을 클릭합니다. 도형의 외곽선만 추적됩니다.

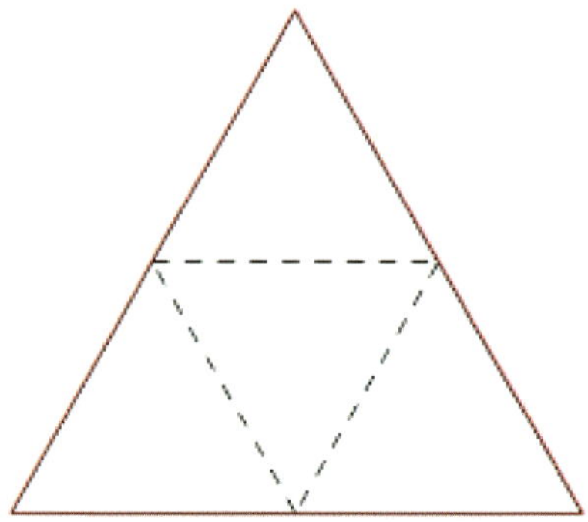

그림 15.5: 추적한 결과

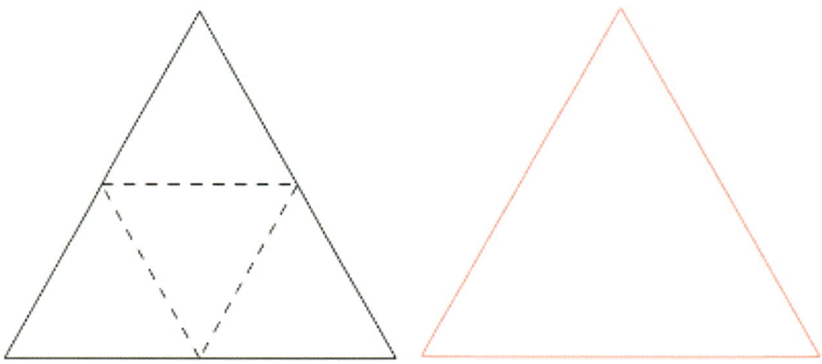

그림 15.6: 그림을 옆으로 옮기고 확인한 추적 결과물

※ [추적]을 누르면 안 됩니다. 이는 그림 속 [선]은 [수학 개념의 직선]이 아니라, [선 덩어리] 들이기 때문입니다. 따라서 [선]도 [그림]으로 인식하게 되어 [추적]한 결과는 그림의 모든 선이 됩니다.

⑥ 이제 내부의 점선을 그려봅시다. 추적선과 그림이 겹쳐진 상태에서 선을 하나 그립니다.

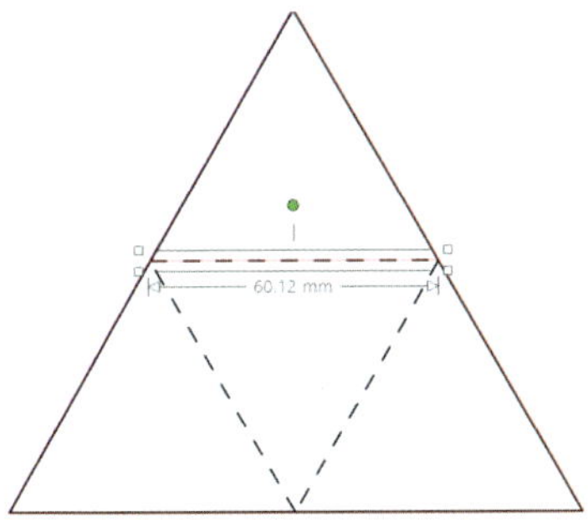

⑦ 선분을 클릭 한 후 「Ctrl + →」를 두 번 눌러 오른쪽으로 2개 더 복사해 둡시다.

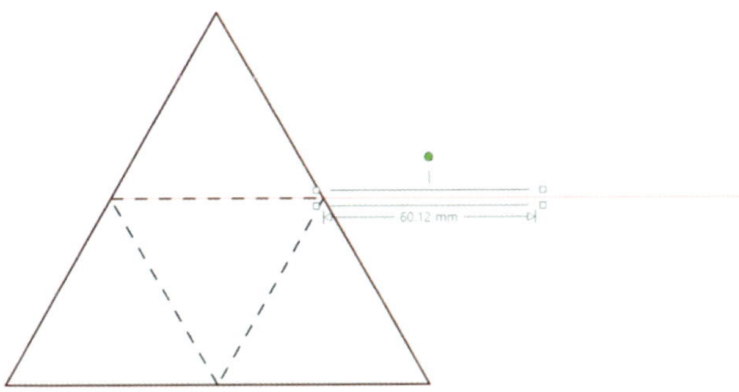

⑧ 이제 새로 추가한 두 선분을 회전시켜서 삼각형 안에 놓고자 합니다. [오른편 위쪽 메뉴]의 [회전창] 도구를 선택한 후 제일 하단의 [해당 각도로 회전]에 120와 240을 각각 입력하여 두 선분을 회전시킵니다.

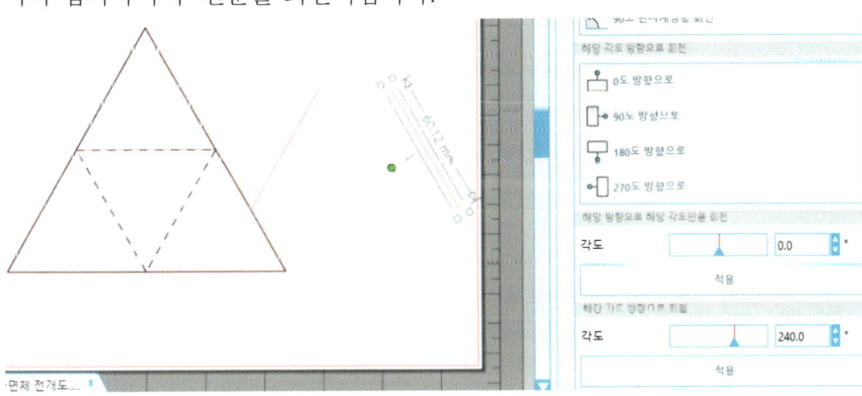

⑨ 이제 배경의 그림을 삭제하여 붉은 선만 남게 합니다.

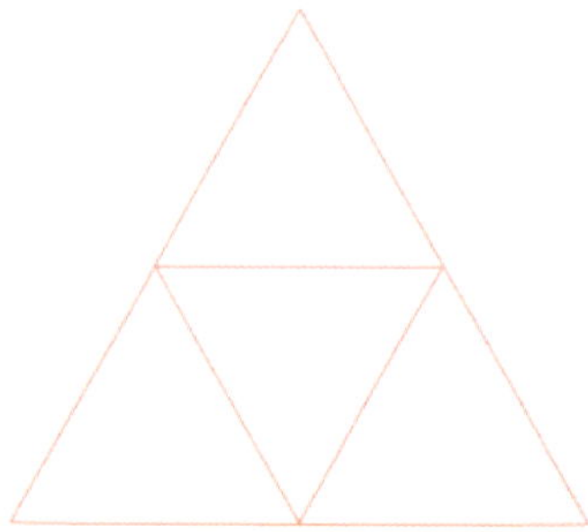

⑩ 삼각형 내부의 선을 클릭하여 점선으로 바꿉니다. 전체 그림을 선택하여 [그룹]으로 묶어줍니다.

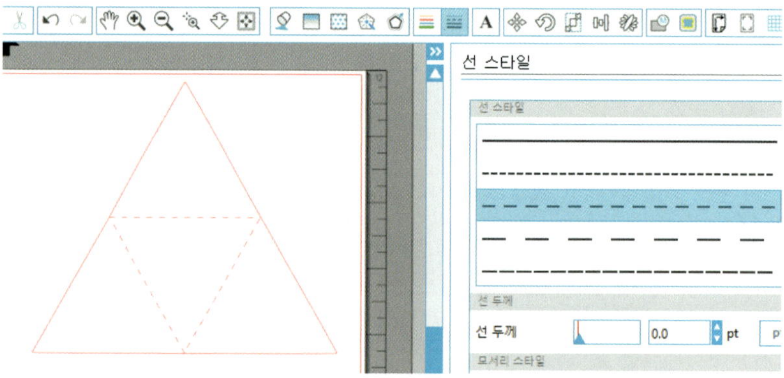

15.4 마치면서

이 장에서는 지오지브라에서 작성한 전개도를 커팅 프린터에서 활용할 수 있도록 변환하는 내용에 대하여 다루었습니다. 이 방법은 지오지브라에서 직접 3차원을 탐구하는 방법은 아니지만 가상의 3차원 대상을 지오지브라에서 2차원 대상인 전개도로 바꾸고 이를 직접 실물로 만들어 볼 수 있는 좋은 방법이라고 생각되어 소개하였습니다.

종이라는 재료는 주변에서도 쉽게 구할 수 있는 친숙한 재료입니다. 종이를 활용한 3차원 모델 제작은 우리의 사고를 3차원적으로 열어줄 수 있는 가장 쉬운 방법이며 이런 측면에서 이 장의 내용은 상당히 많은 가능성을 가지고 있습니다.

CHAPTER 16

지오지브라와 4D프레임

요 약

이 장은 지오지브라에서 설계하고 포디프레임을 사용하여 구현하는 설계 프로젝트의 사례를 제시하고 있다. 즉 토러스를 점과 선으로 지오지브라에서 설계하고 이를 포디프레임을 이용하여 구현하는 것이다.

이 장의 내용은 김준형 선생님(flipman@geogebra.or.kr)의 "지오지브라를 활용한 STEAM 교육 – 토러스 설계 및 구현하기" 원고를 참고하여 작성하였다. 원고의 내용을 활용할 수 있도록 허락해 주신 김준형 선생님께 진심으로 감사를 드린다.

16.1 들어가면서

최근 STEAM 교육에 대한 관심이 점차 많아지고 있다. STEAM이란 과학(Science), 공학(Technology), 기술(Engineering), 예술 또는 인문학(Arts), 수학(Mathematics)의 앞글자를 따서 만든 단어로 각 과목의 융합을 추구하여 창의성을 발휘할 수 있는 인재를 길러내자는 취지를 갖는 교육이라고 할 수 있다. 4차 산업혁명의 시대적 흐름에 따라 이제는 지식만 많이 알고 있는 것이 더 이상 개인의 능력의 척도로 작용할 수 없게 되었고 그 지식을 창의적으로 결합하여 산출물을 낼 수 있는 것이 진정한 능력으로 인정받는 시대로 변해가고 있다.

학교에서의 수학 교실 수업은 이와 같은 시대적인 흐름을 따라잡고 있는가? 이와 같은 시대에 우리나라의 교육은 어떤 준비를 해 나가야 하는가?

STEAM 교육을 준비하는 것이 매우 중요하다는 사실에 필자들은 절실히 공감하였고 이와 같은 교육을 가장 잘 구현해 볼 수 있는 수업 소재가 무엇일까 지속적으로 고민하고 있다. 이와 같은 과정에서 다음과 같은 주제를 시도해 보고자 한다.

``지오지브라로 토러스(torus)를 설계하고 이를 4D프레임으로 구현해보자.''

이와 같은 주제를 설정한 이유는 다음과 같다. 현재 지오지브라는 2차원 기하를 넘어 3차원 기하적 대상을 자유자재로 다룰 수 있는 수학교육에 있어서의 가장 강력한 도구 가운데 하나이다. 또한 4D프레임은 점과 선으로 이루어진 구조를 가장 간편하고 쉽게 구현할 수 있는 도구의 하나이다.[1] 이러한 측면에서 지오지브라와 4D프레임의 결합이 교육적 효과의 측면에서 최고의 시너지를 낼 수 있을 것이라고 필자는 기대한다.

자, 이제 지오지브라로 **토러스**를 설계하고 이어서 4D프레임으로 토러스가 실체를 갖도록 구현해보도록 하자.

16.2 지오지브라로 토러스(torus) 설계하기

지오지브라에서 토러스를 구현하는 방법은 다양하게 존재하지만 4D프레임이라는 재료를 사용해야 하기 때문에 점과 선으로 이루어진 도형을 어떻게 쉽게 그릴 수 있는지 방법을 고안해야 한다. 아래 제시된 구성 순서를 살펴보면 지오지브라의 '수열' 명령이 사용된 것을 알 수 있다.

① 반지름에 해당하는 슬라이더 r 만든다.

② 다음 명령어를 입력창에 입력한다.

```
A = (-4 , 0 , 0 )
a: x = -4
f = 교선[ a , z = 0 ]
c: 원[ A , r , f ]
교점[ x축 , c ]

[실행결과]
B = ( -2 , 0 , 0 )
C = ( - 6 , 0 , 0 )
```

[1] 면은 점과 선으로 이루어진 구조의 부산물일 뿐이다.

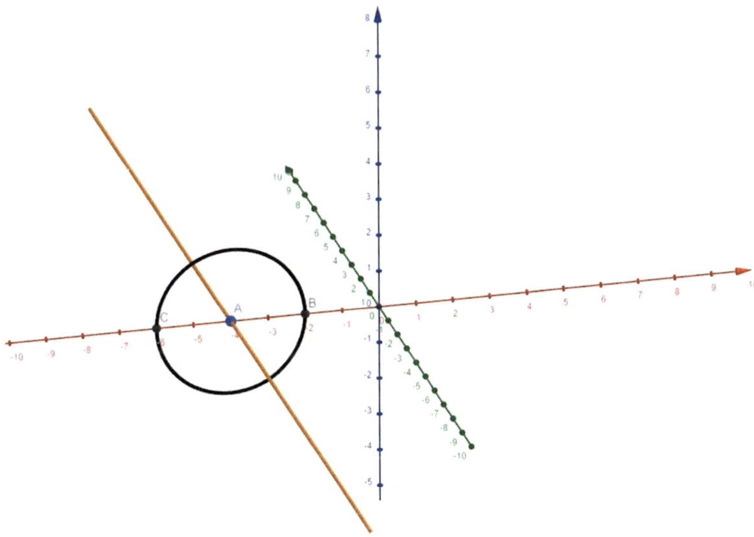

③ 정10각형의 꼭짓점을 만들기 위해 다음 명령어를 입력창에 입력한다.

```
L1=수열[회전[B,36°*t,f],t,0,10]
```

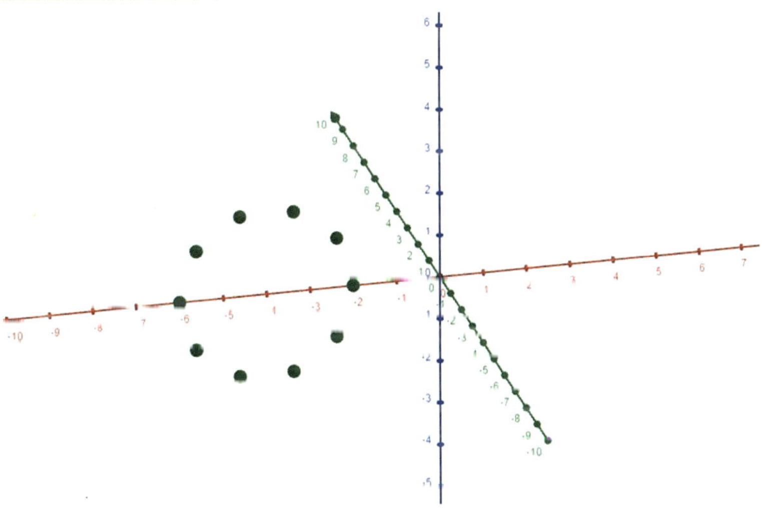

④ 리스트 L1의 점들을 z축을 중심으로 회전시키기 위해 다음 명령어를 입력창에 입력한다.

```
L2=수열[회전[L1,36°*t,z축],t,0,10]
```

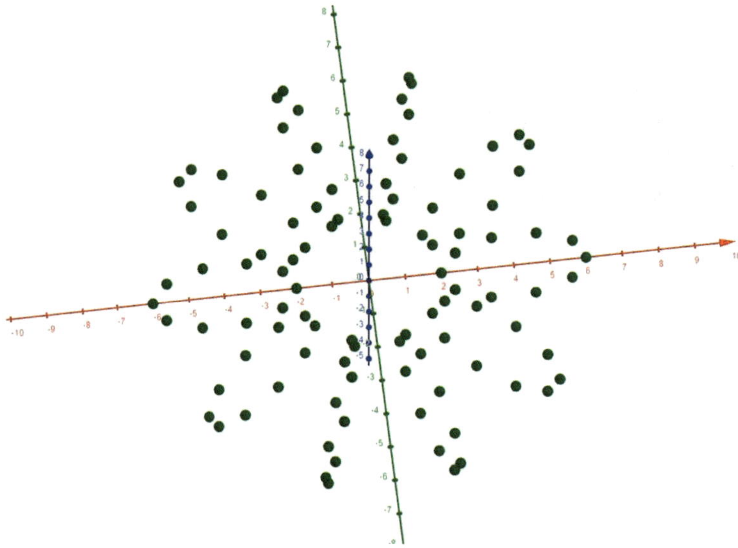

⑤ 점을 선분으로 연결하기 위해 다음 명령어를 입력창에 입력한다.

```
M1=수열[선분[원소[L1,t],원소[L1,t+1]],t,1,10]
```

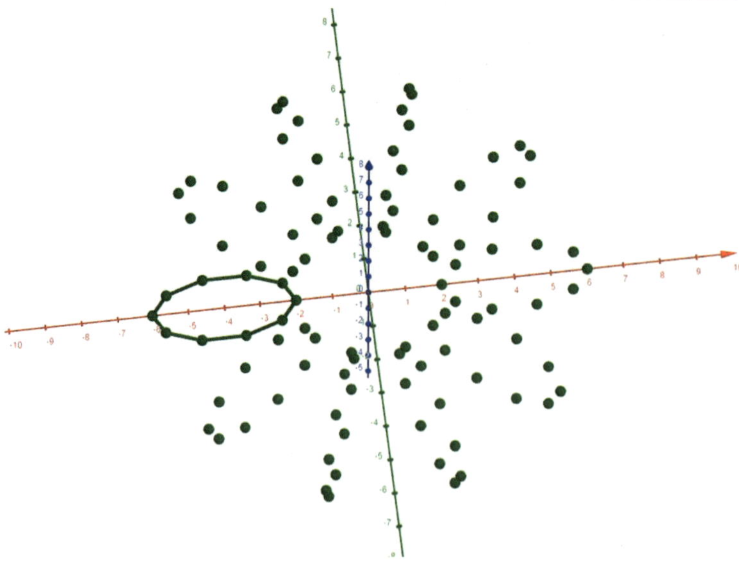

⑥ 선분을 z축으로 회전시키기 위해 다음 명령어를 입력창에 입력한다.

```
M2=수열(회전(M1,36°*t,z축),t,0,10)
```

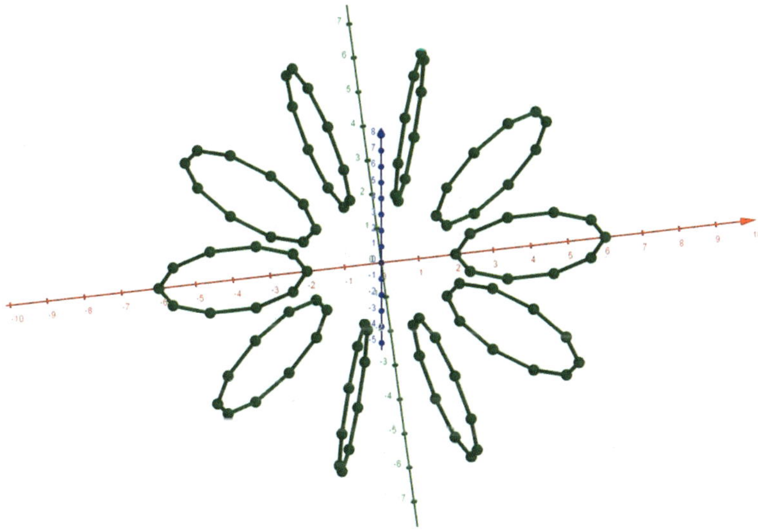

⑦ 연결되지 않은 점을 선분으로 연결하기 위해 다음 명령어를 입력창에 입력한다.

```
M3=수열(수열(선분(원소(원소(L2,k),t),원소(원소
(L2,k+1),t)),k,1,5),t,1,10)
```

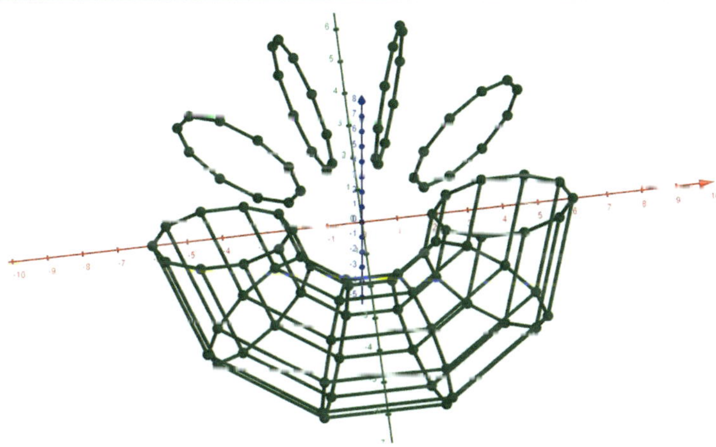

⑧ 연결한 선분을 대칭시키기 위해 다음 명령어를 입력창에 입력한다. 토러스가 완성되었다.

```
M4=수열(회전(M3,180°*t,z축),t,0,1)
```

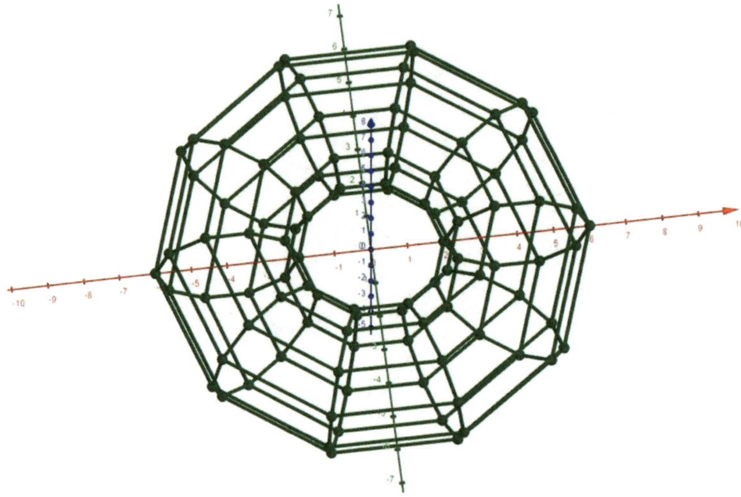

16.3 4D프레임으로 토러스 구현하기

지오지브라에서 설계한 토러스를 어떻게 활용하는 것이 좋을까? 4D프레임의 연결봉(또는 빨대)은 길이를 자유롭게 결정할 수 있다. 따라서 필요한 연결봉(또는 빨대의 조각)을 자로 길이를 재서 잘라내야 한다.[2]

아래의 순서를 따라 4D프레임으로 토러스를 만들어보자.

① 지오지브라의 측정 도구를 활용하여 토러스(torus)의 각 선분의 길이를 확인한 후

② ,③ 비례식을 활용하여 각 선분에 해당하는 4D프레임 연결봉의 길이를 구하고 재단한다.

④ 연결봉과 연결대의 개수를 구한다.

[2]이에 대한 교육적 효과는 무엇인가? 필자는 이것이야 말로 창의성을 기르는 교육의 시작이라고 생각한다. 정해진 조각을 이어붙이는 것을 넘어서야만 한다. 무한히 주어진 재료를 '자신의 필요'에 따라 자유롭게 가위로 잘라내는 것이야 말로 자신의 구상을 따라 작품을 만들어나가는 시작인 것이다. 우리는 이와 같은 창의성을 발전시켜야 한다.

① 지오지브라 선분 길이	② 4D 연결봉 길이 비례식	③ 4D 연결봉 재단할 실제 길이 (반올림)	④ 개수
1.24	3	3	11*10=110
1.47	3.556451613	3.6	2*10=20
2.09	5.056451613	5.1	2*10=20
2.85	6.89516129	6.9	2*10=20
3.47	8.39516129	8.4	2*10=20
3.71	8.975806452	9	1*10=10

다음은 4D 프레임을 이용하여 토러스를 만드는 순서이다.

1 지오지브라의 설계에 따라 자른 연결봉을 연결하여 정10각형을 만들어 놓는다.

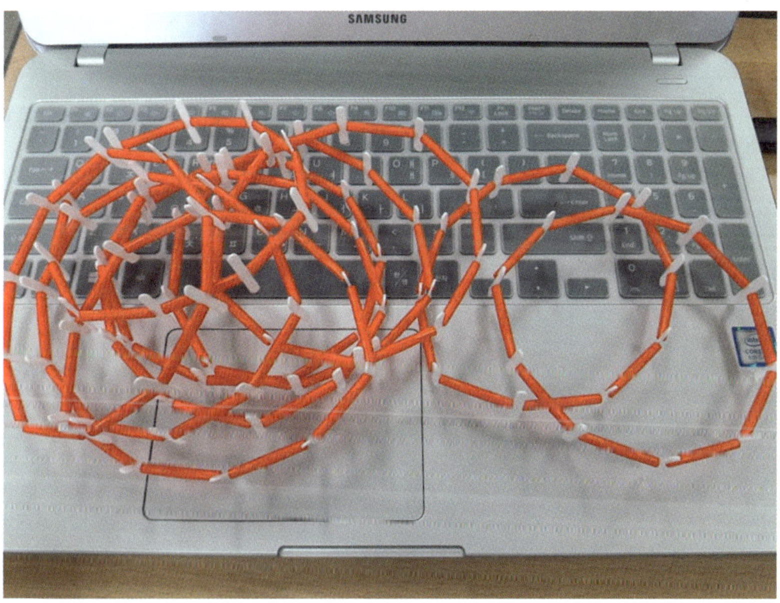

② 정10각형을 연결봉으로 연결한다.

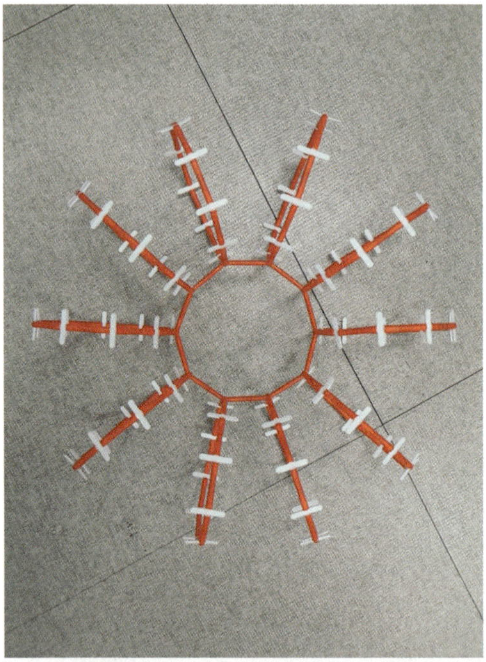

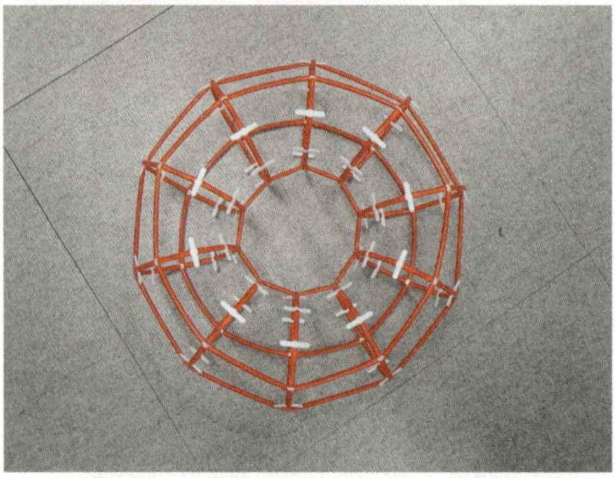

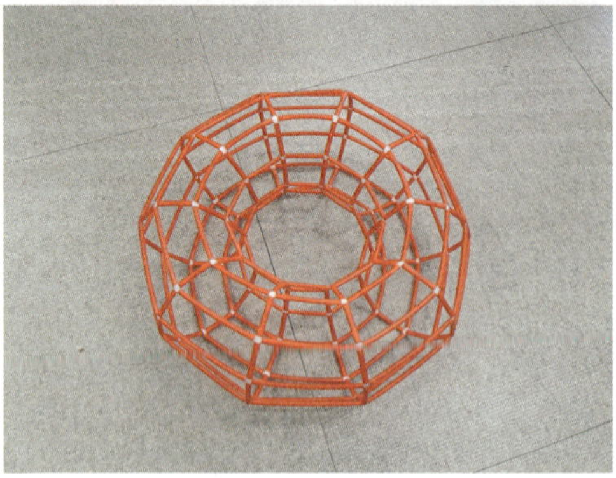

미리 계획한대로 연결발로 연결하면 토러스를 완성할 수 있다. 토러스는 다양한 크기로 제작될 수 있으며 상당히 유연하다.

16.4 마치면서

지오지브라를 이용하여 다양한 3차원 기하 구조물을 설계하는 일은 매우 재미있고 가치 있는 일이지만 그것이 단순히 설계에서만 끝난다면 현실 세계에서 직접 눈으로 확인하고 만져볼 수 없어 더 큰 의미를 찾을 수 없을 것이다. 이 장에서는 지오지브라로 설계하고 단순한 비례식을 활용하여 4D프레임이라는 재료로 토러스를 실제로 구현할 수 있었다. 4D 프레임은 연결봉의 길이를 자유롭게 잘라서 사용할 수 있기 때문에 지오지브라로 설계한 3차원 물체를 다양한 크기로 구현할 수 있다. 또한 물체의 기하적 특성을 눈으로 직접 확인하고 만져봄으로써 수학을 실생활에 적용할 수 있는 좋은 기회를 얻을 수 있다. 앞으로 이와 같은 내용의 활동이 더욱 활성화 되기를 기대한다.

지오지브라 3D 바이블

제6편

부록

CHAPTER 17

한국지오지브라연구소

17.1 설립 목적

한국지오지브라연구소[1]는 2011년에 설립되었다. 한국지오지브라연구소는 **국제지오지브라연구소** (IGI; International GeoGebra Institute)의 비전과 목표를 따라 우리나라 지오지브라 사용자를 위하여 다음과 같은 지원을 하는 공식 기관이다.

- 예비 및 현직 교사를 위한 연수
- 각종 지오지브라 관련 문서 출판
- 지오지브라 관련 연구 수행
- 국내외 지오지브라 관련 행사 개최
- 그 외 지오지브라와 관련된 여러 지원 활동

17.2 학회와 연수

한국지오지브라연구소는 매년 수 천명의 수학 교사에게 지오지브라 관련 연수를 통하여 도움을 제공하고 있다. 또한 한국지오지브라연구소는 국제지오지브라연구소와 협력하여 국제학회를 개최하고 있다.[2]

[1] http://www.geogebra.or.kr/

[2] 2012년에 개최된 GeoGebra ICME Pre-conference 2012 국제학회의 경우 25개국에서 약 160여명이 참여하였으며 각국에서 이루어지고 있는 지오지브라 관련 연구가 발표되었다. 현재 이 학회를 모델로 각국에서도 동일하게 국제학회가 진행되고 있다(http://wiki.geogebra.org/en/GGB_Korea_2012).

17.3 온라인 지원 활동

한국지오지브라연구소는 공식 웹사이트[3]를 통해 다음과 같은 지원 활동을 하고 있다.

1. 질문답변/자료 : 이 책에 관련된 질문은 질문답변/자료 - 지오지브라 코딩 바이블 게시판에 올릴 수 있다.
2. 도움말 문서 : 지오지브라 자료 - 도움말 문서 게시판에서 지오지브라 연구소의 공식 매뉴얼을 다운로드 받을 수 있다.
3. 동영상 강좌 : 지오지브라 자료 - 동영상 강좌 게시판에서 지오지브라 강의 동영상을 볼 수 있다.
4. 수학그림 자료 : 지오지브라 자료 - 수학그림 자료 게시판에서 지오지브라로 작성된 수학그림 자료와 지오지브라 파일을 다운로드 받을 수 있다.

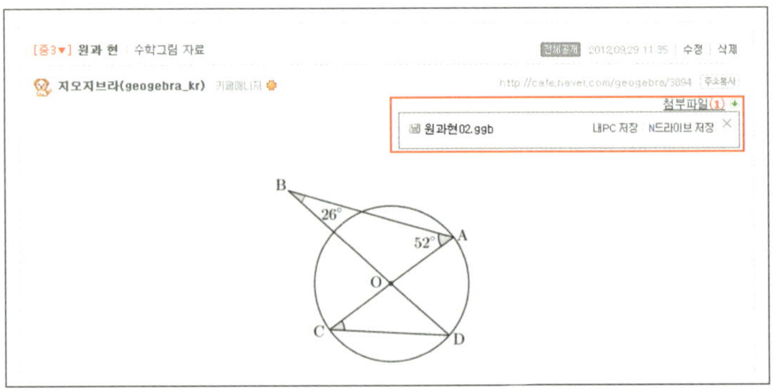

5. 페이스북 페이지 : 지오지브라 공식 페이스북 페이지[4]에서는 지오지브라와 관련된 다양한 정보를 얻을 수 있다.

[3] http://www.geogebra.or.kr/

[4] https://www.facebook.com/geogebrakorea

그림 17.1: 한국지오지브라연구소 웹페이지 (www.geogebra.or.kr)

그림 17.2: 한국지오지브라 공식밴드 (band.us/@geogebra)

그림 17.3: 엄지수학: 엄마와 함께하는 지오지브라 수학 (cafe.naver.com/mommyggbmath)

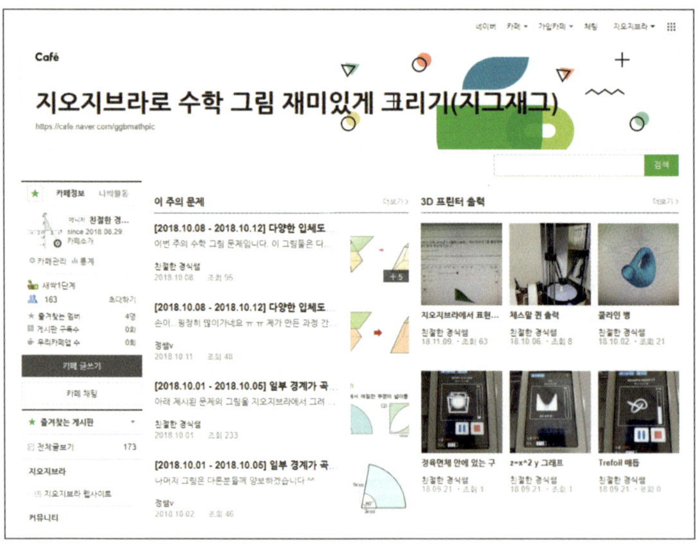

그림 17.4: 지그재그: 지오지브라로 수학 그림 재미있게 그리기 (cafe.naver.com/ggbmathpic)

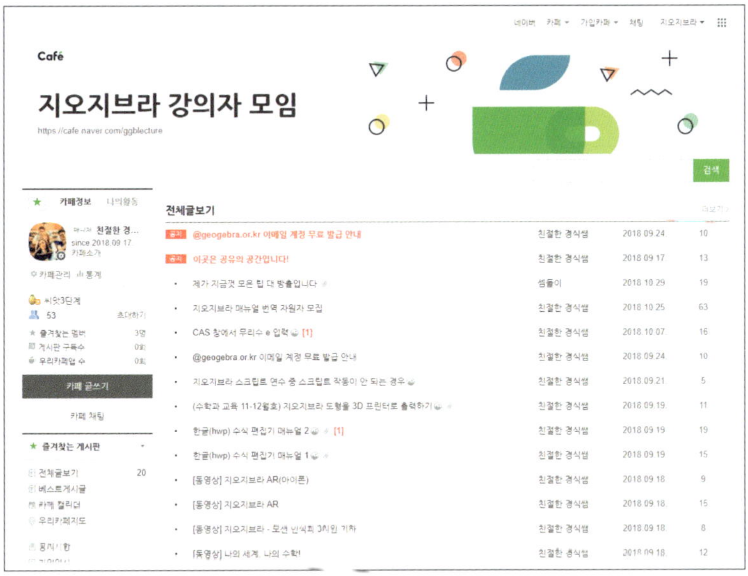

그림 17.5: 지오지브라 강의자 모임 (cafe.naver.com/ggblecture)

그림 17.6: 지오지브라 수학학습자료 (sites.google.com/view/ggbmath)

CHAPTER 18

단축키

18.1 단축키 배열(키보드)

그림 18.1: Alt 키를 눌렀을 때, 키보드에 배열된 특수문자

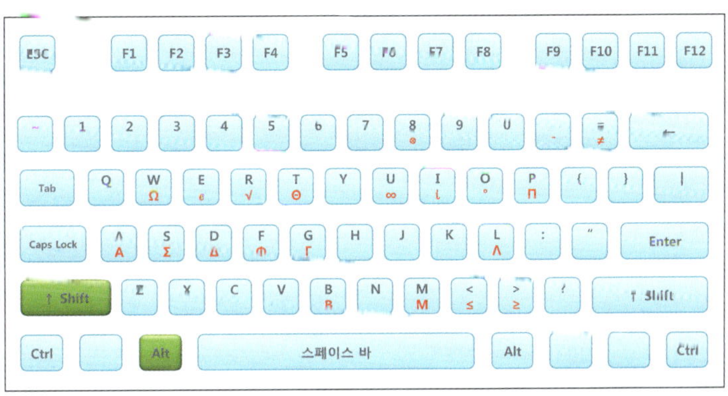

그림 18.2: Shift + Alt 키를 눌렀을 때, 키보드에 배열된 특수문자

18.2 Alt 키를 사용한 단축키

단축키	키값	단축키	키값	단축키	키값
Alt + 0	^{0}	Alt + A	α	Alt + P	π
Alt + 1	^{1}	Alt + B	β	Alt + R	$\sqrt{\ }$
Alt + 2	^{2}	Alt + D	δ	Alt + S	σ
Alt + 3	^{3}	Alt + E	e	Alt + T	θ
Alt + 4	^{4}	Alt + F	ψ	Alt + U	∞
Alt + 5	^{5}	Alt + G	γ	Alt + W	ω
Alt + 6	^{6}	Alt + I	i	Alt + <	$\leq$
Alt + 7	^{7}	Alt + L	λ	Alt + >	$\geq$
Alt + 8	^{8}	Alt + M	μ	Alt + -	$-$
Alt + 9	^{9}	Alt + O	$\circ$	Shift + Alt + 8	$\otimes$
		Shift + Alt + A	A	Shift + Alt + P	Π
		Shift + Alt + B	B	Shift + Alt + R	$\sqrt{\ }$
		Shift + Alt + D	Δ	Shift + Alt + S	Σ
		Shift + Alt + E	e	Shift + Alt + T	Θ
		Shift + Alt + F	Ψ	Shift + Alt + U	∞
		Shift + Alt + G	Γ	Shift + Alt + W	Ω
		Shift + Alt + I	i	Shift + Alt + <	$\leq$
		Shift + Alt + L	Λ	Shift + Alt + >	$\geq$
		Shift + Alt + M	M	Shift + Alt + -	$-$
		Shift + Alt + O	$\circ$	Shift + Alt + =	$\neq$

표 18.1: Alt, Shift+Alt 키를 사용한 단축키

18.3 Ctrl 키를 사용한 단축키

단축키	기능
ESC	이동모드
F1	도움말
F2	선택한 대상 재정의
F3	선택한 대상의 이름, 값을 입력창에 복사
F4	선택한 대상의 값을 입력창에 복사
F5	선택한 대상의 이름을 입력창에 복사
F9	구성 새로고침
+	선택한 슬라이더 값 증가 / 점의 x좌표 증가
−	선택한 슬라이더 값 감소 / 점의 x좌표 감소
Del	선택한 대상 삭제
Backspace	선택한 대상 삭제
Home	구성단계: 맨 위로 이동 / 스프레드시트 창: A1 셀로 이동
End	구성단계: 맨 아래로 이동/스프레드시트 창: 맨 아래 오른쪽 셀로 이동
PageUp	구성단계: 맨 위로 이동 / 점의 z좌표 증가
PageDown	구성단계: 맨 아래로 이동 / 점의 z좌표 감소
→	선택한 슬라이더 값 증가 / 점의 x좌표 증가 구성단계: 위로 이동
←	선택한 슬라이더 값 감소 / 점의 x좌표 감소 구성단계: 아래로 이동
↑	선택한 슬라이더 값 증가 / 점의 y좌표 증가 입력창: 입력한 목록 보기 / 구성단계: 위로 이동
↓	선택한 슬라이더 값 증가 / 점의 y좌표 감소 입력창: 입력한 목록 보기 / 구성단계: 아래로 이동
↵	기하창 / 입력창 전환
Alt + ↵	입력창 포커스

표 18.2: Ctrl 키를 사용한 단축키

단축키	기능
Alt + F4	종료
Ctrl + Alt + C	스프레드시트 값 복사
Shift + →	0.1배로 증가(이동) (선택 대상이 없는 경우) x축 비율 조정
Shift + ←	0.1배로 감소(이동) (선택 대상이 없는 경우) x축 비율 조정
Shift + ↑	0.1배로 증가(이동) (선택 대상이 없는 경우) y축 비율 조정
Shift + ↓	0.1배로 감소(이동) (선택 대상이 없는 경우) y축 비율 조정
Ctrl + →	10배로 증가(이동) 스프레드시트 창: 맨 오른쪽 셀로 이동
Ctrl + ←	10배로 감소(이동) 스프레드시트 창: 맨 왼쪽 셀로 이동
Ctrl + ↑	10배로 증가(이동) 스프레드시트 창: 맨 위 셀로 이동
Ctrl + ↓	10배로 감소(이동) 스프레드시트 창: 맨 아래 셀로 이동
Alt + →	100배로 증가(이동)
Alt + ←	100배로 감소(이동)
Alt + ↑	100배로 증가(이동)
Alt + ↓	100배로 감소(이동)
	대상 두 번 클릭 : 재정의 대수창에서 드래그: 입력창에 대상의 리스트 복사
	(대상 또는 기하창) 문맥 메뉴
	크게 보기 / 작게 보기
Alt + 	(빠르게) 크게 보기 / 작게 보기
Alt + 	선택한 대상의 정의를 입력창에 복사
Shift + 	x, y 비율이 보존되지 않고 확대 / 축소

표 18.3: Ctrl+Shift 키를 사용한 단축키

18.4 기능 키에 대한 예약 기능

단축키			기능
Ctrl	+	1	기본설정으로 되돌리기
Ctrl	+	2	글자크기, 선굵기, 점크기 증가
Ctrl	+	3	흑백 모드
Ctrl	+	A	모든 대상 선택
Ctrl	+	C	복사
Ctrl	+	D	레이블의 값/정의/명령어 모드 변경
Ctrl	+	E	설정사항(기하창)
Ctrl	+	F	새로고침
Ctrl	+	G	선택한 대상 보이기 / 숨기기
Ctrl	+	J	선택한 대상이 의존하는 대상(부모) 선택
Ctrl	+	L	현재 레이어의 모든 대상 선택
Ctrl	+	N	새 윈도우
Ctrl	+	O	열기
Ctrl	+	P	인쇄 미리보기
Ctrl	+	R	모든대상 재계산
Ctrl	+	S	저장하기
Ctrl	+	V	붙이기
Ctrl	+	Y	다시 실행
Ctrl	+	Z	되돌리기
Ctrl	+	−	작게 보기
Ctrl	+	+	크게 보기

표 18.4: 기능 키에 대한 예약 기능 1

단축키								기능
Ctrl	+	Shift	+	1				기하창
Ctrl	+	Shift	+	2				기하창2
Ctrl	+	Shift	+	A				대수창
Ctrl	+	Shift	+	C				기하창을 클립보드로 복사
Ctrl	+	Shift	+	D				점 선택 모드
Ctrl	+	Shift	+	E				설정사항
Ctrl	+	Shift	+	G				선택된 대상 레이블 보이기 / 숨기기
Ctrl	+	Shift	+	J				선택한 대상에게 의존하는 대상(자식) 선택
Ctrl	+	Shift	+	K				CAS 창
Ctrl	+	Shift	+	L				구성단계
Ctrl	+	Shift	+	M				ggbBase64 코드로 클립보드에 복사
Ctrl	+	Shift	+	N				(같은 폴더 내의) 다음 파일 열기
Ctrl	+	Shift	+	Alt	+	N		(같은 폴더 내의) 이전 파일 열기
Ctrl	+	Shift	+	P				확률계산기
Ctrl	+	Shift	+	U				기하창을 그림으로 저장(png, eps)
Ctrl	+	Shift	+	S				스프레드시트 창
Ctrl	+	Shift	+	W				상호작용적인 워크시트를 웹페이지로 저장
Ctrl	+	Shift	+	T				기하창을 PSTricks로 저장

표 18.5: 기능 키에 대한 예약 기능 2

찾아보기